彩图 1 矿物单体形状

柱状 　片状 　板状

彩图 2 矿物集合体形状

纤维状 　粒状

放射状 　晶簇

彩图 3 橄榄石、孔雀石、黄铁矿的颜色（自色）

橄榄石 　孔雀石 　黄铁矿

彩图 4 萤石的各种颜色（他色）

褐色 　粉红色 　蓝色 　紫色

彩图 5　岩浆岩的主要构造类型

块状构造　　气孔构造　　杏仁构造　　流纹构造

彩图 6　常见岩浆岩类型

花岗岩（酸性）　　闪长岩（中性）　　玄武岩（基性）　　橄榄岩（超基性）

彩图 7　常见沉积岩类型

角砾岩　　砾岩　　砂岩　　泥岩

页岩　　石灰岩　　白云岩　　泥灰岩

彩图 8　常见的变质矿物

蛇纹石　　红柱石　　刚玉

绿柱石　　　　　绿泥石　　　　黄玉

彩图 9
石英岩和大理岩
（**汉白玉**）

石英岩　　　　汉白玉

彩图 10　水平岩层在野外的展现

彩图 11
倾斜岩层在野外
的展现

彩图 12
直立岩层在野外
的展现

彩图 13 褶皱构造在野外的展现

彩图 14 断裂构造在野外的展现

彩图 15 中国四大高原

黄土高原 　　　　　　　　　内蒙古高原

青藏高原 　　　　　　　　　云贵高原

彩图 16　丘陵、平原、盆地

丘陵 　　　　　　平原 　　　　　　盆地

"十四五"职业教育国家规划教材

工程地质

AR版 附微课视频

第四版

主　编　熊文林
副主编　沈　力　王风华　罗　筠
　　　　许玮珑　丁文霞
主　审　蔡向阳

大连理工大学出版社

图书在版编目(CIP)数据

工程地质 / 熊文林主编. -- 4 版. -- 大连：大连理工大学出版社，2022.1(2025.7 重印)
ISBN 978-7-5685-3701-8

Ⅰ.①工… Ⅱ.①熊… Ⅲ.①工程地质－教材 Ⅳ.①P642

中国版本图书馆 CIP 数据核字(2022)第 021891 号

大连理工大学出版社出版

地址：大连市软件园路 80 号　邮政编码：116023
发行：0411-84708842　邮购：0411-84708943　传真：0411-84701466
E-mail:dutp@dutp.cn　URL:https://www.dutp.cn
大连市东晟印刷有限公司印刷　　大连理工大学出版社发行

幅面尺寸：185mm×260mm　　印张：16.25　　字数：394 千字
插页：2 页
2011 年 5 月第 1 版　　　　　　　　　　　　2022 年 1 月第 4 版
2025 年 7 月第 6 次印刷

责任编辑：康云霞　　　　　　　　　　　　　责任校对：吴媛媛
封面设计：张　莹

ISBN 978-7-5685-3701-8　　　　　　　　　　定　价：55.00 元

本书如有印装质量问题，请与我社发行部联系更换。

前　言

《工程地质》(第四版)是"十四五"职业教育国家规划教材及"十三五"职业教育国家规划教材。

本教材的编写团队在对多家工程设计、施工、监理单位和多所高等职业院校相关专业进行调研的基础上,与相关企业生产一线的技术人员合作,共同完成了本教材的修订。

本次修订力求突出以下特色:

1. 注重德育教育与专业教育的有机融合

本书全面贯彻落实党的二十大精神,注重德育教育与专业教育的有机结合。将理论知识的传授、专业能力的培养和价值观的塑造紧密结合,同时设计有效的教学载体和合适的教学方式,形成与本教材配套的课程思政教学设计。

2. 知识解构,教材重构

在对大量行业、企业岗位工作任务进行调研的基础上,从实际工作任务出发,将原有"工程地质"课程的教学内容经过知识的解构重新整合,按照公路建设过程中工程地质知识应用的三个阶段来选择教材内容。根据公路建设过程中工程地质知识的应用顺序,构建了三个学习情境:公路勘测阶段地质、公路设计阶段地质、公路施工和运营阶段地质。每个学习情境划分为不同的模块,每个模块相对独立,作为一个完整的教学项目。本书体系设计合理,既能承载高职教学目标,又能促进教学效果最大化。

3. 精选案例,与时俱进

随着公路建设向山区的推进,山区公路地质问题日益突出,崩塌、滑坡、泥石流、岩溶、地震、公路水毁和不良土质成为山区高速公路建设的拦路虎。本教材修订时,收集了大量公路不良地质和土质病害图片资料,纳入了丰富的公路地质问题处治案例,增加了公路工程地质勘察图表,以体现对学生野外地质勘察能力和土工试验操作能力的高要求。

4. 体现"四新",与职业标准对接

根据公路施工岗位技能要求,引入公路行业技术标准,将专业课程内容与职业标准结合起来,使课程内容更符合生产要求。注重公路施工新技术、新工艺、新材料、新设备的应用,结合职业技能证书考证要求,系统化设计任务,创设工作情境。与相关企业合作,共同编写实训内容。企业专家的参与,丰富了实践案例,并以其丰富的实践经验保证了案例分析的针对性和可行性,使教材以较强的实践指导,最大限度地缩小了教学与实践的距离,实现了教材内容与职业岗位、职业证书的有效衔接。

5. "互联网+"创新型教材

该教材有效应用现代信息技术,建设了丰富的立体化、数字化教学资源。教材注重课程资源的开发,建设有AR、微课、教学课件、教案、案例库、试题库、移动在线自测、行业网站链接等动态、共享的资源,体现了"互联网+"创新型教材的建设理念,能有效服务教学内容和教学目的,有利于教师授课和学生线上、线下学习。其中,AR资源需先在苹果、小米、华为等应用商店里下载"大工职教学生版"App并安装,然后点击"教材AR扫描入口"按钮进入应用,扫描教材中带有 标识的图片,即可开启3D学习之旅。

本教材由湖北交通职业技术学院熊文林任主编,湖北交通职业技术学院沈力、中铁大桥勘测设计院集团有限公司王风华、贵州交通技师学院罗筠、浙江交通职业技术学院许玮珑、湖北交通职业技术学院丁文霞任副主编。全书由熊文林统稿,武汉众道勘察设计研究院有限公司教授级高级工程师蔡向阳担任主审。具体编写分工如下:熊文林编写课程导入,学习情境一的模块二、模块三;沈力编写学习情境三;王风华编写学习情境二的模块三;罗筠编写学习情境一的模块一、学习情境二的模块四;许玮珑编写学习情境一的模块四、模块五;丁文霞编写学习情境二的模块一、模块二。

在编写本教材的过程中,我们参考、引用和改编了国内外出版物中的相关资料和网络资源,在此对这些资料的作者表示深深的谢意!请相关著作权人看到本教材后与出版社联系,出版社将按照相关法律的规定支付稿酬。

尽管我们在探索《工程地质》教材特色的建设方面做出了许多努力,但由于编者水平有限,教材中仍可能存在一些疏漏和不妥之处,恳请读者批评指正,并将建议及时反馈给我们,以便修订完善。

编 者

2022年1月

所有意见和建议请发往:dutpgz@163.com
欢迎访问职教数字化服务平台:https://www.dutp.cn/sve/
联系电话:0411-84708979　84707424

目 录

课程导入 …………………………………………………………………………………… 1
   一 工程地质概述 ………………………………………………………………………… 1
   二 地质作用 ……………………………………………………………………………… 4

学习情境一　公路勘测阶段地质

模块一　造岩矿物和岩石 ………………………………………………………………… 13
   一 造岩矿物 ……………………………………………………………………………… 13
   二 岩　石 ………………………………………………………………………………… 21

模块二　地质年代和构造 ………………………………………………………………… 32
   一 地质年代 ……………………………………………………………………………… 32
   二 地质构造 ……………………………………………………………………………… 36

模块三　水的地质作用 …………………………………………………………………… 48
   一 地表流水的地质作用 ………………………………………………………………… 48
   二 地下水的地质作用 …………………………………………………………………… 56

模块四　地　貌 …………………………………………………………………………… 62
   一 地貌概述 ……………………………………………………………………………… 62
   二 山岭地貌 ……………………………………………………………………………… 66
   三 平原地貌 ……………………………………………………………………………… 72

模块五　公路工程地质勘察 ……………………………………………………………… 74
   一 工程地质勘察概述 …………………………………………………………………… 74
   二 公路选线的工程地质论证 …………………………………………………………… 86
   三 路基工程地质勘察 …………………………………………………………………… 89
   四 桥梁工程地质勘察 …………………………………………………………………… 91
   五 隧道工程地质勘察 …………………………………………………………………… 93

学习情境二　公路设计阶段地质

模块一　岩石的工程性质与分类 ………………………………………………………… 101
   一 岩石的物理性质 ……………………………………………………………………… 101

二　岩石的水理性质 ………………………………………………………………… 102
　　三　岩石的力学性质 ………………………………………………………………… 103
　　四　影响岩石工程性质的因素 ……………………………………………………… 105
　　五　岩石的工程分类 ………………………………………………………………… 107

模块二　土的工程性质与分类 ……………………………………………………… 109
　　一　土的组成及结构 ………………………………………………………………… 109
　　二　土的物理性质 …………………………………………………………………… 118
　　三　土的水理性质 …………………………………………………………………… 124
　　四　土的压实性 ……………………………………………………………………… 131
　　五　土的工程分类 …………………………………………………………………… 133

模块三　识读工程地质图 …………………………………………………………… 139
　　一　地质图 …………………………………………………………………………… 139
　　二　工程地质图 ……………………………………………………………………… 146
　　三　公路工程地质图 ………………………………………………………………… 147

模块四　公路工程地质勘察报告书的内容与编制 ……………………………… 148
　　一　工程地质勘察报告书的内容 …………………………………………………… 148
　　二　工程地质勘察报告书的编制 …………………………………………………… 150

学习情境三　公路施工和运营阶段地质

模块一　常见公路地质病害的防治 ………………………………………………… 161
　　一　崩　塌 …………………………………………………………………………… 161
　　二　滑　坡 …………………………………………………………………………… 168
　　三　泥石流 …………………………………………………………………………… 181
　　四　岩　溶 …………………………………………………………………………… 189
　　五　地　震 …………………………………………………………………………… 197
　　六　公路水毁 ………………………………………………………………………… 205
　　七　路基翻浆 ………………………………………………………………………… 212
　　八　常见公路地质病害综合治理案例 ……………………………………………… 217

模块二　常见公路不良土质的处治 ………………………………………………… 226
　　一　软　土 …………………………………………………………………………… 226
　　二　黄　土 …………………………………………………………………………… 230
　　三　膨胀土 …………………………………………………………………………… 235
　　四　冻　土 …………………………………………………………………………… 240
　　五　盐渍土 …………………………………………………………………………… 245

参考文献 ……………………………………………………………………………… 249

"工程地质"课程思政教学设计探析 ………………………………………………… 250

本书数字资源列表

序号	资源名称	资源形式	页码
1	变质岩接触变质作用	AR	29
2	平行不整合的沉积岩形成过程	AR	33
3	岩层产状三要素	AR	36
4	褶曲的形态要素	AR	39
5	典型的河谷地貌要素	AR	54
6	滑坡要素	AR	172
7	认识内力地质作用	微视频	6
8	认识外力地质作用	微视频	7
9	认识风化作用	微视频	8
10	常见矿物鉴别实训	微视频	19
11	认识岩石	微视频	21
12	认识岩浆岩的构造特征	微视频	24
13	认识沉积岩的构造特征	微视频	31
14	常见岩石鉴别实训	微视频	26
15	认识地质构造	微视频	42
16	认识断层要素	微视频	43
17	认识河流的侵蚀作用	微视频	50
18	地貌概述	微视频	62
19	常见地貌认知	微视频	65
20	认识外力地貌	微视频	66
21	认识雅丹与丹霞地貌	微视频	66
22	认识崩塌形成的地质条件	微视频	161
23	认识塌陷	微视频	164

（续表）

序号	资源名称	资源形式	页码
24	会宁城区崩塌群治理工程案例	文档	168
25	认识滑坡1	微视频	169
26	认识滑坡的形态要素	微视频	170
27	认识滑坡2	微视频	172
28	甘肃省东乡县城滑坡治理工程案例	文档	182
29	舟曲三眼峪沟泥石流治理工程案例	文档	189
30	认识岩溶	微视频	190
31	认识地震	微视频	197
32	认识路基翻浆	微视频	213
33	公路地质病害防治案例1	微视频	217
34	公路地质病害防治案例2	微视频	217

课程导入

一 工程地质概述

(一) 工程地质的研究任务

工程地质是调查、研究及解决与各类工程建筑物的设计、施工和使用有关的地质问题的一门学科,简言之,是研究人类工程活动与地质环境相互作用的一门学科,它是地质学、土质学在应用工程方面的分支。

地球的表层地壳,是人类赖以生存的活动场所,同时也是一切工程建筑的物质基础。人类的工程活动都是在一定的地质环境中进行的,修建水库、公路与桥梁、民用建筑等工程活动,在很多方面受地质环境的制约,它可以影响工程建筑物的类型、工程造价、施工安全、稳定性和正常使用等。如沿河谷布线,若不分析河道形态、河水流向以及水文地质特征,就有可能造成路基水毁;山区开挖深路堑或填筑高路堤时,都容易形成人工高边坡,忽视地质条件,有可能引起大规模的崩塌或滑坡,不仅增加工程量,延长工期和提高造价,甚至危及施工安全等。对路桥工程专业的学生来说,工程地质的具体工作任务见表 0-1-1。

表 0-1-1　　　　　　　　　　工程地质的具体工作任务

	序号	阶段	具体任务
工程地质	1	公路勘测阶段	勘察工程地质条件,选定适宜的公路选线方案,为公路设计、施工和运营奠定基础
	2	公路设计阶段	从地质条件与公路工程建筑相互作用的角度出发,论证和预测有关公路工程地质问题发生的可能性、发生的规模和发展趋势
	3	公路施工和运营阶段	提出改善、防治或利用有关公路工程地质条件的措施、加固岩土体和防治地下水方案的建议

(二) 工程地质条件和工程地质问题

地质环境制约着人类工程活动,人类工程活动也影响着地质环境的变化,从而出现工程地质问题(Engineering Geological Problem)。如在城市建设过程中过量抽吸地下水或其他的地下流体,降低了土体中的孔隙液压,从而导致大规模的地面沉降(上海、天津等城市均有出现);桥梁的修建改变了水流和泥沙的运动状态,使局部河段发生冲淤变形等。为了使所修建的建筑物能够正常发挥作用,同时对赖以生存的地质环境进行合理的利用和保护,在工程修建之前,必须根据实际需要深入研究地质问题,对有关的工程地质条件(Engineering Geological Condition)进行深入的调查和勘探。工程地质条件与工程地质问题见表 0-1-2。

表 0-1-2 工程地质条件与工程地质问题

\multicolumn{3}{l}{工程地质条件:指工程建筑物所在地区地质环境各项因素的综合}
1	岩土体	包括岩土的成因、时代、岩性、产状、成岩作用特点、变质程度、风化特征、软弱夹层、接触带和其物理力学性质等
2	地质构造与地震	包括褶皱、断层、节理构造、活动断裂、历史地震的分布和特征
3	水文地质条件	包括地表水的侵蚀、搬运和沉积作用,地下水的成因、埋藏、分布、动态变化和化学成分等
4	不良地质与土质	主要包括崩塌、滑坡、泥石流、地面塌陷、岩溶、冻胀融沉、盐胀融沉、黄土湿陷、膨胀土、热融滑塌、黄土湿陷、软土沉陷、填土沉陷等
5	地形地貌	地形是指地表高低起伏状况、山坡陡缓程度与沟谷宽窄及形态特征等;地貌则说明地形形成的原因、过程和时代。这些因素都直接影响到建筑场地和公路线路的选择
6	天然建筑材料	天然建筑材料的分布、类型、品质、开采条件、储量及运输条件等

工程地质问题:已有的工程地质条件在工程建筑建设过程和建成运行期间会产生一些新的变化和发展,从而产生一些影响工程建筑安全的问题

1	地基稳定性问题	地基在上覆建筑物和荷载作用下产生变形和破坏。如地基不均匀沉降,地基胀缩引起上部结构破坏等
2	斜坡稳定性问题	人类工程活动尤其是公路工程需开挖和填筑人工边坡(路堑、路堤、堤坝、基坑等),斜坡稳定对防止发生地质灾害及保证地基稳定十分重要。斜坡地层岩性、地质构造特征是影响其稳定性的物质基础;风化作用、地震、地下水、地表水和软弱结构面等在很大程度上会破坏斜坡的稳定性;地形地貌和气候条件也是影响其稳定的重要因素
3	洞室围岩稳定性问题	地下洞室被包围于岩土体介质(围岩)中,在洞室开挖和建设过程中,破坏了地下岩体原始平衡条件,便会出现一系列不稳定现象,如岩塌方、地下水涌水等

(三)工程地质课程教学内容及学习后所具备的能力

本课程是公路工程技术专业及其相关专业的一门技术基础课,它的主要任务是在公路工程中能从技术的角度去认识和解决有关工程地质方面的问题。通过教学、实习和试验能得到一些基本技能的训练,学习搜集、分析和运用有关地质方面资料、图件,结合其他专业课的学习对一般的工程地质问题进行初步评价并提出解决问题的建议。

本课程是一门实践性很强的学科,在教学中应运用辩证唯物主义观点,由浅入深,循序渐进,尽量采用现代化教学手段进行教学。为了增强学生的感性认识,应安排适当的试验课和野外地质实习,以巩固和印证课堂所学的理论知识,提高学生实际动手能力。通过理论与实践的紧密结合,为完成公路工程勘测、设计和施工打下工程地质方面的坚实基础。

本课程的主要学习任务见表 0-1-3。

表 0-1-3　　　　　　　　　　　　　课程学习任务

学习领域	学习情境	学习模块	学习内容	参考学时	
工程地质	课程导入	模块	工程地质概述及地质作用	2	2
	学习情境一 公路勘测阶段地质	模块一	矿物与岩石	6(含实训2学时)	24
		模块二	地质构造	6(含实训2学时)	
		模块三	水的地质作用	4	
		模块四	地貌	4	
		模块五	公路工程地质勘察	4	
	学习情境二 公路设计阶段地质	模块一	岩石的工程性质	2	20
		模块二	土的工程性质	14(含实训10学时)	
		模块三	识读工程地质图	2	
		模块四	编制工程地质勘察报告书	2	
	学习情境三 公路施工和运营阶段地质	模块一	常见公路地质病害的防治	10	16
		模块二	常见公路不良土质的处治	6	
	总课时数			62(含实训14学时)	

本课程教学内容和要求见表0-1-4。

表 0-1-4　　　　　　　　　　　　　课程教学内容和要求

学习情境	主要工作任务	教学目标	核心技能
课程导入	地壳的物质组成与地质作用	1.地质作用的类型 2.风化作用的认识和评价	能描述地质作用的类型和风化作用对公路工程的影响
1.公路勘测阶段地质	1.岩石和矿物 2.地质年代和地质构造 3.水的地质作用 4.常见地貌类型 5.公路工程地质勘察	1.常见造岩矿物的特征、三大岩类的形成及特征 2.地质年代、地质构造的认识和评价 3.水的地质作用的认识和评价 4.地貌类型及特征的认识和评价 5.公路沿线及构造物地质、公路料场的勘察、调查与记录	1.能识别和描述简单的工程地质条件 2.能正确运用规范 3.能根据任务要求选择合适的工作方法 4.编写勘察计划并能完成勘察外业工作
2.公路设计阶段地质	1.岩石的工程性质 2.土的工程性质 3.识读工程地质图 4.绘制公路工程地质图表	1.岩石的工程性质判定 2.土的工程性质判定 3.公路工程地质图识读 4.编制公路工程地质勘察报告书,绘制公路工程地质图、公路沿线材料的采运图	1.能按相关规范要求完成岩土试验 2.能识读并绘制公路工程地质图 3.能按相关规范要求完成勘察资料的整理和报告书的编写工作
3.公路施工和运营阶段地质	1.滑坡、崩塌、泥石流、岩溶、地震、公路水毁和路基翻浆等常见公路地质病害的形成、防护和处治 2.黄土、膨胀土、冻土、盐渍土和软土等不良土质的性质和处治	1.滑坡、崩塌与岩堆、泥石流、岩溶、地震、公路水毁和路基翻浆等常见公路地质病害的形成、防护和处治 2.黄土、膨胀性岩土、冻土、盐渍土和软土等不良土质的性质和处治	1.能识别地质病害的破坏类型并分析其病害成因机理,提出整治措施 2.熟悉不良土质的成因机理,提出整治措施

二　地质作用

(一) 地球概述

1.地球的形状和大小

从卫星上看，地球是一个蓝色的球体。其形状为"梨状体"，其南极内凹、北极外凸。地球的赤道半径 $R=6\,378.16$ km，极半径 $R=6\,356.755$ km，扁平率为 1/298.251，表面积为 $5.1×10^9$ km^2，体积为 $1.082×10^{12}$ km^3，质量约为 $5.98×10^{21}$ T，地球的形状和大小如图 0-1-1 所示。

(a) 地球的形状 (人造地球卫星上拍摄的地球照片)　　(b) 地球的大小

图 0-1-1　地球的形状和大小

2.地球的物质组成

组成整个地球的物质，按质量计算，各元素的质量分数为：铁 34.6%，氧 29.5%，硅 15.2%，镁 12.7%，镍 2.4%，硫 1.9%，钙和铝 2.2%，其他所有元素共占 1.5%，地球的主要组成元素百分比如图 0-1-2 所示。

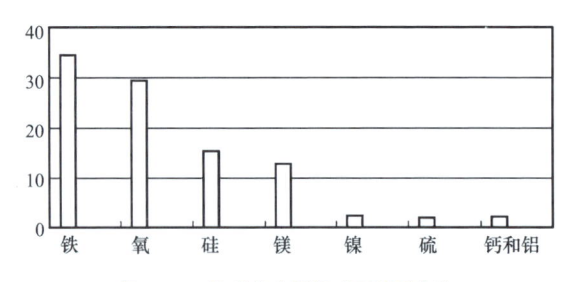

图 0-1-2　地球的主要组成元素百分比

地球中的铁和镍等大部分元素以固体状态存在于地核中。组成地壳和地幔的元素，大部分是氧和硅，其次为铝、铁、镁。在地球的水圈中，以氧和氢为主。生物圈则主要为碳、氢、氧和氮。大气圈、水圈和生物圈中的所有元素的质量和地球的总质量相比，不及千分之一。

地球中的元素大部分以化合物或单质的形式 (矿物) 聚集在岩石中。当单质或化合物相对集中到能够具有经济价值并可被人所利用时,这些物质就称为矿产。

3.地球的圈层构造

按组成地球物质的形态不同,可将地球划分为外圈层和内圈层。

(1)地球内圈层

地球内圈层分为三个圈层,从外到内分别是地壳、地幔和地核,其构造示意图如图 0-1-3 所示。

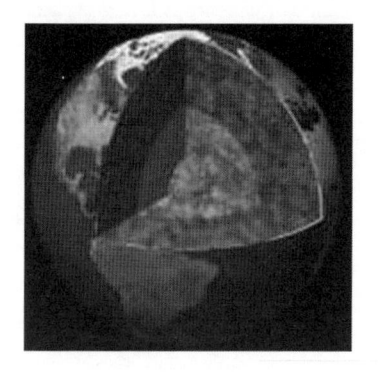

图 0-1-3 地球内圈层构造示意图

地壳——地球内圈层最外部的一层薄壳,约占地球体积的 0.5%,平均厚度为 33 km,主要由固体岩石组成。组成地壳的物质主要是地球中比较轻的硅、镁、铝等物质。地壳的下表面是莫霍面,地壳最薄处约 1.6 km(在海底海沟沟底处)、海底部分厚 6～10 km。

地幔——地壳与地幔的分界面称为莫霍面,自莫霍面以下至深度约 2900 km 的范围为地幔,约占地球体积的 83.3%,主要由含铁镁较多的硅酸盐组成。地幔之间主要由橄榄质超基性岩石组成,是高温熔融的岩浆发源地,也称软流层。

地核——地幔以下为地核,被分为外地核、过渡层和内地核三层。地表以下 2 900～4 642 km 的范围为外地核,主要由熔融状态的铁、镍混合物及少量硅、硫等轻元素组成。内地核厚约 1 216 km,成分是铁、镍等重金属,物质呈固体状态。位于外、内核之间的过渡层厚约 515 km,物质状态从液态过渡到固态。地核的总质量约占整个地球质量的 31.5%,体积占 16.2%。

(2)地球外圈层

地球的外圈层包括大气圈、水圈和生物圈。大气圈总质量约为 5 000 多亿吨,其中氮气约占空气总容积的 78%,氧气约占 21%。地球的大气圈按距离地球表面由近至远被依次划分为对流层(厚 16～18 km)、平流层(约 50 km 高空)、中间层(约 85 km 高空)、热层(500～800 km 高空)和散逸层。风霜雨雪、云雾冰雹等变化多端的大气现象都发生在对流层内。

水圈——地球的水是由地球诞生初期弥漫在大气层中的水蒸气慢慢凝结形成的,总水量约 1.4×10^9 km³。水圈主要由海洋构成,海洋的面积约占地球表面积的 71%,海洋水约占地球总水量的 97.3%。陆地水以冰川水为主,分布在高山和两极地区,其余的陆地水分布在湖泊、江河、沼泽和地壳岩石体的空隙中。

生物圈——地球上动物、植物和微生物所存在和活动的范围称为生物圈。

(二)地质作用

地壳只是地球内圈层最外面的一层极薄的薄壳。在地球形成至今的漫长地质演变历史中,随着地球的转动和内、外圈层物质的运动,地表的形态、地壳的物质以及地层的形态都在不断发生变化,这种变化一直发生,永不停止。地质作用是指由自然动力引起的使地壳组成物质、地壳构造及地表形态等不断变化和形成的作用。按力的来源不同分两种:内力地质作用和外力地质作用。由地质作用引起的现象,称为地质现象。地质作用的类型见表 0-1-5。

表 0-1-5 地质作用的类型

内力地质作用:由地球内部的能源引起的地质作用,包括地壳运动、岩浆作用、变质作用和地震作用。总的趋势是形成地壳表层的基本构造形态和地球表面大型的高低起伏

1	地壳运动	水平运动	指地壳或岩石圈块体沿水平方向移动,使岩层产生褶皱、断裂,如我国的喜马拉雅山脉、横断山脉、秦岭山脉、天山山脉、祁连山脉均为褶皱山系
		垂直运动	指地壳或岩石圈相邻块体或同一块体的不同部分作差异性上升或下降,使某些地区上升形成山岳、高原,另一些地区下降,形成湖、海、盆地
2	岩浆作用		地壳内部的岩浆,在地壳运动的影响下,向外部压力减小的方向移动,上升侵入地壳或喷出地面,冷却凝固成为岩石的全过程,形成岩浆岩
3	变质作用		由于地壳运动、岩浆作用等引起物理和化学条件发生变化,促使岩石在固体状态下改变其成分、结构和构造的作用,形成变质岩
4	地震作用		由于地壳运动引起地球内部能量的长期积累,达到一定的限度而突然释放时,导致地壳一定范围的快速颤动

续表

外力地质作用：由地球外部的能源引起的地质作用，包括风化作用、剥蚀作用、搬运作用、沉积作用、成岩作用。总的趋势是切削地壳表面隆起的部分，填平地壳表面低洼的部分，不断改变地球的面貌

认识外力地质作用

1	风化作用	在温度变化、气体、水及生物等因素的综合影响下，促使组成地壳表层岩石发生破碎、分解的一种破坏作用。风化作用比较复杂，对岩石的工程性质影响较大	
2	剥蚀作用	将岩石风化破坏的产物从原地剥离下来的作用。它包括除风化作用以外所有的破坏作用，诸如河流、大气降水、地下水、海洋、湖泊、冰川以及风等的破坏	
3	搬运作用	岩石经风化、剥蚀破坏后的产物，被流水、风、冰川等介质搬运到其他地方的作用	
4	沉积作用	被搬运的物质，由于搬运介质的搬运能力减弱，搬运介质的物理化学条件发生变化，或由于生物的作用，从搬运介质中分离出来，形成沉积物的过程	
5	成岩作用	沉积下来的各种松散堆积物，在一定条件下，由于压力增大、温度升高以及受到某些化学溶液的影响，发生压密、胶结及重结晶等物理化学过程，使之固结成为坚硬岩石的作用，形成沉积岩	

(三)风化作用

1.风化作用的概念

风化作用是指地壳表层的岩石,在太阳辐射、大气、水和生物等风化营力的作用下,发生物理和化学的变化,使岩石崩解破碎以至逐渐分解的作用,如图 0-1-4 所示。风化作用在地表最显著,随着深度的增加,其影响逐渐减弱以致消失。

图 0-1-4　风化作用

岩石遭受风化作用的时间愈长,破坏得就愈严重。风化作用使坚硬致密的岩石松散破坏,改变了岩石原有的矿物组成和化学成分,使其强度和稳定性大为降低,对工程建筑条件起着不良的影响。如滑坡、崩塌、碎落、岩堆及泥石流等不良地质现象,大部分都是在风化作用的基础上逐渐形成和发展起来的。

不同的岩石风化速度并不一样,有的岩石风化过程进行得很缓慢,其风化特征只有经过长期暴露地表以后才能显示出来;有的岩石则相反,如泥岩、页岩及某些片岩等,当开挖暴露后不久,很快就风化破碎,所以在施工中必须采取相应的工程防护措施。

2.风化作用的类型

根据岩石风化的自然因素和性质,将风化作用分物理风化(机械风化)、化学风化和生物风化 3 种类型见表 0-1-6、表 0-1-7、表 0-1-8。

表 0-1-6　　　　　　　　　　物理风化作用

物理风化作用	只改变岩石的完整性或改变已碎裂的岩石颗粒大小和形状,而未能产生新矿物的风化作用
剥离作用	在昼夜温差较大的地区,由于温度的波动变化导致岩石在反复的胀缩循环中产生碎裂的一种风化作用
冰劈作用	岩石中存在着细微裂隙,当水分进入后在低温时形成冰楔体,沿裂缝两侧挤压岩石或与岩石中的某些物质反应形成结晶膨胀体挤压岩石,使岩石中原有的裂缝加宽、增长,为更多水分进入岩体内部创造了条件,逐步使岩石风化崩解

续表

膨胀崩解作用	上覆岩石不断被风化剥蚀,原来处于地层深处的岩体距地表面愈来愈近,上覆重力愈来愈小,在重力卸荷作用下,岩体会产生明显上弹(膨胀),严重时就会产生卸荷裂隙

表 0-1-7　　　　　　　　　化学风化作用

化学风化作用	一切改变岩石中原有矿物成分的风化作用。水引起的矿物溶解、再结晶、水化、水解以及大气引起的氧化、碳酸化、硫酸化等,均会使原有的岩石矿物成分发生改变,并产生新矿物,这类风化作用都属于化学风化作用
氧化作用	空气和水中的游离氧使地表及其附近的矿物氧化,改变其化学成分,并形成新的矿物 (1)硫化物的氧化 $4FeS_2+14H_2O+15O_2=2(Fe_2O_3 \cdot 3H_2O)+8H_2SO_4$ (2)磁铁矿氧化成赤铁矿 $4Fe_3O_4+O_2=6Fe_2O_3$
溶解作用	自然界中的 O_2、CO_2 和一些酸、碱物质,具有较强的溶解能力,能溶解大多数矿物 (1)石灰岩和白云岩与 CO_2、水的作用　$CaCO_3+CO_2+H_2O=Ca(HCO_3)_2$(重碳酸钙) (2)含硫酸的水的作用　$CaCO_3+H_2SO_4=CaSO_4+CO_2+H_2O$ (3)含碱质水的作用　$FeSO_4+K_2CO_3=FeCO_3+K_2SO_4$
水解作用	弱酸强碱盐或强酸弱碱盐遇水分解成不同电荷的离子。这些离子与水中的 H^+ 和 OH^- 发生反应形成含 OH^- 的新矿物,矿物和岩石因此遭到破坏 如:$4KAlSi_3O_8+6H_2O=Al_4O_{10}(OH)_4+8SiO_2+4KOH$ 　(正长石)　　　　　(高岭石)　(石英)
水化作用	有些矿物质能吸收一定量的水参加到矿物晶格中,形成含水分子的矿物 如:$CaSO_4$(硬石膏)$+2H_2O \rightarrow CaSO_4 \cdot 2H_2O$(石膏)

表 0-1-8　　　　　　　　　生物风化作用

生物风化作用	生物新陈代谢的产物或生物活动对岩石造成的物理或化学破坏作用
生物物理风化作用	根劈作用:岩石裂缝中往往充填入一定量的尘土,这样树木就可在其中生存。随着树木的成长,其根系也不断壮大,并挤压岩石裂缝,使其扩大、增密,导致岩石产生风化,为风化向岩石内部发展创造了条件。生长在岩石裂隙中的植物根系的膨大对岩石的劈裂作用,是生物的机械破坏,属物理风化作用的范畴
生物化学风化作用	生物的新陈代谢作用:生物生长中的新陈代谢物、腐蚀物、分泌物对岩石的破坏作用及微生物对岩石的风化作用,属于化学风化作用的范畴

3.风化作用的影响因素

风化作用的影响因素见表 0-1-9。

表 0-1-9　　　　　　　　　　　风化作用的影响因素

影响因素	描　述
岩石的矿物成分	岩石风化的本质是岩石中各种矿物成分的改变。岩石抗风化能力的强弱与它所含矿物成分和数量有密切的关系。 按风化的难易程度分:稳定性矿物,如白云母、石英、石榴子石等;较稳定性矿物,如辉石、角闪石、黑云母、正长石等;不稳定性矿物,如斜长石、橄榄石等,岩石中的不稳定性矿物含量越高,抗风化能力越低。 相对而言,岩石成分均一的较难风化,成分复杂、矿物种类多的较易风化
岩性	岩性包括岩石的结构与构造、矿物颗粒大小与形状、空隙率、吸水率、坚固性等物理力学性质。致密程度、坚硬程度越高,岩层厚度越大越难风化(等粒结构、块状结构),疏松多孔容易风化
地质构造	地质构造对岩体的结构性有很大的影响,岩体的结构面愈发育、裂隙愈大、充填情况愈差、渗透性愈好就愈易风化
气候	气温高、雨量充足、湿度大、植物生长茂盛的我国南方地区以化学风化为主,温差大、雨量少、干燥、植被差、风力作用强烈的我国北方地区则以物理风化为主
地貌	地貌对岩石风化的影响和水、风、温差、地势以及基岩埋藏条件等多重因素有关。 如地势起伏高度:高山区以物理风化为主,低山丘陵以及平原区以化学风化为主;山坡朝向:朝阳面以化学风化为主,背阳面以物理风化为主
地下水	地下水对岩石的风化则主要体现为溶解岩石和再结晶
其他因素	人类活动形成的环境污染等也会成为影响化学风化的重要因素

4.风化作用与工程活动的关系

了解风化作用,认识风化现象,分析岩石的风化程度,对工程建设具有重要的意义。

①不宜将建筑物建在风化严重的岩层上,如果不能完全避开风化岩层时,应注意加强工程防护。如隧道穿过易风化的岩层,在隧道施工开挖后,要及时作支护,防止岩石继续风化失稳增加山体压力,引起坍塌。

②风化岩层中的路堑边坡不宜太陡,同时还要采取防护措施。

③风化的岩石不宜作建筑材料。

因此,从工程建设角度来研究岩石的风化特性、分布规律,对选择建筑物的合理位置,如隧道的进山口位置、路堑边坡坡度、隧道的支护方法及衬砌厚度、大型建筑物的地基承载力和开挖深度以及合理地选择施工方法等有着重要的意义。

(四)地质循环

将内力地质作用和外力地质作用现象划分为构造运动、风化剥蚀、搬运沉积成岩三种类型,这三种类型的地质作用在地壳上构成了一个巧妙的循环过程(图 0-1-5)。

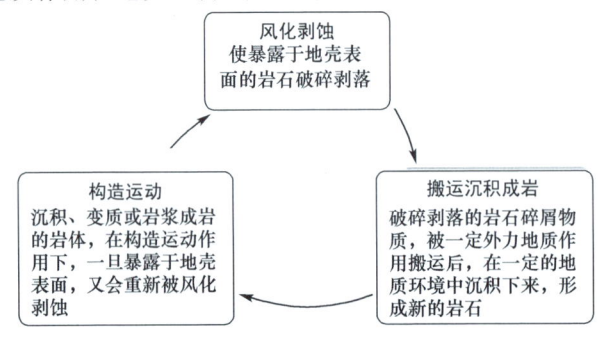

风化剥蚀
使暴露于地壳表面的岩石破碎剥落

构造运动
沉积、变质或岩浆成岩的岩体,在构造运动作用下,一旦暴露于地壳表面,又会重新被风化剥蚀

搬运沉积成岩
破碎剥落的岩石碎屑物质,被一定外力地质作用搬运后,在一定的地质环境中沉积下来,形成新的岩石

图 0-1-5　地质作用循环过程

学习情境一

公路勘测阶段地质

模块一　造岩矿物和岩石
模块二　地质年代和构造
模块三　水的地质作用
模块四　地　貌
模块五　公路工程地质勘察

模块一 造岩矿物和岩石

一 造岩矿物

(一)矿物的概念

矿物是自然界中的化学元素在一定的物理化学条件下形成的单质和化合物。矿物都是天然的,它们具有一定的化学成分和原子排列。

矿物是组成岩石的基本单位,世界上有3 000多种矿石,其中构成岩石的矿物有30余种,我们称此类矿物为造岩矿物。一种岩石中会含有几种矿物,如果将岩石砸碎,便可从中分离出不同的矿物;但矿物砸得再碎,它们也还是同样的一种东西,这就是矿物与岩石的根本区别。

地壳中的矿物是通过各种地质作用形成的。它们除少数呈液态(如水银、水)和气态(如CO_2和H_2S等)外,绝大多数都呈固态。一般来说,那些具有玻璃样光泽的矿物,我们称之为某某石,如金刚石、方解石;具有金属光泽或能从中提炼出金属的矿物,则称之为某某矿,如黄铁矿、方铅矿;把玉石类矿物称之为某某玉,如刚玉、硬玉;把硫酸盐矿物称为某某矾,如胆矾、铅矾;把地表上松散的矿物称为某某华,如砷华、钨华。

矿物在不同环境中会受到破坏或变成新的矿物。如阳光、风、水以及地质变化使矿物受到高温高压等,都可以使某些矿物分解,分解后的物质又可能在另外的环境中与其他物质再次形成新矿物。因此,自然界中的矿物按其成因可分为三大类型:

①原生矿物:岩浆熔融体经冷凝结晶所形成的矿物,如石英、长石等。
②次生矿物:原生矿物遭化学风化后形成的新矿物,如正长石经水解后形成高岭石。
③变质矿物:在变质过程中形成的矿物,如变质结晶片岩中的蓝晶石等。

(二)矿物的物理性质

1.形状

在液态或气态物质中的离子或原子互相结合形成晶体的过程称为结晶。晶体内部质点的排列方式称晶体结构。不同的离子或原子可构成不同的晶体结构,相同的离子或原子在不同的地质条件下也形成不同的晶体结构。晶质矿物内部结构固定,因此具有特定的外形。常见形状有柱状、粉状、纤维状、板状、片状、结核状等。矿物在生长条件合适时(有充分的物质来源、足够的空间和时间等)能按其晶体结构特征长成有规则的几何多面体外形,呈现出该矿物特有的晶体形态(彩图1、彩图2)。矿物的外形特征是其内部构造的反映,是鉴别矿物的重要依据。

2. 颜色

颜色是由于矿物吸收可见光后产生的。根据产生的原因可分为自色、他色和假色三种。

①自色:是矿物自身所固有的颜色(彩图3)。

②他色:是矿物中混入了少量杂质所呈现的颜色。

如石英是无色透明的,含碳时呈烟灰色,含锰时呈紫色,含铁时呈玫瑰色。萤石中混入少量杂质呈现各种颜色(彩图4)。

③假色:是矿物内部的裂隙或表面的氧化膜对光的折射、散射造成的。

如黄铜矿表面因氧化薄膜所引起的错色(蓝、紫混杂的斑驳色彩),冰洲石内部的裂隙所引起的错色(红、蓝、绿、黄混杂的斑驳色彩)。

3. 条痕

条痕是矿物在条痕板(白瓷板)上擦划后留下的痕迹(实际是矿物的粉末)的颜色。由于它消除了假色,降低了他色,因而比矿物颗粒的颜色更为固定,故可用来鉴定矿物。

如黄铜矿与黄铁矿,外表颜色近似,但黄铜矿的条痕为带绿的黑色,而黄铁矿的条痕为黑色,据此可以区别它们。另外,同种矿物,有时可出现不同的颜色,如块状赤铁矿,有的为黑色,有的为红色,但它们的条痕都是蟹红色(或鲜猪肝色)。图1-1-1～图1-1-3分别表示赤铁矿、辰砂和黄铁矿的条痕。

图1-1-1 赤铁矿的条痕　　　图1-1-2 辰砂的条痕　　　图1-1-3 黄铁矿的条痕

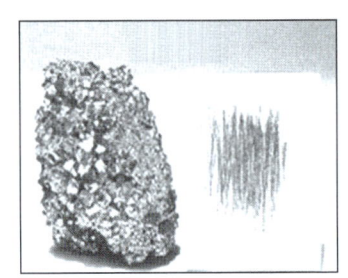

4. 光泽

矿物的光泽是指矿物表面对可见光的反射能力。

①金属光泽:如黄铁矿、方铅矿的光泽,犹如一般的金属磨光面那样的光泽。

②半金属光泽:如磁铁矿的光泽,如同一般未经磨光的金属表面的那种光泽。

③非金属光泽:包括金刚光泽、玻璃光泽、丝绢光泽、油脂光泽、蜡状光泽、珍珠光泽、土状光泽等,如图1-1-4所示。

图1-1-4 非金属光泽(从左到右依次为金刚、玻璃、油脂、蜡状光泽)

5.透明度

矿物允许可见光透过的程度称为矿物的透明度。以 0.03 mm 厚度为标准,通常在矿物碎片边缘观察,根据所见物体的清晰程度,可分为透明、半透明和不透明三种,如图 1-1-5 所示。

①透明:隔着矿物的薄片可以清晰地看到另一侧物体轮廓细节,如石英、长石、方解石等。

②半透明:隔着矿物的薄片见另一侧有物体存在,但分辨不清轮廓,如辰砂、雄黄等。

③不透明:基本上不允许可见光透过,如磁铁矿、石墨等。

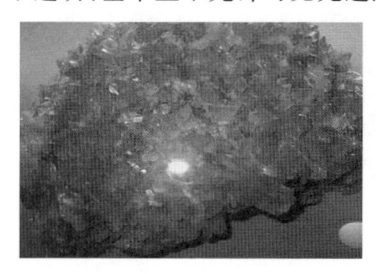

图 1-1-5　透明矿物、半透明矿物和不透明矿物

6.解理和断口

①解理:矿物晶体在外力作用下,沿着一定的结晶方向破裂成一系列光滑平面的性质,叫作解理。由于同种矿物的解理方向和完好程度总是相同的,性质很稳定,因此,解理是宝石矿物的重要鉴定特征。

②断口:矿物受外力打击后,发生无一定方向破裂的性质称为断口。断口面比较粗糙。断口的发育程度与解理的完全程度呈互为消长的关系,解理完全者往往无断口,断口发育者常常无解理或具极不完全解理。

解理和断口的特征和示例见表 1-1-1 和图 1-1-6、图 1-1-7。

表 1-1-1　　　　　　　　　　　　　　解理和断口

解理或断口	解理			断口			
特征	一组	二组	三组	贝壳状	土状	锯齿状	参差状
示例	云母	长石	方解石	石英	高岭石	自然银	黄铁矿

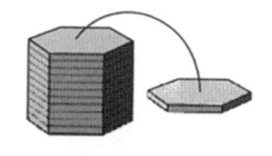

(a)云母的一组解理　　　(b)长石的二组解理　　　(c)方解石的三组解理

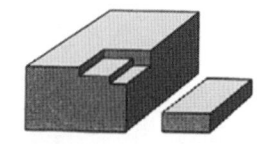

图 1-1-6　解理

(a) 石英的贝壳状断口 　　(b) 高岭石的土状断口

(c) 自然银的锯齿状断口 　　(d) 黄铁矿的参差状断口

图 1-1-7　断口

7. 硬度

矿物的硬度是指矿物抵抗刻画、压入或研磨能力的大小。国际摩氏硬度计用 10 种矿物来衡量世界上最硬的和最软的矿物，如图 1-1-8 所示。

1.滑石　2.石膏　3.方解石　4.萤石　5.磷灰石　6.正长石　7.石英　8.黄玉　9.刚玉　10.金刚石

图 1-1-8　国际摩氏硬度计

利用国际摩氏硬度计测定矿物硬度的方法很简单。将预测矿物与国际摩氏硬度计中的标准矿物互相刻画相比较来确定。如某一矿物能划动方解石，说明其硬度大于方解石，但又能被萤石所划动，说明其硬度小于萤石，则该矿物的硬度为 3 到 4 之间，可写成 3～4；再如黄铁矿能轻微刻伤正长石，但不能刻伤石英，而本身却能被石英所刻伤，因此，黄铁矿的摩氏硬度为 6.0～6.5。

在野外用指甲（2.0～2.5）、小刀（5.0～5.5）、瓷器碎片（6.0～6.5）、石英（7.0）等进行粗略测定。

在测矿物硬度时，必须在纯净、新鲜的单个矿物晶体（晶粒）上进行。因为风化、裂隙、杂质以及集合体方式等因素会影响矿物的硬度。风化后的矿物硬度一般会降低。有裂隙及杂质的存在，会影响矿物内部连接能力，也会使硬度降低。集合体如呈细粒状、土状、粉末状或纤维状，则很难精确确定单体的硬度。因此测试矿物硬度要尽量在颗粒大的单体的新鲜面上进行。

(三)常见的造岩矿物

1.石英(SiO₂)

石英种类很多,如水晶、玛瑙、燧石(过去人们用燧石打火)、碧玉等都属于石英。南京盛产的雨花石其实也是石英的一种,如图1-1-9所示。

石英常常为粒状、块状或一簇簇的(叫晶簇)。纯净的石英无色透明,像玻璃一样有光泽,但很多情况下石英中夹杂了其他物质,透明度降低并且有了颜色。如水晶,有无色的,有紫色的,有黄色的,等等。石英无解理,断口有油脂光泽,硬度为7,透明度较好,玻璃光泽。化学性质稳定,抗风化能力强,含石英越多的岩石,岩性越坚硬。

图1-1-9 各种各样的石英

石英在现代有着广泛的用途,它们不仅是重要的光学材料,也常被用于电子技术领域,比如我们熟悉的光纤、电子石英钟等等。石英更是制作玻璃的重要原料,不太纯的石英则用于建筑。石英还被人们用来制作多种高级器皿、工艺美术品和宝石等。

石英是在地下热液中结晶出来的,有一种玛瑙叫水胆玛瑙。水胆玛瑙外表就像一块石头,但是摇动它可听见里面有水的声音。如果把它剖开来,里面会有水流出。因为里面是空心的,除了水以外,还生长着一簇簇的石英晶体。

2.正长石($KAlSi_3O_8$)

正长石呈短柱状或厚板状,颜色为肉红色或黄褐色或近于白色,玻璃光泽,硬度为6,中等解理,易于风化,完全风化后形成高岭石、绢云母、铝土矿等次生矿物。正长石是制作陶瓷和玻璃的原料,色泽美丽的长石还被人们当作宝石。正长石和斜长石如图1-1-10所示。

图1-1-10 正长石(左)和斜长石(右)

3.斜长石{$mNa(AlSi_3O_8)$}-n$Ca(Al_2Si_2O_8)$}

斜长石呈长柱状、板条状,白色至暗灰色、玻璃光泽。硬度为6,中等解理,两组解理面呈86°斜交,易于风化,解理面上有细条纹。成分以Na^+为主的是酸性斜长石,以Ca^{2+}为主的是基性斜长石,二者之间的为中线斜长石。斜长石是构成岩浆岩的主要矿物。

4.云母

白云母〔$KAl_2(AlS_3O_{10})(OH)_2$〕,呈片状、鳞片状,薄片无色透明,珍珠光泽,硬度为2~3,薄片有弹性,一组极完全解理,具有高的电绝缘性。抗风化能力较强,主要分布在岩浆岩和变质岩中,如图 1-1-11 所示。

黑云母｛K(Mg、Fe)₃(AlS₃O₁₀)(OH、H)₂｝,颜色深黑,其他性质与白云母相似。易风化,风化后可变成蛭石,薄片失去弹性。当岩石中含黑云母较多时,强度会降低。

5.橄榄石｛(Mg、Fe)₂(SiO₄)｝

橄榄石呈橄榄绿至黄绿色,无条痕,玻璃光泽,硬度为 6.5～7.0,无解理,断口贝壳状。普通橄榄石能耐 1 500 摄氏度的高温,可以用作耐火砖。完全蛇纹石化的橄榄石通常用作装饰石料,如图 1-1-12 所示。

图 1-1-11　白云母

6.辉石｛Ca(Mg、Fe、Al)〔(Si、Al)₂O₆〕｝

辉石有 20 个品种,其中最为熟悉的叫硬玉,俗称翡翠,是名贵的宝石之一。硬玉的晶体细小而且紧密地结合在一起,因此非常坚硬。硬玉也是组成玉石的主要成分,缅甸、中国西藏和云南等地是世界著名的硬玉产地。辉石都具有玻璃光泽,颜色也并不一样,从白色到灰色,从浅绿到黑绿,甚至褐色至黑色,这主要是由于含铁量的不同。含铁量越高,颜色越深,而含镁多的辉石则呈古铜色。含铁量高的辉石,其硬度也高。如图 1-1-13 所示。

图 1-1-12　橄榄石　　　　图 1-1-13　辉石

7.方解石(CaCO₃)

方解石呈菱面体或六方柱,无色或乳白色,玻璃光泽,硬度为 3,三组完全解理,与稀盐酸有起泡反应。方解石是组成石灰岩的主要成分,用于制造水泥和石灰等建筑材料。

方解石的色彩因其中含有的杂质不同而变化,如含铁、锰时为浅黄、浅红、褐黑等等。但一般多为白色或无色。无色透明的方解石也叫冰洲石,如图 1-1-14 所示。这样的方解石有一个奇妙的特点,就是透过它可以看到物体呈双重影像。因此,冰洲石是重要的光学材料。

方解石是石灰岩和大理岩的主要矿物,在生产生活中有很多用途。石灰岩可以形成溶洞,洞中的钟乳、石笋汉白玉等其实就是方解石构成的。

8.白云石[CaMg(CO₃)₂]

白云石呈菱面体,集合体呈块状,灰白色,硬度为 3.5～4.0,遇稀盐酸时微弱起泡,如图 1-1-15 所示。

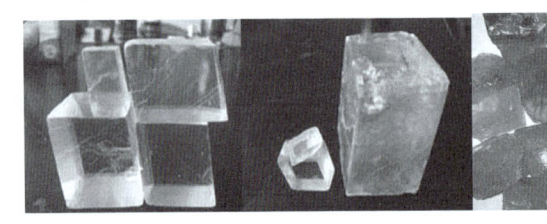

图 1-1-14　冰洲石　　　　图 1-1-15　白云石

9.石膏[CaSO$_4$·2H$_2$O]

集合体呈致密块状或纤维状,一般为白色,硬度为2,玻璃光泽,一组完全解理,广泛用于建筑、医学等方面,如图1-1-16所示。

(a)透石膏　　(b)纤维石膏　　(c)雪花石膏

图1-1-16　石膏

10.滑石[Mg$_3$(Si$_4$O$_{10}$)(OH)$_2$]

集合体呈致密块状,白色、淡黄色、淡绿色,珍珠光泽,硬度1,富有滑腻感,常用作工业原料。为富镁质超基性岩、白云岩等变质后形成的主要变质矿物,如图1-1-17所示。

图1-1-17　滑石

11.黄铁矿(FeS$_2$)

立方体,颜色为浅黄铜色,金属光泽,不规则断口,硬度为6,易风化,风化后生成硫酸和褐铁矿。常见于岩浆岩、沉积岩的砂岩和石灰岩中,如图1-1-18所示。

图1-1-18　黄铁矿

12.萤石(CaF$_2$)

立方体,通常是黄、绿、蓝、紫等色,无色者少,玻璃光泽,硬度为4,四组完全解理,加热时或在紫外线照射下显荧光。萤石又称"氟石",是制取氢氟酸的唯一矿物原料。

13.高岭石{(Al$_4$[Si$_4$O$_{10}$](OH)$_8$)}

致密块状、白色、土状光泽,断口平坦,潮湿后具可塑性,无膨胀。干燥时粘舌,易捏成粉末,可用作陶瓷原料、耐火材料和造纸工业等;优质高岭土可制金属陶瓷,用于导弹、火箭工业。因首先发现于我国景德镇的高岭而得名。

图1-1-19给出了自然界中常见的矿物。

常见矿物鉴别实训

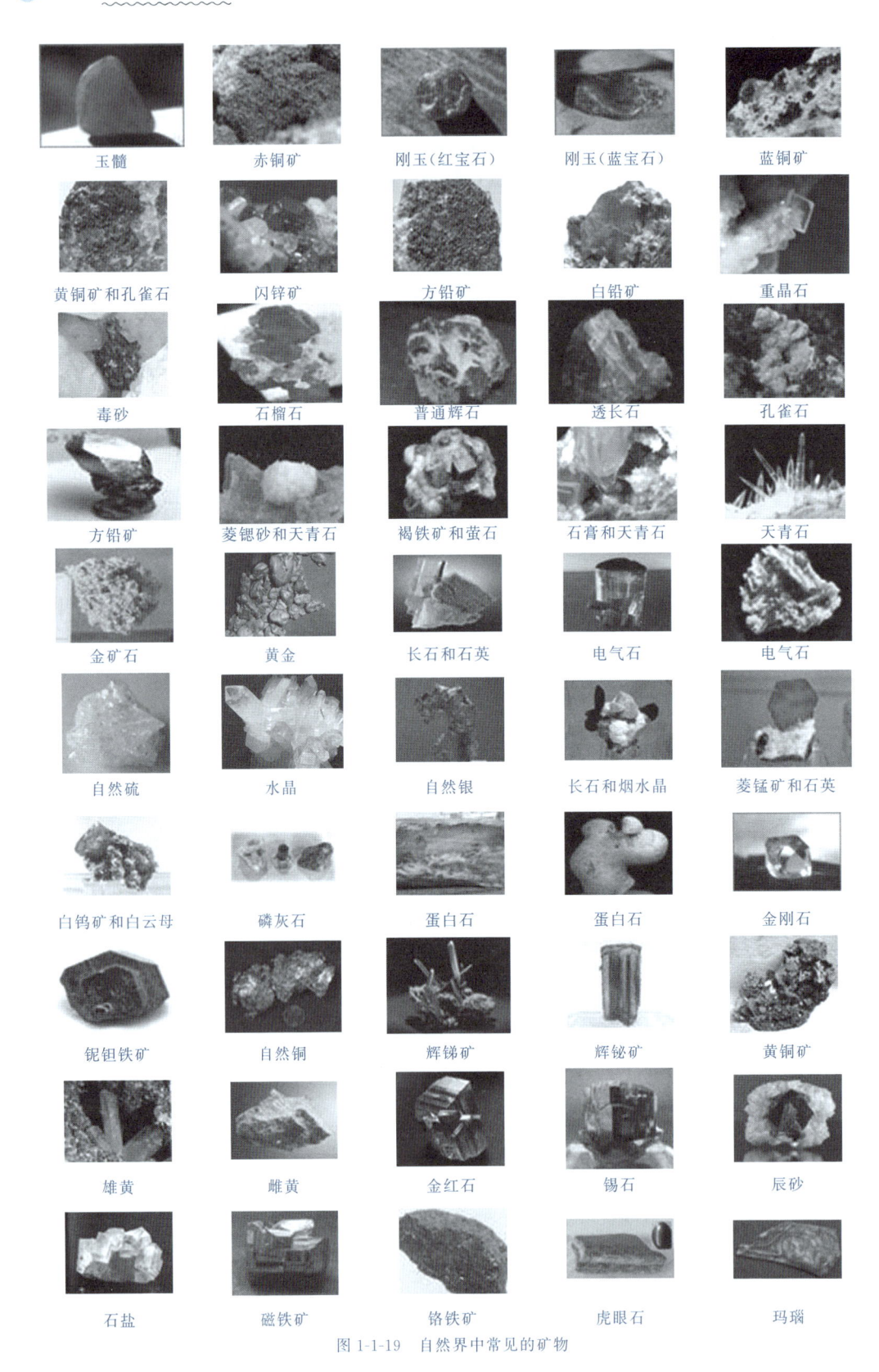

玉髓	赤铜矿	刚玉（红宝石）	刚玉（蓝宝石）	蓝铜矿
黄铜矿和孔雀石	闪锌矿	方铅矿	白铅矿	重晶石
毒砂	石榴石	普通辉石	透长石	孔雀石
方铅矿	菱锶砂和天青石	褐铁矿和萤石	石膏和天青石	天青石
金矿石	黄金	长石和石英	电气石	电气石
自然硫	水晶	自然银	长石和烟水晶	菱锰矿和石英
白钨矿和白云母	磷灰石	蛋白石	蛋白石	金刚石
铌钽铁矿	自然铜	辉锑矿	辉铋矿	黄铜矿
雄黄	雌黄	金红石	锡石	辰砂
石盐	磁铁矿	铬铁矿	虎眼石	玛瑙

图 1-1-19　自然界中常见的矿物

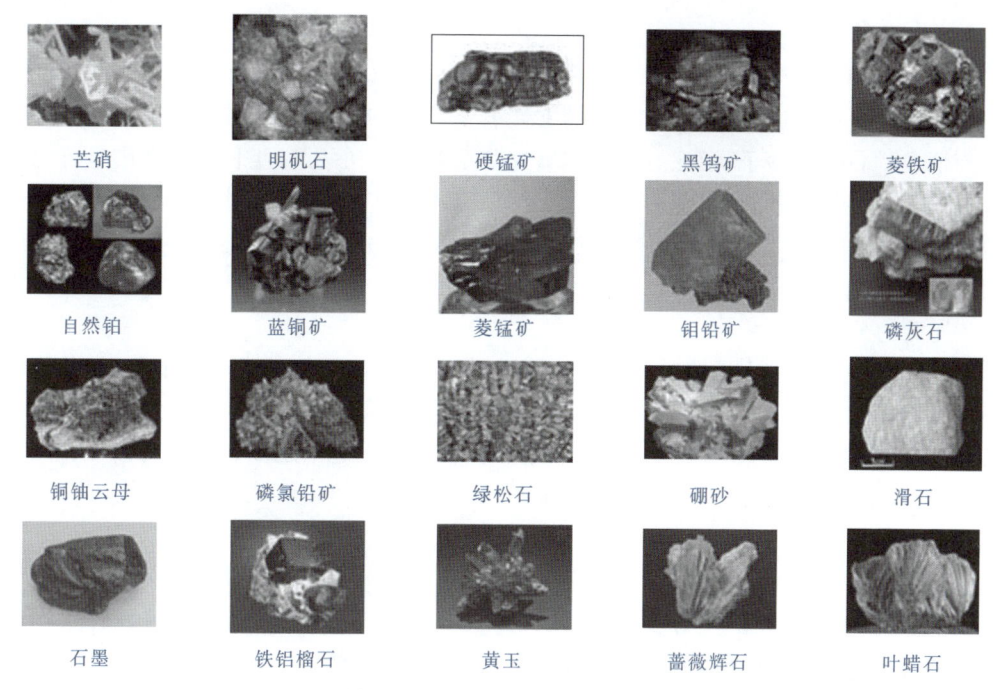

芒硝	明矾石	硬锰矿	黑钨矿	菱铁矿
自然铂	蓝铜矿	菱锰矿	钼铅矿	磷灰石
铜铀云母	磷氯铅矿	绿松石	硼砂	滑石
石墨	铁铝榴石	黄玉	蔷薇辉石	叶蜡石

续图 1-1-19 自然界中常见的矿物

二 岩石

(一)岩石概述

1.岩石的概念

岩石是天然产出的具有稳定外形的矿物或玻璃集合体,按照一定的方式结合而成,如图 1-1-20 所示。在绝大多数情况下,岩石都是由几种矿物组成的集合体。但是由于岩石类型不同,在很多岩石中,除了矿物之外,还有一些其他物质,比如,矿物颗粒之间的胶结物、遗留在岩石中的植物和动物遗迹(也称化石),还有由于岩石形成温度高、冷却快、来不及结晶而形成的火山玻璃,这些物质都是构成岩石集合体的成分。

图 1-1-20 岩石

2. 岩石的分类

岩石按成因分成三大类：一类叫岩浆岩，是由地下炽热的岩浆冷却凝固而成的。这类岩石中有我们常见的花岗岩，也有不常见的玄武岩等；一类叫沉积岩，它是由一些物质沉积到一起而形成的，比如，沙子、淤泥、火山灰等，这些东西堆积到一起，年长日久会产生石化作用而变成岩石，如页岩、砂岩、石灰岩等就属于沉积岩；一类叫变质岩，它原先就是岩石，后来由于温度、压力变高，内部的成分和结构发生了变化，变成另一类岩石，这样的岩石如片岩、大理岩、糜棱岩等。

3. 岩石的分布

岩石是构成地壳和上地幔的物质基础。地球上这三大类岩石并不同样多，分布的位置也不同。沉积岩主要分布在陆地表面，约占整个大陆面积的75%，洋底几乎全部为沉积物所覆盖。从地表面往下，越深则越少，而岩浆岩和变质岩则越来越多。在地壳深处和上地幔处，就主要是岩浆岩和变质岩。岩浆岩占整个地壳体积的64.7%，变质岩占27.4%，沉积岩则只占7.9%。

4. 岩石中的矿产资源

岩石具有特定的比重、空隙度、抗压强度和抗拉强度等物理性质，是建筑、钻探、掘进等工程需要考虑的因素，也是各种矿产资源赋存的载体，不同种类的岩石含有不同的矿产。

如：岩浆岩的基性、超基性岩与亲铁元素（铬、镍、铂族元素、钛、钒、铁等）有关；

酸性岩与亲石元素（钨、锡、钼、铍、锂、铌、钽、铀等）有关；

金刚石仅产于金伯利岩和钾镁煌斑岩中；

铬铁矿多产于纯橄榄岩中；

中国华南燕山早期花岗岩中盛产钨锡矿床；

燕山晚期花岗岩中常形成独立的锡矿及铌、钽、铍矿床；

石油和煤只生于沉积岩中；

前寒武纪变质岩中的铁矿具有世界性。

许多岩石本身也是重要的工业原料，如北京的汉白玉（一种白色大理岩）是闻名中外的建筑装饰材料；南京的雨花石、福建的寿山石、浙江的青田石是良好的工艺美术石材，即使那些不被人注意的河沙和卵石也是非常有用的建筑材料。

岩石还是构成旅游资源的重要因素，世界上的名山、大川、奇峰异洞都与岩石有关。我们祖先从石器时代起就开始利用岩石，在科学技术高度发展的今天，人们的衣、食、住、行、游、医……无一能离开岩石。

（二）岩浆岩

1. 岩浆岩的形成

地球内部产生的部分或全部呈液态的高温熔体称为岩浆，温度一般在700~1 200 ℃。岩浆一般发源于地下数千米到数十千米，在地球应力作用下，上升到地壳中或喷发到地表。岩浆具有较大黏性。岩浆黏性的大小决定火山喷发的猛烈程度，也决定了火山地貌的形成。

由岩浆冷凝固结而成的岩石称为岩浆岩（也称为火山岩），岩浆活动如图1-1-21所示。熔浆由火山通道喷溢出地表凝固形成的岩石称喷出岩，常见的喷出岩有玄武岩、安山岩和流纹岩等。当熔岩上升未达地表而在地壳一定深度凝结而形成的岩石称侵入岩,按侵入部位不同又分为深成岩和浅成岩。花岗岩、辉长岩、闪长岩是典型的深成岩,而花岗斑岩、辉长斑岩和闪长斑岩是常见的浅成岩。

图 1-1-21　岩浆活动

2.岩浆岩的一般特征

(1)成分特征

岩浆岩的主要元素是 O、Si、Al、Fe、Mg、Cu、Na、K、Ti,其质量分数占岩浆岩的99.25%。根据其化学成分特点分成两大类,一是硅铝矿物(又称浅色矿物),SiO_2 和 Al_2O_3 含量高,不含 Fe、Mg,如石英、长石;二是铁镁矿物(又称暗色矿物),FeO、MgO 较多,SiO_2 和 Al_2O_3 较少,如橄榄石、辉石类及黑云母类矿物。绝大多数的岩浆岩是由浅色矿物和暗色矿物组成。图 1-1-22 所示分别为花岗岩和玄武岩。

图 1-1-22　花岗岩和玄武岩

根据矿物的含量可将矿物分成主要矿物、次要矿物和副矿物。

主要矿物在岩石中含量较多,例如花岗岩类的主要矿物是石英和钾长石;次要矿物在岩石中含量较少;副矿物含量最少,通常不到1%,个别情况下可达5%。

(2)结构特征

结构是指组成岩石的矿物本身的形态、外貌特征以及矿物之间的相互关系。结构特征是岩浆冷凝时所处地理环境的综合反映。

①根据岩石晶粒的绝对大小来分,岩浆岩可分为显晶质结构和隐晶质结构。

显晶质结构:岩石中的矿物颗粒较大,用肉眼可以分辨并鉴定其特征。一般为深成侵入岩所具有的结构。

隐晶质结构:岩石中矿物颗粒细小,只有在偏光显微镜下方可识别。这种结构比较致密,一般无玻璃光泽和贝壳状断口,常有瓷状断面。

岩浆岩的显晶质结构和隐晶质结构如图 1-1-23 所示。

(a)显晶质结构　　　　　　　　(b)隐晶质结构

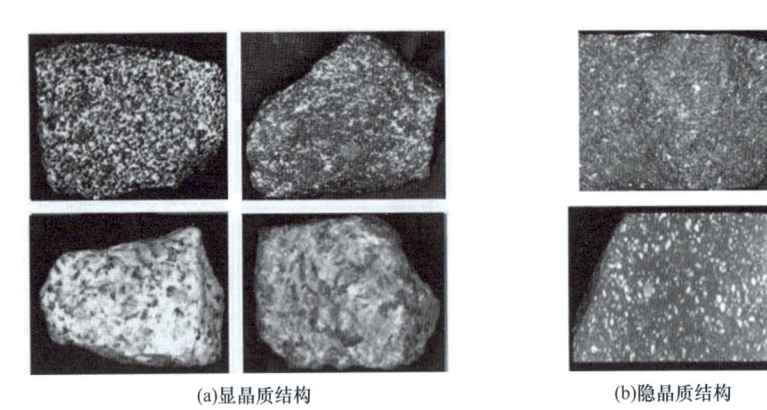

图 1-1-23　岩浆岩的显晶质结构和隐晶质结构

②根据岩石结晶程度来分,岩浆岩可分为全晶质结构、半晶质结构、玻璃质结构。

全晶质结构:岩石全部由晶体矿物组成,见于深成侵入岩。

半晶质结构:岩石部分由晶体矿物组成,见于浅成侵入岩。

玻璃质结构:岩石由非晶质组成,各种矿物成分混沌成一个整体,见于喷出岩。

(3)构造特征

构造是指岩石中不同矿物集合体之间的排列方式及充填方式。彩图 5 给出了岩浆岩的主要构造类型。

①块状构造:组成岩石的矿物在整个岩石中分布均匀,无定向排列,是侵入岩中最常见的构造。

②气孔构造和杏仁构造:是喷出岩中常见的构造。当岩浆喷溢到地面时,围压降低,大量气体由于岩浆迅速冷却凝固而保留在岩石中形成空洞,这就是气孔构造。当气孔被后期次生矿物所充填时,其充填物宛如杏仁,称为杏仁构造。杏仁构造在玄武岩中最常见。

③流纹构造:是酸性喷出岩中最常见的构造。它是由不同颜色的矿物和拉长的气孔等沿一定方向排列表现出来的一种岩浆流动特征。

3.常见岩浆岩类型

通常根据岩浆岩的成因、矿物成分、化学成分、结构、构造及产状等方面综合特征分类见表 1-1-2,彩图 6 为常见岩浆岩。

认识岩浆岩的构造特征

表 1-1-2　　　　　　　　岩浆岩分类简表

类　型				酸性	中性	基性	超基性
SiO₂质量分数/%				75~65	65~55	55~45	<45
化学成分				以 Si、Al 为主		以 Fe、Mg 为主	
颜色(色率)/%				0~30	30~60	60~90	90~100
成因	产状	代表岩属	矿物成分	含长石		含斜长石	不含长石
			石英	石英>20%	石英0%~20%	极少石英	无石英
		结构构造		云母 角闪石	黑云母 角闪石 辉石	角闪石 辉石 黑云母	橄榄石 辉石

续表

喷出岩	喷出堆积	玻璃状或碎屑状	黑耀石、浮石、火山凝灰岩、火山碎屑岩、火山玻璃				少见
	火山锥 熔岩流 熔岩被	微晶、斑状、玻璃质结构，块状、气孔状、杏仁状、流纹状等构造	流纹岩	粗面岩	安山岩	玄武岩	苦橄岩
侵入岩	浅成岩	岩基、岩株、岩脉、岩床、岩盘等	半晶质、全晶质、斑状等结构，块状结构	花岗斑岩	正长斑岩	闪长玢岩	辉绿岩	橄玢岩（少见）
	深成岩		全晶质、显晶质、粒状等结构，块状结构	花岗岩	正长岩	闪长岩	辉长岩	橄榄岩

（三）沉积岩

1.沉积岩的形成

沉积岩是在地表或近地表不太深的地方形成的一种岩石类型，如图1-1-24所示，是由风化产物、火山物质、有机物质等碎屑物质在常温常压下经过搬运、沉积和成岩作用，最后形成的岩石，如图1-1-25所示。沉积岩占地壳体积的7.9%，但在地壳表层分布甚广，约占陆地面积的75%，而海底几乎全部为沉积物所覆盖。

图1-1-24 自然界中的沉积岩

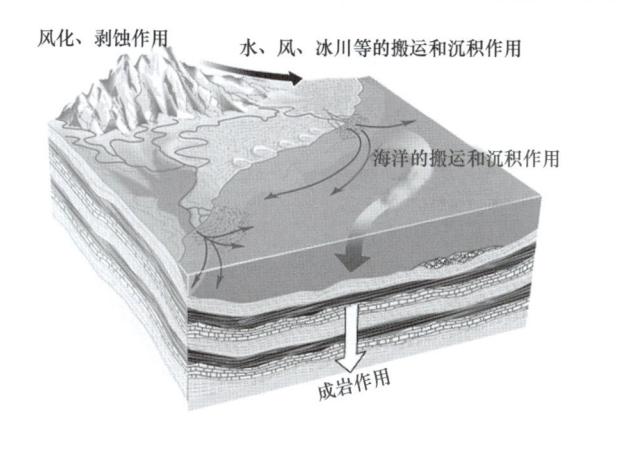

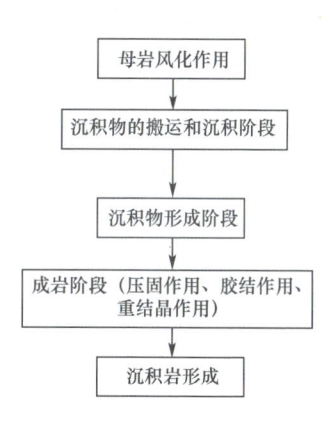

图1-1-25 沉积岩的形成过程

沉积岩有两个突出特征：一是具有层次，称为层理构造。层与层的界面叫层面，通常下面的岩层比上面的岩层年龄古老；二是许多沉积岩中有古代生物的遗体或生存、活动的痕迹——化石，它是判定地质年龄和研究古地理环境的珍贵资料，被称作是纪录地球历史的"书页"和"文字"。

2.沉积岩的一般特征

(1)成分特征

物质来源主要有几个渠道,而风化作用是一个主要渠道,它包括物理风化、化学风化和生物风化。物理风化是以崩解的方式把已经形成的岩石破碎成大小不同的碎屑;化学风化是由于水、氧气、二氧化碳引起的化学作用使岩石分解形成碎屑;细菌、真菌、藻类等生物风化作用也能分解岩石。此外,火山爆发喷射出大量的火山物质也是沉积物质的来源之一;植物和动物有机质在沉积岩中也占有一定比例。不论哪种方式形成的碎屑物质都要经历搬运过程,然后在合适的环境中沉积下来,经过漫长的成岩作用,石化成坚硬的沉积岩。沉积岩的物质成分及其特征见表 1-1-3。

表 1-1-3　　　　　　　　　　沉积岩成分特征表

成　分	特　征	举　例
陆源碎屑矿物	从母岩中继承下来的一部分矿物,呈碎屑状态出现,是母岩物理风化的产物,或者是火山喷发出的火山物质	石英、长石、云母
化学结晶矿物	沉积岩形成过程中,母岩分解出的化学物质沉淀结晶形成的矿物	方解石、白云石、石膏、铁锰的氧化物及氢氧化物
次生矿物	沉积岩遭受化学风化作用而形成的矿物	如碎屑长石风化而成的高岭石以及伊利石、蒙脱石等
有机质及生物残骸	生物残骸(包括石化了的各种古生物遗骸和遗迹)或有机化学变化而成的物质	贝壳、珊瑚礁、泥炭、石油等
胶结物	充填于沉积颗粒之间,并使之胶结成块的矿物质,胶结物主要来自粒间溶液和沉积物的溶解产物,通过粒间沉淀和粒间反应等方式形成	硅质胶结(SiO_2)、铁质胶结(Fe_2O_3、FeO)、钙质胶结($CaCO_3$)、泥质胶结(黏土矿物)

(2)结构特征

沉积岩的结构特征主要与沉积岩的物质成分对应,具体见表 1-1-4。

表 1-1-4　　　　　　　　　　沉积岩的结构特征表

结构	碎屑结构	泥质结构	化学结晶结构	生物结构
特征	由碎屑矿物组成的结构	由黏土矿物组成的结构	由化学结晶矿物组成的结构	由生物残骸或有机质组成的结构
图示				

(3)构造特征

沉积岩的构造特征如表 1-1-5 所示。

认识沉浆岩的构造特征

表 1-1-5　　　　　　　　　　　　沉积岩构造特征表

构造	特　征	示　图
层理构造	由于季节、沉积环境的改变使先后沉积的物质在颗粒大小、颜色和成分上发生相应的变化，从而显示出来的成层现象。层理分为水平层理、斜层理、交错层理。不同类型的层理反映了沉积岩形成时的古地理环境的变化	
层面构造	指未固结的沉积物，由于搬运介质的机械原因或自然条件的变化及生物活动，在层面上留下痕迹并被保存下来。 波痕——在尚未固结的沉积物层面上，由于流水、风或波浪的作用形成的波状起伏的表面； 泥裂——是未固结的沉积物露出水面干涸时，经脱水收缩干裂而形成的裂缝； 雨痕——雨滴落于松软泥质沉积物表面上，所形成的圆形或椭圆形凹穴； 生物印模——生物在未固结岩层表面留下的痕迹	波痕　　　泥裂 雨痕　　　生物印模
化石	岩层中保存着的经石化了的各种古生物遗骸和遗迹，如三叶虫、贝壳等	
结核	指在成分、颜色、结构等方面与周围沉积岩具有明显区别的矿物集合体。有球形、椭球形、透明状以及不规则状等。结核主要是成岩阶段物质重新分配的产物	

3.常见沉积岩类型

由于沉积岩的形成过程比较复杂,目前对沉积岩的分类方法尚不统一。但是通常主要是依据岩石的成因、成分、结构、构造等方面的特征进行分类的,具体见表 1-1-6,彩图 7 为常见沉积岩。

表 1-1-6　　　　　　　　　　沉积岩分类简表

岩 类		结 构	岩石分类名称	主要岩类及其组成物质
碎屑岩类	火山碎屑岩	粒径>100 mm	火山集块岩	主要由大于 100 mm 的熔岩碎块、火山灰尘等经压密胶结而成
		粒径 100~2 mm	火山角砾岩	主要由 100~2 mm 的熔岩碎屑、晶屑、玻屑及其他碎屑混入组成
		粒径<2 mm	凝灰岩	由 50% 以上的粒径<2 mm 的火山灰组成,其中有岩屑、晶屑、玻屑等细粒碎屑物质
	沉积碎屑岩	砾状结构（粒径>2.000 mm）	砾岩	角砾岩由带棱角的角砾经胶结而成,砾岩由浑圆的砾石经胶结而成
		砂质结构（粒径 2.000~0.074 mm）	砂岩	石英砂岩　石英(质量分数>90%)、长石和岩屑(<10%) 长石砂岩　石英(质量分数<75%)、长石(>25%)、岩屑(<10%) 岩屑砂岩　石英(质量分数<75%)、长石(<10%)、岩屑(>25%)
		粉砂结构（粒径 0.074~0.002 mm）	粉砂岩	主要由石英、长石及黏土矿物组成
黏土岩类		泥质结构（粒径<0.002 mm）	泥岩	主要由高岭石、微晶高岭石及水云母等黏土矿物组成
			页岩	黏土质页岩　由黏土矿物组成 碳质页岩　由黏土矿物及有机质组成
化学及生物化学岩类		结晶结构及生物结构	石灰岩	石灰岩　方解石(质量分数>90%)、黏土矿物(<10%) 泥灰岩　方解石(质量分数 50%~75%)、黏土矿物(25%~50%)
			白云岩	白云岩　白云石(质量分数 90%~100%)、方解石(<10%) 灰质白云岩　白云石(质量分数 50%~75%)、方解石(25%~50%)

（四）变质岩

1.变质岩的形成

地球上已形成的岩石(岩浆岩、沉积岩、变质岩),随着地壳的不断演化,其所处的地质环境也在不断改变,为了适应新的地质环境和物理—化学条件的变化,它们的矿物成分、结构、构造就会发生一系列改变。其固态的岩石在地球内部的压力和温度作用下,发生物质成分的迁移和重结晶,形成新的矿物组合,如普通石灰岩由于重结晶作用变成大理岩。由地球内力作用促使岩石发生矿物成分及结构构造变化的作用称为变质作用,变质作用形成的岩石称为变质岩。变质岩是组成地壳的主要成分,占地壳体积的27.4%。一般变质岩是在地下深处的高温(大于150摄氏度)高压下产生的,后来由于地壳运动而出露地表。总的来说,变质作用方式可以概括为两种:一是接触变质(热变质),如图1-1-26所示;二是区域变质(动力变质)。

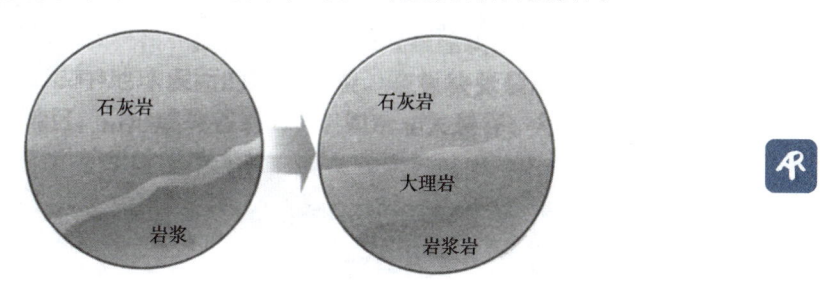

图1-1-26 接触变质作用示意图

2.变质岩的一般特征

(1)成分特征

原岩经变质作用后仍保留的部分矿物称残留矿物,如石英、长石、方解石、白云石等。原岩经变质作用后出现具有自身特征的矿物称变质矿物,如蛇纹石、绿泥石、石榴子石等,如彩图八所示。变质矿物是鉴别变质岩的重要依据。

(2)结构特征

变质岩的结构和构造可以具有继承性,即可保留原岩的部分结构、构造,也可以在不同变质作用下形成新的结构、构造。

变质岩的结构按成因可分为变晶结构、变余结构、碎裂结构,如图1-1-27所示。

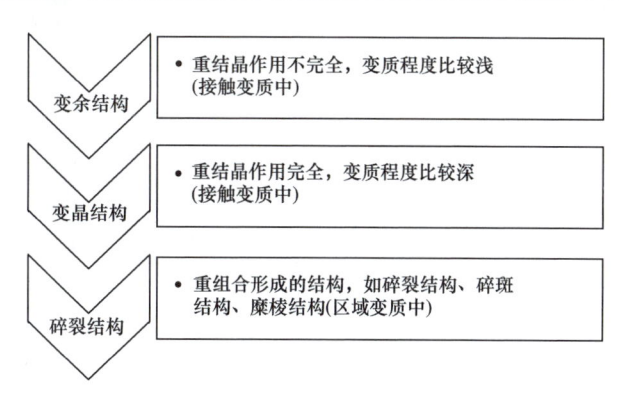

图1-1-27 变质岩的结构

(3)构造特征

变质岩的构造指岩石中矿物在空间排列关系上的外貌特征。常见的变质岩的构造特征有片理状构造和块状构造等。片理状构造是指岩石中片状、针状、柱状或板状矿物受定向压力作用重新组合,呈相互平行排列的现象。片理状构造又分为板状、千枚状、片状和片麻状构造。块状构造是指岩石由粒状结晶矿物组成,无定向排列,也不能定向裂开。变质岩的构造见表1-1-7。

表 1-1-7　　　　　　　　　　　　　　　变质岩的构造

构造	特 征	示 图
板状构造	在温度不高而以压力为主的变质作用下形成,由显微片状矿物平行排列成密集的板理面。岩石结构致密,所含矿物肉眼不能分辨,板理面上有弱丝绢光泽。能沿一定方向极易分裂成均一厚度的薄板	
千枚状构造	岩石中矿物重结晶程度比板岩高,其中各组分基本已重结晶并定向排列,但结晶程度较低而使肉眼尚不能分辨矿物,仅在岩石的自然破裂面上见有较强的丝绢光泽,是由绢云母、绿泥石小鳞片造成	
片状构造	原岩经区域变质、重结晶作用,使片状、柱状、板状矿物平行排列成连续的薄片状,岩石中各组分全部重结晶,而且肉眼可以看出矿物颗粒,片理面上光泽很强	
片麻状构造	是一种变质程度很深的构造,不同矿物(粒状、片状相间)定向排列,呈大致平行的断续条带状,沿片理面不易劈开,它们的结晶程度都比较高	
块状构造	岩石中的矿物均匀分布,结构均一,无定向排列,如大理岩和石英岩	

3.常见变质岩类型

变质岩根据其构造特征分为片理状岩石类和块状岩石类,具体见表 1-1-8,彩图 9 为石英岩和大理岩。

表 1-1-8　　　　　　　　　　　　　　主要变质岩分类简表

岩类	构造	岩石名称	主要矿物	原 岩
片理状岩类	板状构造	板岩	黏土矿物、绢云母、绿泥石等	黏土岩、黏土质粉砂岩
	千枚状构造	千枚岩	绢云母、绿泥石、石英等	黏土岩、粉砂岩、凝灰岩
	片状构造	片状岩	云母、滑石、绿泥石、石英等	黏土岩、砂岩、岩浆岩
	片麻状构造	片麻岩	石英、长石、云母、角闪石等	中、酸性岩浆岩、砂岩
块状岩类	块状构造	石英岩	石英为主,有时含绢云母	砂岩
		大理岩	方解石、白云石	石灰岩、白云岩

(五)三大岩类的相互转化

沉积岩、岩浆岩和变质岩是地球上组成岩石圈的三大类岩石,它们都是各种地质作用的产物。然而,原先形成的岩石,一旦改变其所处的环境,岩石将随之发生改变,转化为其他类型的岩石。

出露到地表面的岩浆岩、变质岩与沉积岩,在大气圈、水圈与生物圈的共同作用下,可以经过风化、剥蚀、搬运作用而变成沉积物。沉积物埋藏到地下浅处就硬结成岩,形成沉积岩。埋到地下深处的沉积岩或岩浆岩,在温度不太高的条件下,可以在基本保持固态的情况下发生变质,变成变质岩。不管什么岩石,一旦进入高温(高于 700~800 ℃)状态,岩石将逐渐熔融成岩浆,岩浆在上升过程中温度降低,成分复杂化,或在地下浅处冷凝成侵入岩,或喷出地表而形成喷出岩。在岩石圈内形成的岩石,由于地壳上升,上覆岩石遭受风化剥蚀,它们又有机会变成出露地表的岩石。

综上所述可见,岩石圈内的三大类岩石是完全可以互相转化的。它们之所以不断地运动、变化,完全是岩石圈自身动力作用以及岩石圈与大气圈、水圈、生物圈、地幔等圈层相互作用的缘故。在这个不断运动、变化的岩石圈内,三大类岩石的转化,使岩石呈现出复杂多样的变化。尽管在短时间内和在某一种环境中,岩石表现出相对的稳定性,但是从长时间来看,岩石圈里的岩石都在不断地变化着,如图 1-1-28 所示。

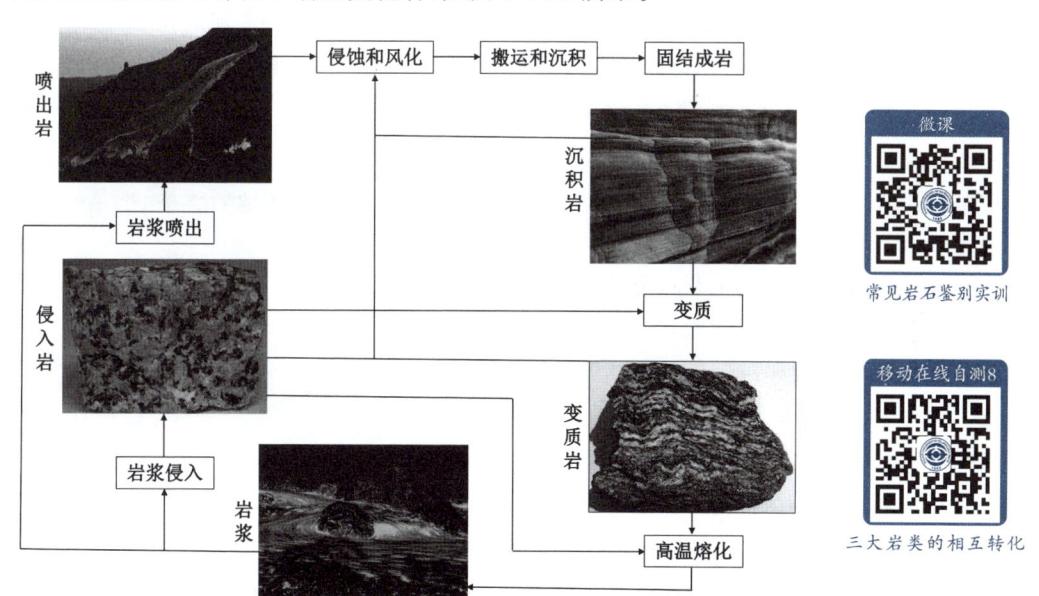

图 1-1-28 三大岩类之间的转化

模块二 地质年代和构造

一 地质年代

地壳发展演变的历史叫作地质历史,简称地史。据科学推算,地球的年龄至少有45.5亿年。在这漫长的地质历史中,地壳经历了许多强烈的构造运动、岩浆活动、海陆变迁、剥蚀和沉积作用等各种地质事件,形成了不同的地质体。因此查明地质事件发生或地质体形成的时代和先后顺序是十分重要的,前者称为绝对地质年代,后者称为相对地质年代。要了解一个地区的地质构造、地层的相互关系,以及阅读地质资料和地质图件时,必须具备地质年代的知识。

(一) 地层的地质年代

由两个平行或近于平行的界面(岩层面)所限制的同一岩性组成的层状岩石,称为岩层。岩层是沉积岩的基本单位而没有时代的含义。地层和岩层不同,在地质学中,把某一地质时期形成的一套岩层及其上覆堆积物统称为那个时代的地层。

确定地层的地质年代有两种方法:一是绝对地质年代,用距今多少年以前来表示,是通过测定岩石样品所含放射性元素确定的;另一个是相对地质年代,由该岩石地层单位与相邻已知岩石地层单位的相对层位的关系来决定的。在地质工作中,一般以应用相对地质年代为主。

(二) 地层的相对地质年代

沉积岩和岩浆岩相对地质年代的判别方法见表1-2-1、表1-2-2。

表1-2-1　　　　沉积岩相对地质年代的判别方法

判别方法		判别依据	图示
地层层序法	正常层序	下面的总是先沉积的地层,上覆的总是后沉积的地层(上新下老)	

续表

判别方法	判别依据	图 示
变动层序	若构造变动复杂的地区,岩层自然层位发生了变化,就难以直接通过层序来确定相对地质年代了,需恢复层序后再来判断	
标准地层对比法	一定区域同一时期形成的岩层,其岩性特点应是一致或近似的,可以以岩石的组成、结构、构造等岩性特点,作为岩层对比的基础,此方法具有一定的局限性和不可靠性	
接触关系法 — 平行不整合	大体上互相平行的岩层之间有起伏不平的埋藏侵蚀面,侵蚀面之上为新地层,侵蚀面之下为老地层	平行不整合的形成过程示意图 O-接受沉积；S-平稳上升； D-遭受风化、剥蚀；C-下沉、接受沉积
接触关系法 — 角度不整合	埋藏侵蚀面将年轻的、新的、变形较轻的沉积岩同倾斜或褶皱的沉积岩分开,不整合而上下之间有一角度差异,侵蚀面之上为新地层,侵蚀面之下为老地层	角度不整合的形成过程示意图 T-接受沉积；J-隆起、褶皱； K-遭受风化、剥蚀,形成剥蚀面； E-下沉、接受沉积
生物层序法	按照生物演化的规律,从古到今,总是由低级到高级、由简单到复杂发展的。在不同地质年代沉积的岩层中,都会有不同特征的古生物化石。含有相同化石的岩层一定是同一地质年代中形成的,可以根据岩层中所含标准化石的地质年代确定岩层的地质年代	

表 1-2-2　　　　　　　　　　　岩浆岩相对地质年代的判别方法

判别方法		判别依据	图示
接触关系法	侵入接触	岩浆侵入体侵入于沉积岩层之中，使围岩发生变质现象。它说明岩浆侵入体的形成年代晚于发生变质的沉积岩层的地质年代	
	沉积接触	岩浆岩形成之后，经长期风化剥蚀，后来在侵蚀面上又有新的沉积。侵蚀面上部的沉积岩层无变质现象，而在沉积岩的底部往往有由岩浆岩组成的砾岩或岩浆岩风化剥蚀的痕迹。这说明岩浆岩的形成年代早于沉积岩的地质年代	
穿插关系		穿插的岩浆岩侵入体，总是比被它们所侵入的最新岩层还要年轻，而比不整合覆盖在它上面的最老岩层要老。若两个侵入岩接触，岩浆侵入岩的相对地质年代，亦可由穿插关系确定，一般是年轻的侵入岩脉穿过较老的侵入岩	Ⅰ最老；Ⅱ较新；Ⅲ最新

（三）地质年代表与地层单位

1.地质年代单位和地层单位

划分地质年代单位和地层单位的主要依据是地壳运动和生物演变。地壳发生大的构造变动之后，自然地理条件将发生显著变化。因而，各种生物也将随之演变，以达到适者生存，这样就形成了地壳发展历史的阶段性。在不同地质时代相应地形成不同的地层，故地层是地壳在各地质时代里变化的真实记录。地质学家们根据几次大的地壳运动和生物界大的演变，把地质历史划分为五个"代"，每个代又分为若干"纪"，"纪"内因生物发展及地质情况不同，又进一步划分为若干"世"和"期"，以及一些更细的段落，这些统称为地质年代单位。与地质年代相对应的地层单位是界、系、统、阶，如古生代形成的地层称为古生界地层。

2.地质年代表

19世纪以来，人们在实践中逐步进行了地层的划分和对比工作，并按时代早晚顺序把地质年代进行编年，列制成表，具体见表1-2-3。地质年代表反映了地壳历史阶段的划分和生物演化的发展阶段。

确定和了解地层的时代，在工程地质工作中是很重要的，同一时代的岩层常有共同的工程地质特性。如在四川盆地广泛分布的侏罗系和白垩系地层，因含有多层易遇水泥化的黏土岩，致使凡是这个时代地层分布的地区滑坡现象都很常见。但不同时代形成的相同名称的岩层，往往岩性也有所区别。此外，在分析地质构造时，必须首先查明地层的时代关系，才能进行。

表 1-2-3　　　　　　　　　　　　　　地质年代表

相对年代				绝对年龄(百万年)	生物开始出现时间		主要特征
宙(宇)	代(界)	纪(系)	世(统)		植物	动物	
显生宙(宇)	新生代(界)Kz	第四纪(系)Q	全新世(统) Q_4 更新世(统) Q_{1-3}	0.02 1.5±0.5		←现代人	各种近代堆积物、冰川分布、黄土生成
^	^	晚第三纪(系)N	上新世(统) N_2 中新世(统) N_1	37±2		←古猿	主要成煤期，哺乳动物、鸟类发展；裸子植物茂盛
^	^	早第三纪(系)R	渐新世(统) E_3 始新世(统) E_2 古新世(统) E_1	67±3			^
^	中生代(界)Mz	白垩纪(系)K	晚(上) K_2 早(下) K_1	137±5	←被子植物	←哺乳类	后期地壳运动强烈，岩浆活动，海水退出大陆；恐龙时代；裸子植物茂盛；华北为陆地，华南为浅海，鱼类、两栖类繁殖，成煤时代
^	^	侏罗纪(系)J	晚(上) J_3 中(中)侏罗纪(统) J_2 早(下) J_1	195±5			^
^	^	三叠纪(系)T	晚(上) T_3 中(中)三叠纪(统) T_2 早(下) T_1	230±10 285±10		←爬行类	^
^	晚古生代(界)Pz^2	二叠纪(系)P	晚(上) P_2 二叠纪(统) 早(下) P_1	350±10	←裸子植物	←两栖类	^
^	^	石炭纪(系)C	晚(上) C_3 中(中)炭世(统) C_2 早(下) C_1	405±10	←蕨类植物	←鱼类	^
^	^	泥盆纪(系)D	晚(上) D_3 中(中)泥盆纪(统) D_2 早(下) D_1	440±10		←无颌类	^
^	早古生代(界)Pz^1	志留纪(系)S	晚(上) S_3 中(中)志留纪(统) S_2 早(下) S_1	500±10		←无脊椎动物	后期地壳运动强烈，大部分浅海环境，华北缺 O_3—S 地层；无脊椎动物时代
^	^	奥陶纪(系)O	晚(上) O_3 中(中)奥陶纪(统) O_2 早(下) O_1	570±15		←菌藻类	^
^	^	寒武纪(系)ε	晚(上) ε_1 中(中)寒武纪(统) ε_2 早(下) ε_3	2500			^
隐生宙(宇)	元古代(界)Pt	震旦纪(系)Z	晚(上) Z_2 震旦纪(统) 早(下) Z_1	4000 4600			海侵广泛原始单细胞生物时代，晚期构造运动强烈
^	太古代(界)Ar	地球初期发展阶段				无生物	

* 表中同位素年龄系据 1967 年国际地质年代委员会推荐数值。

二　地质构造

现代地质学认为,地壳被划分成许多刚性的板块,而这些板块在不停地相对运动。正是这种地壳运动,引起海陆变迁,产生各种地质构造,形成山脉、高原、平原、丘陵、盆地等基本构造形态。

地质构造的规模,有大有小,但都是地壳运动的产物,是地壳运动在地层和岩体中所造成的永久变形或变位。地质构造大大改变了岩层和岩体原来的工程地质性质,影响岩体稳定,增大岩石的渗透性,为地下水的活动和富集创造了良好的场所。因此,研究地质构造不但有阐明和探讨地壳运动发生、发展规律的理论意义,而且有指导工程地质、水文地质、地震预测预报工作和地下水资源的开发利用等生产实践的重要意义。

正如前面所提到的,地质构造是地壳运动的产物,是岩层或岩体在地壳运动中,由于构造应力长期作用使之发生永久性变形变位的现象,例如,褶曲与断层等。地质构造的规模有大有小,大的褶皱带如内蒙古大兴安岭褶皱系、喜马拉雅褶皱系、松潘甘孜褶皱系等;小的只有几厘米,甚至要在显微镜下才能看得见,如片理构造、微型褶皱等。本书主要介绍野外地质工作中常见的层状岩石表现的一些地质构造现象,如水平构造、单斜构造、褶皱构造和断裂构造等。

(一) 岩层产状及其测定方法

各种地质构造无论其形态多么复杂,它们总是由一定数量和一定空间位置的岩层或岩石中的破裂面构成的。因此研究地质构造的一个基本内容就是确定这些岩层及破裂面的空间位置以及它们在地面上表现的特点。这里以岩层产状为例,断层、节理等其他构造面的产状测量方法类似。

1. 岩层的产状

岩层是指两个平行或近于平行的界面所限制的同一岩性组成的层状岩石。岩层的产状指岩层在空间的展布状态。为了确定倾斜岩层的空间位置,通常要测量岩层的产状三要素:走向、倾向和倾角(表 1-2-4)。

表 1-2-4　　　　　　　　　　岩层产状三要素

要素	描　述	图　示
走向	岩层层面与假想水平面交线的方位角,即为岩层的走向。它表示岩层在空间的水平延伸方向,如右图所示	
倾向	垂直于走向沿倾斜面向下引出一条立线,此直线在水平面的投影的方位角,称岩层的倾向。它表示岩层在空间的倾斜方向,如右图所示	
倾角	岩层层面与水平面所夹的锐角,即为岩层的倾角。它表示岩层在空间倾斜角度的大小,如右图所示	

2. 岩层产状的野外测量及表示方法

(1) 岩层产状的测量方法

在野外通常使用地质罗盘来测量。测量流程和方法如图 1-2-1 所示,在野外测量岩层产状如图 1-2-2 所示。

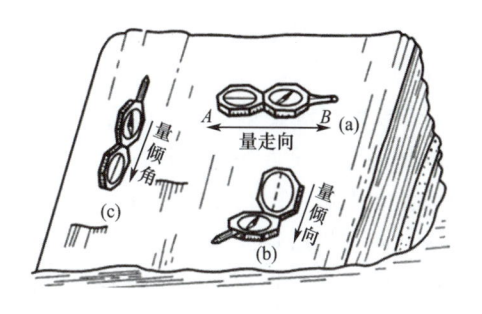

图 1-2-1　岩层产状的测量流程和方法

图 1-2-2　在野外测量岩层产状

(2)岩层产状的表示方法

岩层产状要素在野外记录本上和文字报告中一般用"倾向∠倾角"的样式来表述。

某岩层产状为一组走向北西 337°,倾向南西 247°,倾角 37°,这时一般写成 247°∠37°的形式。在地质图上,岩层的产状用⊥37°表示。长线表示岩层的走向,与长线相垂直的短线表示岩层的倾向,数字表示岩层的倾角(图 1-2-3)。后面即将讲到的褶曲的轴面、裂隙面和断层面等,其产状意义、测量方法和表达形式与岩层相同,不再重述。

图 1-2-3　岩层产状的表示方法

(二)岩层构造

由于形成岩层的地质作用、形成时的环境和形成后所受的构造运动的影响不同,其在地壳中的空间方位也各不一样,从而形成不同的岩层构造。

1.水平岩层

覆盖大陆表面的沉积岩,绝大多数都是在广阔的海洋和湖泊盆地中形成的,其原始产状大部分是水平的。一个地区出露的岩层产状基本是水平的或近于水平的称为水平岩层(彩图10)。对于水平岩层,一般岩层时代越老,出露位置越低,越新则分布的位置越高。水平岩层在地面上的露头宽度及形状主要与地形特征和岩层厚度有关。

2.倾斜岩层

水平岩层受地壳运动的影响后发生倾斜,使岩层层面和大地水平面之间具有一定的夹角时,称为倾斜岩层或称为倾斜构造(彩图11)。倾斜构造是层状岩层中最常见的一种产状,它可以是断层一盘,褶曲一翼或岩浆岩体的围岩,也可能是因岩层受到不均匀的上升或下降所引起的。

3.直立岩层

岩层层面与水平面相垂直时,称直立岩层。其露头宽度与岩层厚度相等,与地形特征无关(彩图12)。

4.岩层构造对公路工程的影响

对路基工程而言,一般情况下,在水平岩层或直立岩层分布的地区修筑公路,岩层对公路边坡无太大影响。在倾斜岩层分布区,公路测设应特别注重路线走向与岩层产状的关系。当路线走向与岩层走向一致时,公路布线一般认为顺向坡较为有利,因逆向坡的坡麓常有松散的坡积物或崩积物,对路基的稳定性不利;但是如果顺向坡的单斜层面的倾角大于45°,且层位较薄,或夹有软弱岩层时,则易形成边坡坍塌或滑坡。当路线走向与岩层走向正交时,如果没有倾向于路基的节理存在,则可形成较稳定的高陡边坡。当路线走向与岩层走向斜交时,其边坡稳定情况介于上述两者之间。

对隧道工程而言,水平或直立的厚层状硬质岩层是稳定的,松软薄岩层开挖后易剥落或坍塌,尤其是有水或风化严重的软质岩层,极易发生掉块或坍塌冒顶。但单斜岩层发育区,岩层倾角的大小和岩性对隧道的稳定性影响较大。倾角平缓且岩质坚硬,则是稳定的;若倾角大,有软弱夹层,或有地下水活动,则易产生坍塌或顺层滑动,如图1-2-4所示。

对桥基工程而言,当岩层产状倾向下游,其中又有软弱夹层时,水的冲蚀作用会使基础产生不均匀沉降,导致桥梁墩身歪斜或倾覆,如图1-2-4所示。

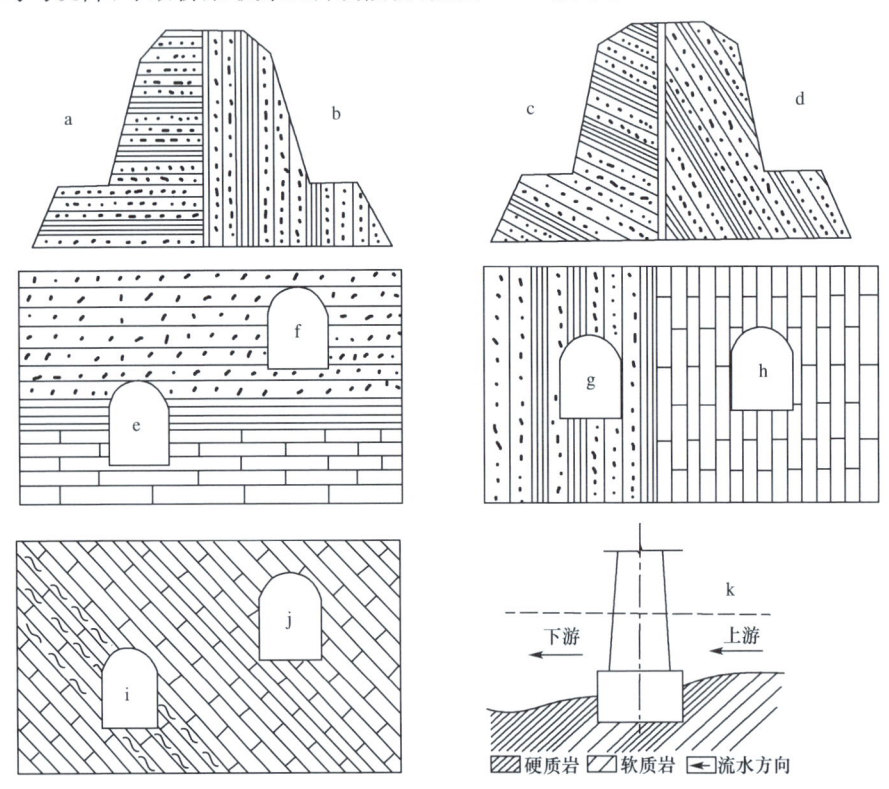

图1-2-4 岩层构造对公路工程的影响

a,b,c 边坡稳定;d 边坡不稳定;e,g,i 隧道不稳定;f,h,j 隧道稳定;k 桥基不稳定

(三)褶皱构造

组成地壳的岩层,受构造应力的强烈作用后形成波状弯曲而未丧失连续性的构造,称为褶皱构造(彩图13)。褶皱构造,是岩层产生的永久性变形,是地壳表层广泛发育的基本构造之一。

1.褶曲的形态要素

褶曲是褶皱构造中的一个弯曲,是褶皱构造的组成单位。每一个褶曲,都有核部、翼部、轴面、轴及枢纽等几个组成部分,一般称其为褶曲的形态要素,见表1-2-5。

表 1-2-5　　　　　　　　　　　褶曲的形态要素

形态要素	描　　述	图　　示
核部	褶曲中心部位的岩层	
翼部	核部两侧对称出露的岩层	
轴面	从褶曲顶平分两侧的假想面。它可以是平面,亦可以是曲面;它可以是直立的、倾斜的或近似于水平的	
轴	轴面与水平面的交线。轴的长度,表示褶曲延伸的规模	
枢纽	轴面与褶曲同一岩层层面的交线,称为褶曲的枢纽。它有水平的、倾伏的,也有波状起伏的	

2.褶曲的基本形态

向斜和背斜是褶曲的基本形态,如图 1-2-5 所示。图 1-2-6 所示为背斜和向斜相连,图 1-2-7 所示为外力作用前后的褶皱。

图 1-2-5　褶曲的基本形态(左背斜,右向斜)

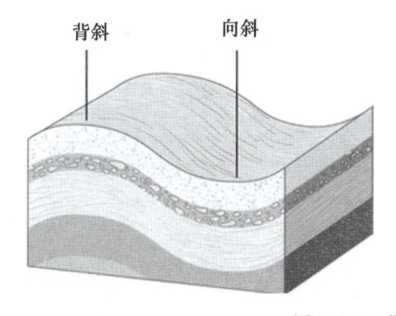

图 1-2-6　背斜和向斜相连

(a)风化剥蚀之前　　　　　　　　(b)风化剥蚀之后

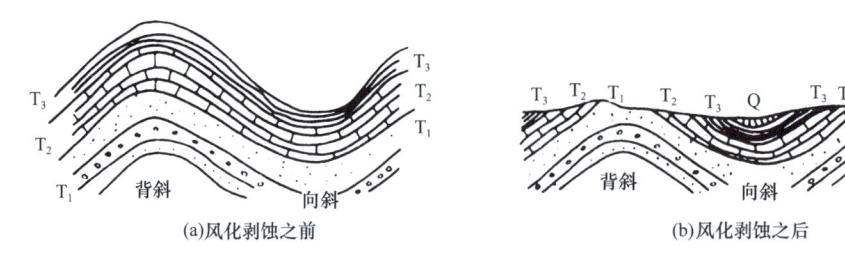

图 1-2-7　外力作用前后的褶皱

(1)背斜

背斜是岩层向上拱起的弯曲形态,其中心部位(即核部)岩层较老,翼部岩层较新,呈相背倾斜。

(2)向斜

向斜是岩层向下凹的弯曲形态,其核部岩层较新,翼部岩层较老,呈相向倾斜。

3.褶曲的形态分类

(1)按褶曲的轴面特征分类

按褶曲的轴面特征分类,褶曲可以分为直立褶曲、倾斜褶曲、平卧褶曲及倒转褶曲,如图1-2-8 所示。

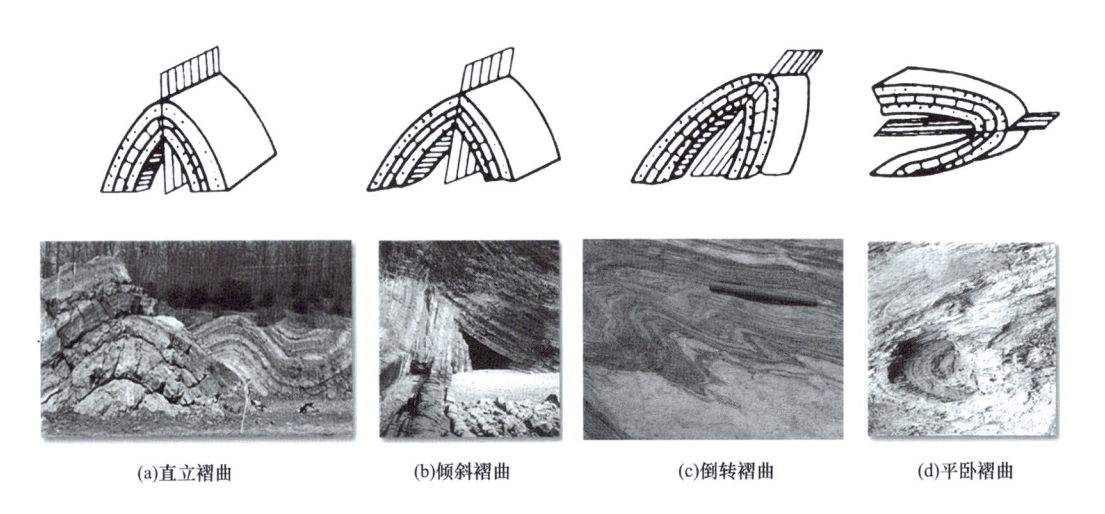

(a)直立褶曲　　(b)倾斜褶曲　　(c)倒转褶曲　　(d)平卧褶曲

图 1-2-8　褶曲按轴面特征分类

(2)按枢纽的状态分类

按褶曲枢纽的状态分,褶曲可以分为水平褶曲和倾伏褶曲,如图 1-2-9 所示。

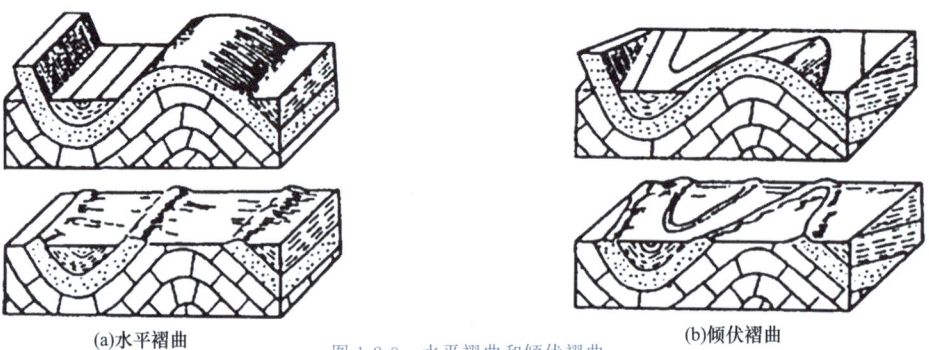

(a)水平褶曲　　　　　　　　(b)倾伏褶曲

图 1-2-9　水平褶曲和倾伏褶曲

水平褶曲:枢纽与水平面平行,组成褶曲的地层层面在水平面上的走向线互相平行。

倾伏褶曲:枢纽与水平面斜交,组成褶曲的地层层面在水平面上的走向线呈鼻状圈闭。

4.褶曲的野外识别

(1)穿越法

就是沿选定的调查路线,垂直岩层走向进行观察。用穿越的方法便于了解岩层的产状、层序及其新老关系。若在路线通过地带的岩层呈有规律的对称重复出现,则必为褶曲构造,如图 1-2-10 所示。

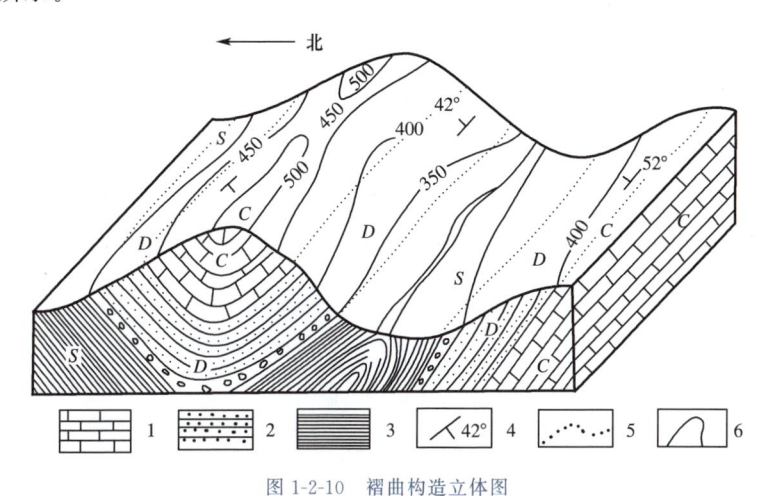

图 1-2-10 褶曲构造立体图

1—石炭系;2—泥盆系;3—志留系;4—岩层产状;5—岩层界线;6—地形等高线

(2)追索法

即为平行岩层走向进行观察的方法。平行岩层走向进行追索观察便于查明褶皱延伸的方向及其构造变化的情况。当两翼岩层在平面上彼此平行展布时,为水平褶曲;若两翼岩层在转折端闭合或呈"S"形弯曲时,则为倾伏褶曲。

穿越法和追索法,不仅是野外观察识别褶曲的主要方法,同时也是野外观察和研究其他地质构造现象的一种基本方法。

5.褶皱构造对公路工程的影响

褶皱构造对公路工程有以下几方面的影响:

(1)褶皱核部岩层由于受水平挤压作用,产生许多裂隙,直接影响到岩体完整性和强度高低。在石灰岩地区还往往使岩溶较为发育,所以在核部布置各种建筑工程,如路桥、坝址、隧道等,必须注意防治岩层的坍落、漏水及涌水问题。

(2)在褶皱翼部布置路基工程时,如果开挖边坡的走向近于平行岩层走向,且边坡倾向与岩层倾向一致,边坡坡角大于岩层倾角,则容易造成顺层滑动现象。如果开挖边坡的走向与岩层走向的夹角在 40°以上或者走向一致,而边坡倾向与岩层倾向相反或者两者倾向相同,但岩层倾角更大,则对开挖边坡的稳定较为有利。因此,在褶皱翼部布置建筑工程时,重点注意岩层的倾向及倾角的大小,褶皱构造对隧道工程的影响如图 1-2-11 所示。

图 1-2-11 褶皱构造对隧道工程的影响

(1、3 不利,2 有利)

(3)对于隧道等深埋地下工程,一般应布置在褶皱的冀部。因为隧道通过均一岩层有利稳定。

(四)断裂构造

组成地壳的岩体,在地应力作用下发生变形,当应力超过岩石的强度,岩体的完整性受到破坏而产生大小不一的断裂,称为断裂构造。断裂构造是地壳中常见的地质构造,常成群分布,形成断裂带。根据岩体断裂后两侧岩块相对位移的情况,断裂构造可分为节理(裂隙)和断层(彩图14)。

1.节理

节理又称裂隙,是存在于岩体中的裂缝,是破裂面两侧的岩石未发生明显相对位移的小型断裂构造。按成因类型,节理可以划分为原生节理、次生节理和构造节理,构造节理又分为张节理和剪节理,见表1-2-6。

表 1-2-6　　　　　　　　　　节理按成因类型划分

成因类型		描述	图示
原生节理		岩浆冷凝收缩而产生的节理,常见于喷出岩中	
次生节理		风化、释重(卸荷)等外力作用形成的节理	
构造解理	张节理	岩石所受拉张应力作用而形成的节理,常呈雁行排列。裂隙张开、延伸短、表面粗糙、绕过砾石	
	剪节理	当岩石所受最大剪应力达到并超过岩石的抗剪强度时则产生剪节理,常形成"X"共轭形式。裂隙闭合、延伸长、表面光滑	

2.断层

断层是指岩体在构造应力的作用下发生断裂,且断裂面两侧岩体有明显相对位移的构造现象。它是节理的扩大和发展。断层的规模有大有小,大的可达上千公里,如著名的东非大裂谷,从约旦向南延伸,穿过非洲,止于莫桑比克,总长 6 400 千米,平均宽度 48~64 千米,小的只有几米。相对位移也可从几厘米到几百公里。图 1-2-12 所示为美国圣安德烈斯断层。断层不仅对岩体的稳定性和渗透性、地震活动和区域稳定有重大的影响,而且是地下水运动的良好通道和汇聚的场所。在规模较大的断层附近或断层发育地区,常赋存有丰富的地下水资源。

图 1-2-12　断层构造

(1)断层要素

断层通常由表 1-2-7 所示的几个部分组成。

表 1-2-7　　　　　　　　　　断层要素

	描　述	图　示
断层面和破碎带	两侧岩块发生相对位移的断裂面,称为断层面。大的断层往往不是一个简单的面,而是多个面组成的错动带,因其间岩石破碎,称破碎带。其中在大断层的断层面上常有擦痕,断层带中常形成糜棱岩、断层角砾和断层泥等	
断层线	断层面与地面的交线。断层线表示断层的延伸方向,它的长短反映了断层的规模所影响的范围,它的形状决定于断层面的形状和地面起伏情况	
断盘	断层面两侧的岩块。若断层面是倾斜的,位于断层面上侧的岩块称上盘;位于断层面下侧的岩块称下盘。若断层面是直立的,可用方位来表示,东盘、西盘、南盘、北盘;或根据断层两侧岩块相对运动方向,称为上升盘和下降盘	

(2)断层的基本类型

断层的分类方法很多,所以会有各种不同的类型。根据断层两盘相对位移的情况,可以将断层分为表 1-2-8 所示的三种类型。

表 1-2-8　　　　　　　　　　　　　　断层的基本类型

类型	描述	图示
正断层	上盘沿断层面相对下降,下盘相对上升的断层。正断层一般是由于岩体受到水平张力及重力作用,使上盘沿断层面向下错动而成。其断层线较平直,断层面倾角较陡,一般大于 45°	
逆断层	上盘沿断层面相对上升,下盘相对下降的断层。逆断层一般是由于岩体受到水平方向强烈挤压力的作用,使上盘沿断层面向上错动而成。断层线的方向常与岩层走向或褶皱轴的方向近于一致,和压应力作用的方向垂直	
平推断层	又称平移断层。是由于岩体受水平扭应力作用,使两盘沿断层面发生相对水平位移的断层。其断层面倾角很陡,常近乎直立,断层线平直延伸远,断层面上常有近乎水平的擦痕	

(3)断层的组合形态

断层很少孤立出现,往往由一些正断层和逆断层有规律地组合成一定形式,形成不同形式的断层带。断层带也叫断裂带,是一定区域内一系列方向大致平行的断层组合,如阶梯状断层、地堑、地垒和叠瓦式构造等,就是分布较广泛的几种断层的组合形态,如图 1-2-13 所示,图 1-2-14 为龙门山叠瓦式逆冲断层。

图 1-2-13　地堑、地垒、阶梯状断层和叠瓦式构造

(4)断层的野外识别

断层的存在,在大多情况下对工程建筑是不利的。为了采取措施防止断层的不良影响,首先必须识别断层的存在。凡发生过断层的地带往往其周围会形成各种伴生构造,并形成

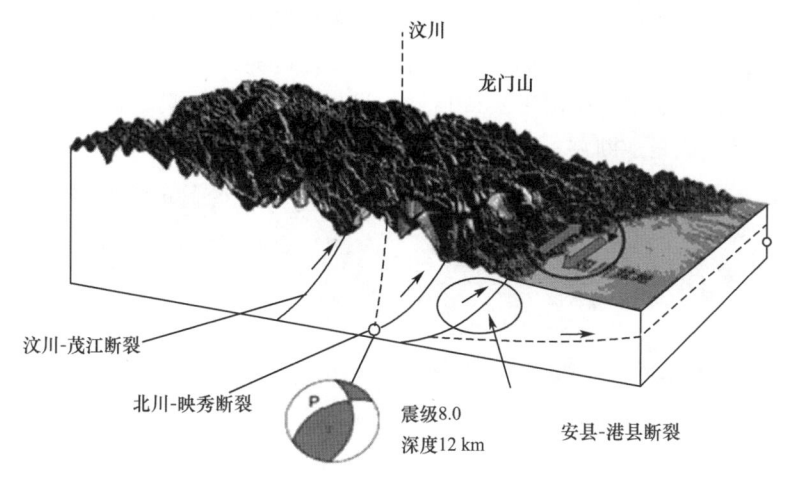

图 1-2-14　龙门山叠瓦式逆冲断层

(a)漓江断层三角面　　(b)华山断层崖　　(c)峨眉山舍身崖

图 1-2-15　地貌特征

有关的地貌现象及水文现象。

①地貌特征:当断层的断距较大时,上升盘的前缘可能形成陡峭的断层崖,经剥蚀后就会形成断层三角面地形,如图 1-2-15 所示。断层破碎带岩石破碎,易于侵蚀下切,但也不能认为"逢沟必断"。一般在山岭地区,沿断层破碎带侵蚀下切而形成沟谷或峡谷地貌。另外,山脊错断、断开,河谷跌水瀑布,河谷方向发生突然转折等,很可能均是断裂错动在地貌上的反映。

②地层特征:若岩层发生不对称的重复或缺失,岩脉被错断,或者岩层沿走向突然中断,与不同性质的岩层突然接触等,这些地层方面的特征则进一步说明断层存在的可能,如图 1-2-16 所示。

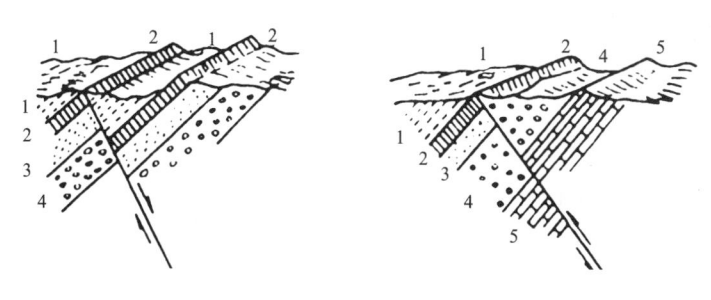

图 1-2-16　岩层的重复和缺失

③断层的伴生构造：断层的伴生构造是断层在发生、发展过程中遗留下来的痕迹。常见的有牵引弯曲、断层角砾、糜棱岩、断层泥和断层擦痕。这些伴生构造现象，是野外识别断层存在的可靠标志，如图 1-2-17～图 1-2-20 所示。另外，有泉水、温泉呈线状出露的地方有可能存在断层，而且可能是逆断层。

图 1-2-17　断层破碎带及断层角砾

图 1-2-18　断层两旁的牵引现象 　　　图 1-2-19　断层擦痕 　　　图 1-2-20　断层透镜体

④其他标志：断层的存在常常控制水系的发育，并可引起河流遇断层面而急剧改向，甚至发生河谷错断现象，如图 1-2-21 所示。湖泊、洼地呈串珠状排列，往往意味着大断裂的存在，温泉和冷泉呈带状分布往往也是断层存在的标志，如图 1-2-22 所示，线状分布的小型侵入体也常反映断层的存在。

图 1-2-21　河谷错断现象 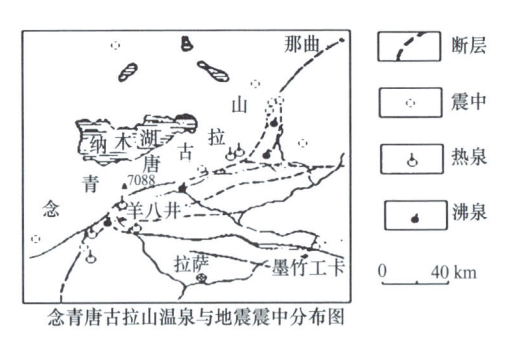　　　图 1-2-22　断层破碎带上温泉带状分布

3.断裂构造对公路工程的影响

(1)节理对公路工程的影响

岩体中的节理，在工程上除有利于材料的采集之外，对岩体的强度和稳定性均有不利的影响。岩体中存在节理，破坏了其整体性，加快岩体风化速度，增强岩体的透水性，因而使岩

体的强度和稳定性降低。当节理主要发育方向与路线走向平行,倾向与边坡一致时,不论岩体的产状如何,路堑边坡均易发生崩塌等不稳定现象;在路基施工中,如果岩体存在节理,还会影响爆破作业的效果。因而,当节理有可能成为影响工程设计的重要因素时,应该对节理进行深入的调查研究,充分论证节理对岩体工程建筑条件的影响,采取相应措施以保证建筑物的稳定和正常使用。

(2)断层对公路工程的影响

由于断层的存在,破坏了岩体的完整性,加速风化作用、地下水的活动及岩溶,在以下几个方面对工程建筑产生影响。

①降低了地基的强度和稳定性。断层破碎带强度低、压缩性大,建于其上的建筑物由于地基出现较大沉陷,易造成开裂或倾斜。跨越断裂构造带的建筑物,由于断裂带及其两侧上、下盘的岩性均可能不同,易产生不均匀沉降。断裂面对岩质边坡、桥基稳定常有重要影响,其中对桥基的不利影响如图 1-2-23 所示。

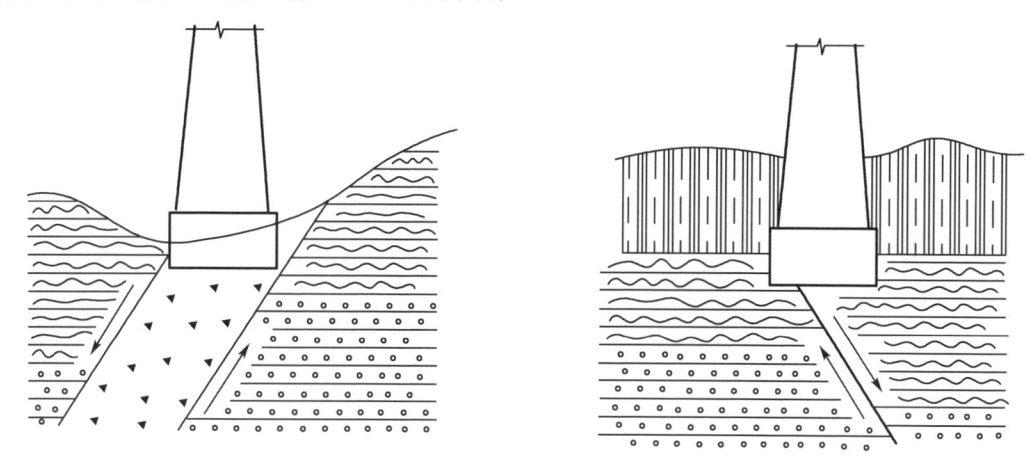

图 1-2-23　断层对桥基的不利影响

②隧道工程通过断裂破碎带时易发生坍塌或涌水现象,如图 1-2-24 所示。

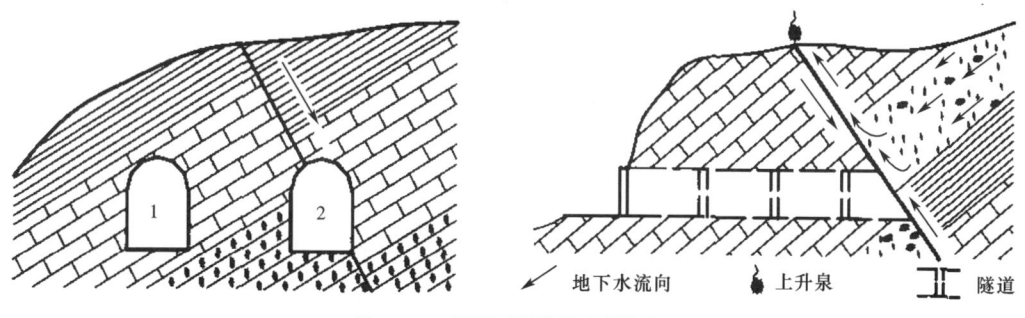

图 1-2-24　断层对隧道的不利影响

③断裂带在新的地壳运动的影响下,可能发生新的移动,从而影响建筑物的稳定。

模块三 水的地质作用

水是地球上最活跃的、最广泛的地质营力之一。水在流动过程中,经过侵蚀、搬运和沉积三种作用,塑造了各种地貌形态。地球上的水分为地表流水和地下水两大类。地表流水又分为暂时性流水(坡面流水和洪流)和常年性流水(河流)。

一 地表流水的地质作用

(一)暂时性流水的地质作用

地表暂时性流水是指大气降水和冰雪融化后在坡面上和沟谷中运动着的水,因此雨季是它发挥作用的主要时间,特别是在强烈的集中暴雨后,它的作用特别显著,往往造成较大灾害。暂时性流水形成的地貌主要有坡积裙、冲沟、洪积扇、洪积平原等。

1.坡面流水的地质作用

大气降雨或冰雪融化后在斜坡上形成的面状流水称为坡面流水,也称片流或漫流,其特性是流程小、时间短、面积大、水层薄。

片流在重力作用下,沿整个坡面将其松散的风化物带至斜坡下部,使坡面上部比较均匀地呈面状降低的过程,称为面状洗刷作用。面状洗刷作用与风化作用交替进行,导致基岩裸露,加速了对坡面的破坏、侵蚀,这种现象尤以植被稀疏的坡面上最为突出。

片流向下流动时受到坡面上风化物的影响,逐渐汇集成股状流动的水体,称为细流。这样,坡面上水流从片流的面状洗刷作用变成细流股状冲刷,便会出现一些细小的侵蚀沟,即地貌学中的"纹沟"。

由坡面流水的面状洗刷作用形成的坡积物(或坡积层),是山区公路勘测设计中经常遇到的第四纪陆相沉积物中的一个成因类型。它顺着坡面沿山坡的坡脚或凹坡呈缓倾斜裙状分布,地貌上称为坡积裙,如图1-3-1所示。

坡积层具有下述特征:

①坡积层的厚度变化很大。一般是中下部较厚,向山坡上部逐渐变薄以至尖灭。

②坡积层多由碎石和黏性土组成,其成分与山坡

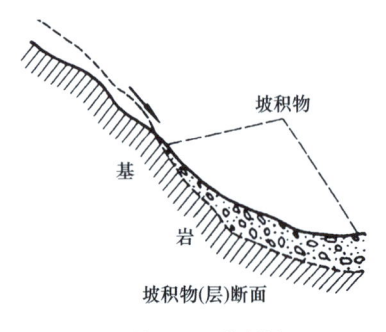

图1-3-1 坡积裙

上部基岩成分有关,与下伏基岩无关。

③坡积物未经长途搬运,碎屑棱角明显,分选性差,坡积层层理不明显。

④坡积层松散、富水,作为建筑物地基强度很差。坡积层很容易滑动,坡积层下原有地面越陡,坡积层中含水越多,坡积层物质粒度越小、黏土含量越高,越容易发生滑坡。

2.洪流的地质作用

暴雨或大量积雪消融时所形成水量大、流速快并夹带大量泥沙于沟槽中运动的水流称为山洪急流,又称洪流或山洪。洪流大多沿着凹形汇水斜坡向下倾泻,具有巨大的流量和流速,对它所流经的沟底和沟壁发生显著的破坏过程,称为冲刷作用。

洪流的冲刷作用形成的沟谷称为冲沟,如图 1-3-2 所示。

图 1-3-2 冲沟

冲沟是陆地表面(山区或平原)流水切割的普遍形式。在冲沟发育的地区,地形变得支离破碎,路线布局往往受到冲沟的控制。由于冲沟的不断发展,常常会发生冲沟截断路基、中断交通或者洪积物掩埋公路、淤塞涵洞,影响正常运输等现象。

冲沟是以溯源侵蚀的方式由沟头向上逐渐延伸扩展的。在厚度较大的均质土分布地区,冲沟的形成和发展大致可分为冲槽阶段、下切阶段、平衡阶段和休止阶段,如图 1-3-3 所示。

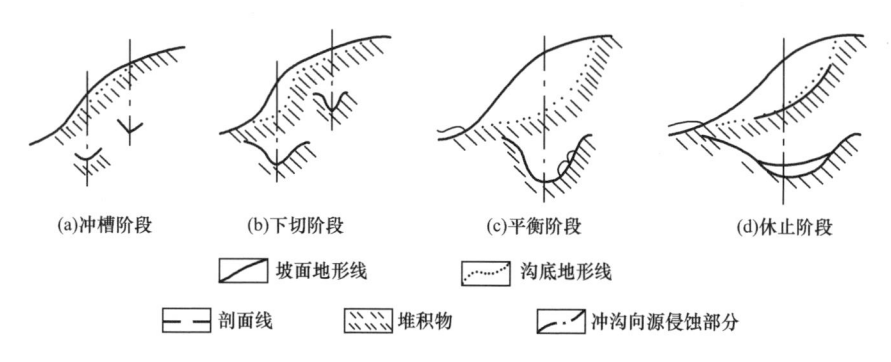

(a)冲槽阶段　　(b)下切阶段　　(c)平衡阶段　　(d)休止阶段

坡面地形线　　沟底地形线

剖面线　　堆积物　　冲沟向源侵蚀部分

图 1-3-3 冲沟的形成和发展

洪积层是由山洪急流搬运的碎屑物质组成的。当山洪夹带大量的泥沙石块流出沟口后,由于沟床纵坡变缓、地形开阔、水流分散、流速降低、搬运能力骤然减小,所挟带的石块岩屑、砂砾等粗大碎屑先在沟口堆积下来,较细的泥沙继续随水搬运,多堆积在沟口外围一带。由于山洪急流的长期作用,在沟口一带就形成了扇形展布的堆积体,即为地貌中所说的洪积扇,如图 1-3-4 所示。洪积扇的规模逐年增大,有时与邻谷的洪积扇互相连接起来,形成规模更大的洪积裙或洪积冲积平原。

图 1-3-4　洪积扇

洪积层具有以下主要特征:组成物质分选不良,粗细混杂,碎屑物质多带棱角,磨圆度不佳;有不规则的交错层理、透镜体、尖灭及夹层等;山前洪积层由于周期性的干燥,常含有可溶性盐类物质,在土粒和细碎屑间,往往形成局部的软弱结晶联结,但遇水后,联结就会破坏。在洪积层上开展公路工程活动,必须对其做详细、准确的勘察,了解地下水的分布和地基承载力情况。

(二)河流的地质作用

河流是指具有明显河槽的常年性水流,它是自然界水循环的主要形式。由于河流流经距离长,流域范围大,加之常年川流不息,河水在运动过程中所产生的地质作用在一切地表流水中就显得最为突出、最为典型。河流的地质作用分为侵蚀作用、搬运作用和沉积作用。

1.河流的侵蚀作用

河水在流动过程中不断加深和拓宽河床的作用称河流的侵蚀作用。按其作用方式的不同,可分为溶蚀和机械侵蚀两种;而按河床不断加长、加深和拓宽的发展过程,可分为溯源侵蚀、下蚀和侧蚀作用,见表 1-3-1。

表 1-3-1　　　　　　　　河流的侵蚀作用

形式	描述	影响	河段	时段
溯源侵蚀	向河流源头方向的侵蚀	使河流变长	河源、上游	河谷发育初期
下蚀	垂直于地面的侵蚀	使河流加深	上、中游	河谷发育初期
侧蚀	垂直于两侧河岸的侵蚀	使谷底变宽	中、下游	河谷发育中后期

(1)溯源侵蚀

河流的侵蚀过程总是从河流的下游逐渐向河源方向发展的,这种溯源推进的侵蚀过程称溯源侵蚀,又称向源侵蚀,如图 1-3-5 所示。

(2)下蚀作用

河水在流动过程中使河床逐渐下切加深的作用,称为河流的下蚀作用,又称底蚀作用。河水挟带固体物质对河床的机械破坏,是河流下蚀的主要原因。其作用强度取决于河水的流速和流量,同时也与河床的岩性和地质构造有密切的关系。下蚀作用使河床不断加深,切割成槽形凹地,形成河谷。在山区,河流下蚀作用强烈,可形成深而窄的峡谷。金沙江虎跳峡,谷深达 3 000 m;长江三峡,谷深达 1 500 m,如图 1-3-6 所示。

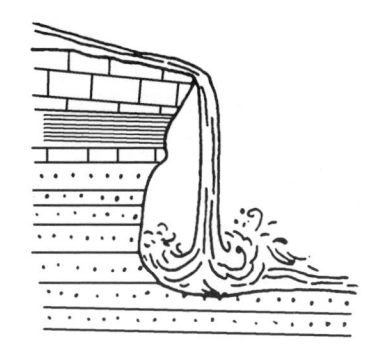

图 1-3-5　河流的溯源侵蚀

图 1-3-6　长江三峡(从左往右为瞿塘峡、巫峡和西陵峡)

(3)侧蚀作用

河流在进行下蚀作用的同时,河水在水平方向上冲刷两岸、拓宽河谷的作用称为侧蚀作用。河水在运动过程中横向环流的作用,是促使河流产生侧蚀的经常性因素。在天然河道上能形成横向环流的地方很多,但在河湾部分最为显著,如图1-3-7所示。当运动的河水进入河湾后,由于横向环流的作用,使凹岸不断受到强烈冲刷,凸岸不断发生堆积,结果使河湾的曲率增大,并受纵向流的影响,使河湾逐渐向下游移动,因而导致河床发生平面摆动。时间一久,整个河床就被河水的侧蚀作用不断拓宽。

图 1-3-7　横向环流

平原地区的曲流对河流凹岸的破坏更大。由于河流侧蚀的不断发展,致使河流一个河湾接着一个河湾,曲率越来越大,长度越来越长,使河床的比降逐渐减小,流速不断降低,侵蚀能量逐渐削弱,直至常水位时已无能量继续发生侧蚀为止。这时河流所特有的平面形态,称为蛇曲,如图 1-3-8 所示。有些处于蛇曲形态的河湾,彼此之间十分靠近,一旦流量增大,会截弯取直,流入新开拓的局部河道,而残留的原河湾的两端因逐渐淤塞而与原河道隔离,形成状似牛轭的静水湖泊,称牛轭湖,如图 1-3-9 所示。最后,由于主要承受淤积,致使牛轭湖逐渐成为沼泽,以至消失。

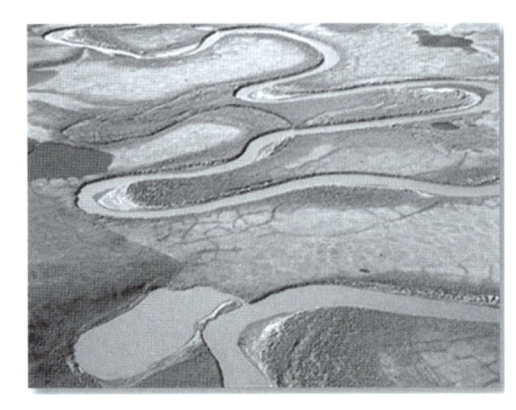

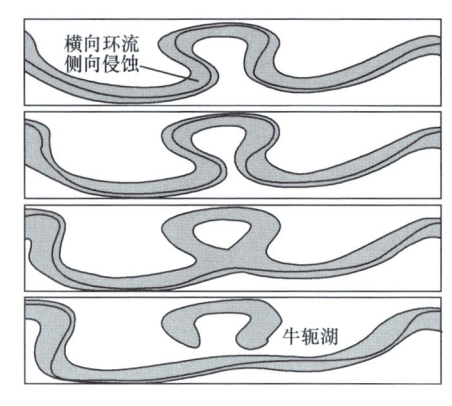

图 1-3-8　蛇曲

图 1-3-9　牛轭湖

2. 河流的搬运作用

河水携带泥沙及溶解质,并推移河床底部砂砾的作用称为河流的搬运作用。河流的搬运方式一般有三种:推移、悬移和溶运。泥沙颗粒等沿河底滚动、滑动或跳跃运动统称为推移;水流中夹带较细小的泥沙以悬浮状态进行搬运称为悬移;石灰岩等可溶性的矿物溶解在河水中随水流移动称为溶运。河流的搬运能力受河水的流量、流速、溶解能力和河床的纵坡等因素影响。

3. 河流的沉积作用

河流在运动过程中,能量不断受到损失。当河水夹带的泥沙、砾石等搬运物质超过了河水的搬运能力时,被搬运的物质便在重力作用下逐渐沉积下来,形成河流堆积地貌。河流堆积地貌是在地壳缓慢而稳定下降的条件下,经各种外力作用的堆积填平形成的。其特点是地形开阔平缓,起伏不大,往往分布有很厚的松散堆积物。按作用的性质不同,又可分为河流冲积平原、湖积平原和三角洲平原,见表 1-3-2。

表 1-3-2　　　　　　　　　　　河流的堆积地貌类型

类型	空间位置	形成	图示
河流冲积平原	河流中、下游	由河流改道及多条河流共同沉积所形成。河床较宽,堆积作用很强,且地面平坦,排水不畅。每当雨季洪水溢出河床,其所携带的大量碎屑物质便堆积在河床两岸,形成天然堤。当河水继续向河床以外的广大地区淹没时,流速不断减小,堆积面积愈来愈大,堆积物的颗粒越来越小,久而久之,便形成广阔的冲积平原	

续表

类型	空间位置	形 成	图 示
湖积平原	河流入湖处	河流注入湖时,将所挟带的泥沙堆积在湖底使湖底逐渐淤高,干涸后沉积层露出地面所形成的。湖积平原中的堆积物,由于是在静水条件下形成的,故淤泥和泥炭的含量较多,其总厚度一般也较大,其中往往夹有多层呈水平层理的薄层细砂或黏土,很少见到圆砾或卵石,且土颗粒由湖岸向湖心逐渐由粗变细	
三角洲平原	河流入海处	河流流入海的地方叫河口,河口是河流的主要沉积场所。由于河流流入河口处水域骤然变宽,河水散开成为许多岔流,加之河水被海水阻挡,流速大减,机械搬运物便大量堆积下来;而且河水中呈溶运的胶溶体的胶体粒子所带电荷被海水电解质中和后也会迅速沉淀。大量物质在河口沉积下来,从平面上看,外形像三角形或鸡爪形,所以叫三角洲,长期的河口沉积就会形成规模庞大的三角洲平原,如图1-3-10所示	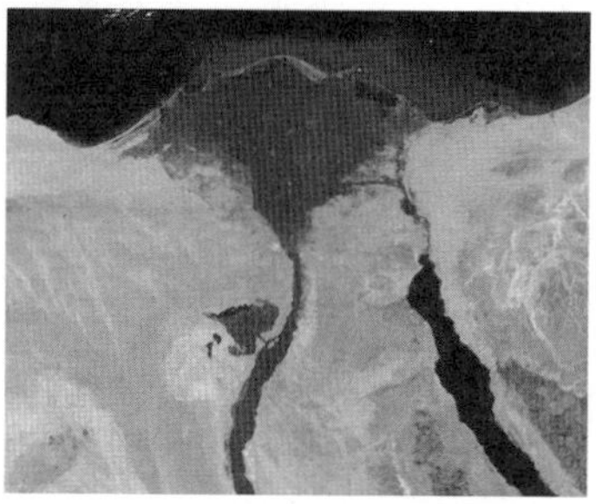

(a) 河流携沙入海沉积　　　(b) 三角洲平原的形成　　　(c) 三角洲平原的延伸

图 1-3-10　三角洲平原

4.河谷和河流阶地

(1)河谷的形态要素

河流所流经的槽状地形称为河谷,它是在流域地质构造的基础上经河流的长期侵蚀、搬运及堆积作用逐渐形成和发展起来的一种地貌。

受基岩性质、地质构造和河流地质作用等因素的控制,河谷的形态是多种多样的。在平原地区,由于水流缓慢,多以沉积作用为主,河谷纵横断面均较平缓,河流在其自身沉积的松散沉积层上发育成曲流和叉道,河谷形态与基岩性质和地质构造等关系不大;在山区,由于复杂的地质构造和软硬岩石性质的影响,河谷形态不单纯由水流状态和泥沙因素所控制,地质因素起着更重要的作用。因此,河谷纵横断面均比较复杂,具有波状与阶梯状的特点。

典型的河谷地貌要素如图1-3-11所示。

①谷底:谷底是河谷地貌的最低部分,地势一般比较平坦,其宽度为两侧谷坡坡麓之间

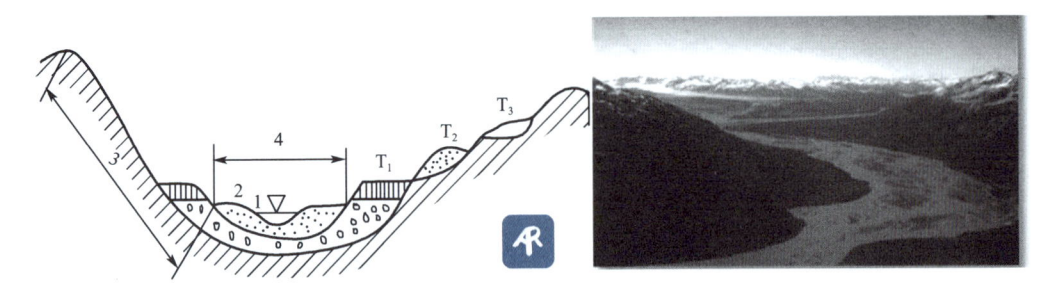

图 1-3-11　典型的河谷地貌要素

1—河床；2—河漫滩；3—谷坡；4—谷底；T_1、T_2、T_3—河流阶地

的距离，谷底上分布有河床及河漫滩。河床是在平水期间为河水所占据的部分，称为河槽；河漫滩是仅在洪水期间为河水淹没的河床以外的平坦地带。

②谷坡：谷坡是高出于谷底的河谷两侧的坡地，谷坡上部的转折处称为谷缘，下部的转折处称为坡麓或坡脚。

③阶地：阶地是沿着谷坡走向呈条带状或断断续续分布的阶梯状平台。阶地可能有多级，从河漫滩向上依次称为一级阶地、二级阶地、三级阶地等。阶地面就是阶地平台的表面，它实际上是原来老河谷的谷底，大多向河谷轴部和河流下游微倾斜。阶地面并不十分平整，因为在它的上面，特别是在它的后缘，常常由于崩塌物、坡积物、洪积物的堆积而呈波状起伏。此外，地表径流对阶地面起着切割破坏作用。阶地斜坡是指阶地面以下的坡地，系河流向下深切后所造成。阶地斜坡倾向河谷轴部，并也常为地表径流所切割破坏。阶地一般不被洪水淹没。

由于构造运动和河流地质过程的复杂性，河流阶地分为三种主要类型，见表 1-3-3。但并非所有的河流或河段都发育有阶地，由于河流的发展阶段和河谷所处的具体条件不同，有的河流或河段没有阶地。

表 1-3-3　　　　　　　　　　河流阶地的三种主要类型

类型	成因	发育位置	图示
侵蚀阶地	由河流的侵蚀作用形成的，由基岩构成，阶地上面基岩直接裸露或只有很少的残余冲积物	多发育在构造抬升的山区河谷中	新疆乌鲁木齐河河流阶地
堆积阶地	由河流的冲积物组成的。当河流侧向侵蚀拓宽河谷后，由于地壳下降，逐渐有大量的冲积物发生堆积。待地壳上升，河流在堆积物中下切，形成堆积阶地	在河流的中、下游最为常见	

续表

类型	成因	发育位置	图示
基座阶地	阶地上部的组成物质是河流的冲积物,下部是基岩,通常基岩上部冲积物覆盖厚度不大,整个阶地主要由基岩组成。它是由于后期河流的下蚀深度超过原有河谷谷底的冲积物厚度,切入基岩内部而形成	地壳经历了相对稳定、下降及后期显著上升的山区	

(2)河谷的类型

河谷的类型有两种划分标准:①按发展阶段分类;②按河谷走向与地质构造的关系分类,见表1-3-4。

表 1-3-4 河谷的类型

按发展阶段分类		图 示
未成形河谷	在山区河谷发育的初期,河流处于以下蚀为主的阶段,由于河流下切很深,多形成断面呈"V"形的深切河谷。其特点是两岸谷坡陡峻甚至直立,基岩直接出露,谷底较窄,常为河水充满,谷底基岩上缺乏河流冲积物	
河漫滩河谷	河谷进一步发育,河流的下蚀作用减弱而侧向侵蚀加强,使谷底拓宽,并伴有一定程度的沉积作用。因而,河谷多发展为谷底平缓、谷坡较陡的"U"形河谷,在河床的一侧或两侧形成河漫滩,河床只占据谷底的最低部分	
成形河谷	河流经历了比较漫长的地质时期,侵蚀作用几乎停止,沉积作用显著,河谷宽阔,并形成完整的阶地	

按河谷走向与地质构造的关系分类		图示
背斜谷	背斜谷是沿背斜轴伸展的河谷,是一种逆地形。背斜谷多系沿张裂隙发育而成,虽然两岸谷坡岩层反倾,但因纵向构造裂隙发育,谷坡陡峻,故岩体稳定性差,容易产生崩塌	

续表

按河谷走向与地质构造的关系分类		图示
向斜谷	是沿向斜轴伸展的河谷,是一种顺地形。向斜谷的两岸谷坡岩层均属顺倾,在不良的岩性和倾角较大的条件下,容易发生顺层滑坡等病害。但向斜谷一般都比较开阔,使路线位置的选择有较大的回旋余地,应选择有利地形和抗风化能力较强的岩层修筑路基	
单斜谷	是沿单斜岩层走向伸展的河谷。单斜谷在形态上通常具有明显的不对称性,岩层反倾的一侧谷坡较陡,不利于公路布线;顺倾的一侧谷坡较缓,但应注意采取可靠的防护措施,防止坡面顺层坍滑	1—有利;2—不利;

二 地下水的地质作用

埋藏在地表下土中孔隙、岩石孔隙和裂隙、岩石孔洞中的水,称为地下水。

地下水分布很广,与人们的生产、生活和工程活动的关系也很密切。由于地下水水质好、分布广、供水延续时间长,往往是可贵的供水水源。

地下水的活动不仅对岩石和土产生机械破坏,而且作为一种溶剂还会使岩石产生化学侵蚀,尤其是对可溶性岩石的溶蚀作用更强烈。由于地下水的活动,能使土体和岩体的强度和稳定性削弱,以致产生滑坡、地基沉陷、公路冻胀和翻浆等不良现象,给公路工程建筑和正常使用造成危害;同时,地下水含有不少侵蚀性物质,它们中所含有的 CO_3^{2-}、Cl^-、SO_4^{2-} 对混凝土产生化学侵蚀作用,使其结构破坏。在公路工程的设计和施工中,当考虑路基和隧道围岩的强度与稳定性、桥梁基础的砌置深度和基坑开挖深度及隧道的涌水等问题时,都必须研究有关地下水的问题,如地下水的埋藏条件、地下水的类型、地下水的理化性质、地下水的活动规律等,以保证建筑物的稳定和正常使用。工程上把与地下水有关的问题称为水文地质问题,把与地下水有关的地质条件称为水文地质条件。

(一) 地下水的形成条件

1. 地下水的存在形式

地下水在岩土中的存在状态主要有:气态、固态和液态三种形式。气态水以水蒸气状态和空气一起存在于岩石和土层的孔隙、裂隙中,对岩土体的强度和性质无太大的影响。固态水指埋藏在常年稳定0°以下的冻土中的冰,土中水的冻结与融化影响着土的工程性质。液态水又分为结合水、毛细水和重力水三种。

(1) 结合水

由于岩、土的颗粒以分子吸引力和静电引力将液态水牢固吸附在颗粒表面,这种水称为结合水。结合水不能随意流动,具有一定的抗剪强度,必须施加一定的外力才能使其发生变形,结合水的抗剪强度由内层向外层减弱。

(2)毛细水

在岩、土体细小孔隙、裂隙中,由于受表面张力和附着力的支持而充填的水,称为毛细水。当两者的力量超过重力时,毛细水能上升到地下水面以上的一定高度。通常,土中直径小于 1 mm 的孔隙为毛细孔隙;岩石中宽度小于 0.25 mm 的裂隙为毛细裂隙,毛细水对土体的性质影响较大。

(3)重力水

当岩、土体中较大孔隙、裂隙完全被水填充饱和时,在重力作用下能够自由流动的水,称为重力水。重力水是构成地下水的主要部分,通常所说的地下水就是指重力水。

2.地下水的形成条件

地下水是在一定自然条件下形成的,它的形成与岩性、地质构造、地貌、气候、人为因素等有关,见表 1-3-5。

表 1-3-5　　　　　　　　　　　地下水的形成条件

形成条件	描　述
岩性	岩石中的孔隙和裂隙大,形成含水层,比如砂岩层、砾岩层、石灰岩层等。孔隙和裂隙少而小,形成相对致密的岩土层,称为不透水层或称隔水层,如页岩层、泥岩层等
地质构造	地质构造发育地带,岩层透水性增强,常形成良好的蓄水空间。褶曲轴附近可因裂隙发育而强烈透水,断层破碎带是地下水流动的通道
气候	气候条件对地下水的形成有着重要的影响,如大气降水、地表径流、蒸发等方面的变化将影响到地下水的水量
地貌	地貌与地下水的形成关系密切。一般平原、山前区易于储存地下水,形成良好的含水层;山区一般很难储存大量的地下水
人为因素	比如大量抽取地下水,会引起地下水位大幅下降;修建水库,可促使地下水位上升等

(二)地下水的基本类型

地下水按埋藏条件可划分为包气带水、潜水和承压水三类,如图 1-3-12 所示。根据含水层性质的不同可将地下水划分为孔隙水、裂隙水和岩溶水三类。

1.地下水根据埋藏条件分类

(1)按埋藏条件分类

地下水按埋藏条件分类见表 1-3-6,埋藏示意图如图 1-3-12 所示。

表 1-3-6　　　　　　　　　　　地下水根据埋藏条件分类

分类	特　征	补给和排泄	分　布
包气带水	在包气带局部隔水层上积聚具有自由水面的重力水,称为上层滞水。其隔水层主要是弱透水或不透水的透镜体黏土或亚黏土,它们能阻止水的下渗而成季节性的地下水。包气带中还有一部分水称为毛细水	分布最接近地表,接受大气降水的补给,以蒸发形式排泄或向隔水底板边缘排泄	分布范围很小,水量一般不大,动态变化很显著

续表

分类	特　征	补给和排泄	分　布
潜水	是饱和带中第一个稳定隔水层之上、具有自由水面的含水层中的重力水。潜水在重力作用下,由水位高的地方向水位低的地方径流。水质变化较大,且易受到污染	通过包气带接受大气降水、地表水等补给。排泄通常有两种方式:一种是水平排泄,以泉的方式排泄或流入地表水等;另一种是垂直排泄,通过包气带蒸发进入大气	一般情况下分布区与补给区一致,动态有明显的季节变化
承压水	是充满于两个稳定隔水层之间、含水层中具有水头压力的地下水。承压性是其重要特征,如果受地质构造影响或钻孔穿透隔水层时,地下水就会受到水头压力而自动上升,甚至喷出地表形成自流水。由于受隔水层的覆盖,其受气候及其他水文因素的影响较小,故其水质较好	在含水层直接出露的补给区,接受大气降水或地表水补给;排泄可以由补给区流向地势较低处,或者由地势较低处向上流至排泄区,以泉的形式出露地表,或者通过补给该区的潜水或地表水而排泄	分布区和补给区不一致,一般补给区远小于分布区。动态比较稳定,水量变化不大

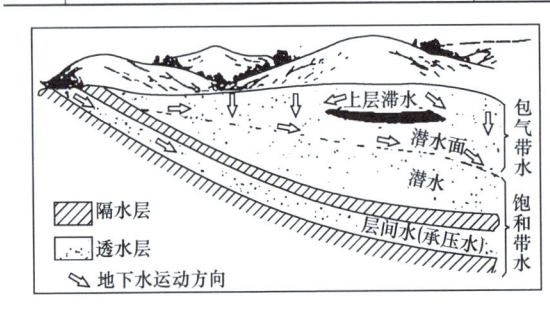

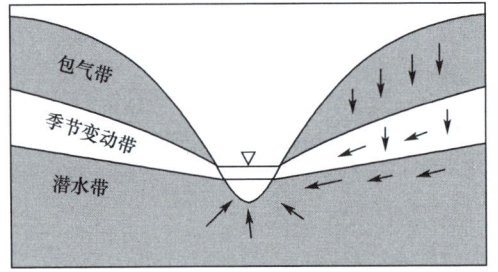

图 1-3-12　地下水的埋藏示意图

(2)潜水等水位线图

在公路的设计和施工中,为了弄清楚潜水的分布状态,需要绘制潜水等水位线图,即潜水面等高线图,它是潜水面上标高相同的点连接而成的,图 1-3-13 所示为潜水示意图,图 1-3-14 所示为其等水位线图。

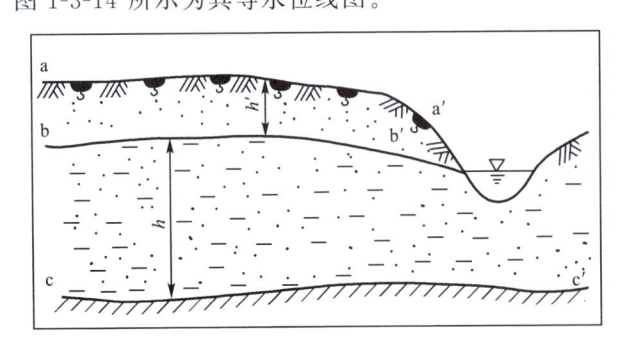

图 1-3-13　潜水示意图
aa′—地表面;bb′—潜水面;cc′—隔水层;
h′—潜水埋藏深度;h—含水层厚度

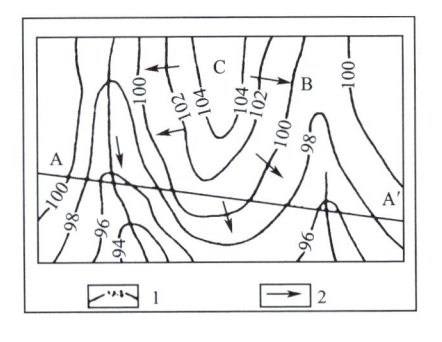

图 1-3-14　潜水等水位线图
1—潜水等水位线;2—潜水流向

(3)潜水与地表水之间的补给

一般情况下,潜水与地表水体之间的补给有三种情况,如图1-3-15所示。

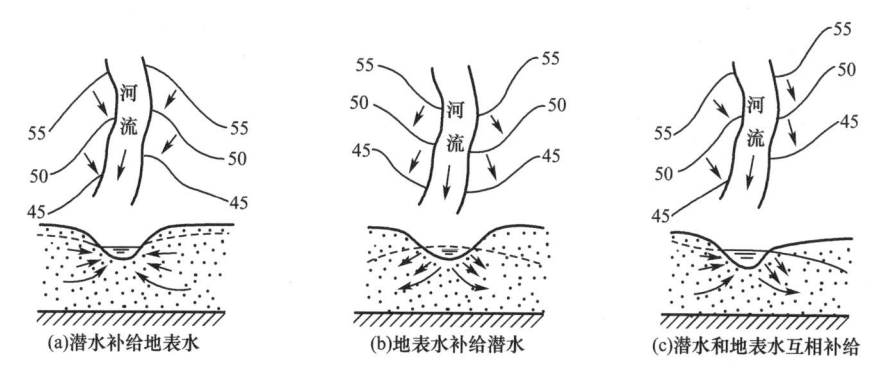

图1-3-15 潜水与地表水之间的补给

(4)承压盆地

地下水处于向斜构造或适宜于承压水形成的盆地构造称为承压盆地,如图1-3-16所示。承压水按其动态可分为三个组成部分,即补给区、承压区和排泄区。

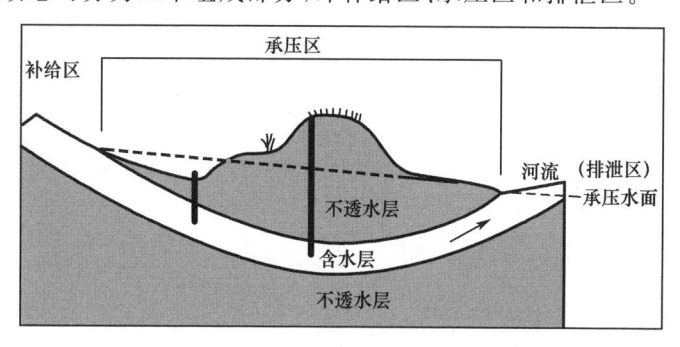

图1-3-16 承压盆地剖面图

①补给区:含水层较高的边缘出露地表,能接受大气降水和地表水补给的那个地段因无隔水层覆盖,故地下水具有与潜水相同的性质。补给区与排泄区相对高差决定着承压水的水头压力(静水压力)的大小。

②承压区:被隔水层覆盖并承受水头压力的地段。当钻孔穿透上隔水层后,承压水位便上升到隔水层顶板以上的某一高度,这一高程称为该处的压力水头。压力水头各处不一,这取决于含水层处的隔水顶板与承压水位之间的高差,两者相对高差越大,压力水头越高。当水头高出地面高程时,承压水便有可能涌出地表,这种压力水头称为正水头;如果地面高程高于承压水位,则地下水只能上升到地面以下的一定高度,这种压力水头称为负水头。

③排泄区:与承压区相连的低洼地段,这一地段可能因河流切入,含水层中的地下水在压力作用下向河流排泄,也可能因构造原因直接出露地表形成泉水排泄出来,或者补给该地区的潜水。

2.地下水根据含水层性质分类

根据含水层的性质,地下水可以分为孔隙水、裂隙水和岩溶水三种,见表1-3-7。

表 1-3-7　　　　　　　　　　　　地下水根据含水层的性质分类

分　类		分布及特征
孔隙水	冲积物中的孔隙水	河流上游峡谷内常形成砂砾、卵石层分布的河漫滩，厚度不大，地下水由河水补给，水量丰富，水质好，是良好的含水层，可做供水水源 河流中游河谷变宽，形成宽阔的河漫滩和阶地，沉积物呈上细(粉细砂、黏性土)下粗(砂砾)的二元结构，上层构成隔水层，下层为承压含水层。地下水由河水补给，水量丰富，水质好，也是很好的供水水源 河流下游常形成滨海平原，松散沉积物很厚，上部常为潜水，埋深很浅。下部常为砂砾石与黏性土互层，存在多层承压水。水量丰富，水质好，是很好的开采层
	洪积物中的孔隙水	潜水深埋带：位于洪积扇的顶部，地形较陡，沉积物颗粒粗，多为卵砾石、粗砂，径流条件好，是良好的供水水源。 潜水溢出带：位于洪积扇中部，地形变缓，沉积物颗粒逐渐变细，由砂土变为粉砂、粉土。上部为潜水，埋藏浅，常以泉或沼泽的形式溢出地表，下部为承压水 潜水下沉带：处于洪积扇边缘与平原的交接处，地形平缓，沉积物为粉土、粉质黏土与黏土。潜水埋藏变深，因径流条件较差，矿化度高，水质也变差
裂隙水	面状裂隙水	埋藏在各种基岩表层的风化裂隙中，又称为风化裂隙水。风化裂隙水的水量，随岩性、地形而变。风化裂隙分布的下界取决于风化带的深度
	层状裂隙水	埋藏在成岩裂隙和构造裂隙中的地下水，其分布一般与岩层的分布一致，因而具有一定的成层性。在不同的部位和不同的方向上，因裂隙的密度、张开程度和连通性有差异，其透水性和涌水量有较大的差别，具有不均一的特点
	脉状裂隙水	埋藏于构造裂隙中，其沿断裂带呈脉状分布，长度和深度远比宽度为大，具有一定的方向性；可切穿不同时代、不同岩性的地层，并可通过不同的构造部位，因而导致含水带内地下水分布的不均一性；脉状裂隙水水量一般比较丰富，常常是良好的供水水源
岩溶水		富水性在水平和垂直方向的变化显著，与岩溶发育程度、各种形态岩溶通道的方向性，以及连通情况在不同方向上的差异有关 当岩层某一个方向岩溶发育比较强烈，通道系统发育比较完善，水力联系好时，这个方向就成为岩溶水运动的主要方向；在另一些方向上则相反。因此，在岩溶含水层不同的方向上出现水力联系各向异性的特点 动态变化非常显著。特点之一是变化幅度大，例如水位的年变化幅度，一般可达数十米，流量的变化幅度可达数倍，甚至数百倍；特点之二是对大气的反应灵敏，有的在雨后一昼夜甚至几小时就出现峰值

(三)地下水的物理性质和化学性质

地下水在运动过程中与各种岩土相互作用，岩、土中的可溶物质随水迁移、聚集，使地下水成为一种复杂的溶液。

研究地下水的物理性质和化学成分，对于了解地下水的成因与动态，确定地下水对混凝土等的侵蚀性，进行各种用水的水质评价等，都有着实际的意义。

1.地下水的物理性质

温度：主要受各地区的地温条件所控制，常随埋藏深度不同而异，埋藏越深，水温越高。

颜色：一般是无色透明的，但当水中含有有色离子或悬浮质时，便会带有各种颜色而显得混浊。如含有高铁的水为黄褐色,含腐殖质的水为淡黄色。

味:无嗅、无味的,但含有硫化氢时,水便有臭鸡蛋味,含氯化钠的水味咸,含镁离子水味苦。

导电性:取决于各种离子的含量与离子价。含量越多,离子价越高,则水的导电性越强。

2.地下水的化学成分

地下水中常见气体有 O_2、N_2、H_2S 和 CO_2 等。一般情况下,地下水中气体含量不高,但是,气体分子能够很好地反映地球化学环境。地下水中分布最广、含量较多的离子共七种,即 Cl^-、SO_4^{2-}、HCO_3^-、Na^+、K^+、Ca^{2+}、Mg^{2+}。地下水矿化类型不同,地下水中占主要地位的离子或分子也随之发生变化。地下水的化合物有 Fe_2O_3、Al_2O_3、H_2SiO_3 等。

地下水的化学成分详见表1-3-8。

表1-3-8　　　　　　　　　地下水的化学成分表

化学成分	分　类				
矿化度	淡水	低矿化水	中等矿化水	高矿化水	卤水
	<1	1~3	3~10	10~50	>50
pH	强酸性水	弱酸性水	中性水	弱碱性水	强碱性水
	<5	5~7	7	7~9	>9
硬度	极软水	软水	微硬水	硬水	极硬水
	$<1.5×10^{-3}$	$1.5×10^{-3}$~$3.0×10^{-3}$	$3.0×10^{-3}$~$6.0×10^{-3}$	$6.0×10^{-3}$~$9.0×10^{-3}$	$>9.0×10^{-3}$

水的矿化度、pH、硬度对水泥混凝土的强度有影响,还有水中的侵蚀性 CO_2、SO_4^{2-}、Mg^{2+} 等也决定着地下水对混凝土的腐蚀性。这里重点谈谈侵蚀性二氧化碳,侵蚀性二氧化碳是指超过平衡量并能与碳酸钙起反应的游离 CO_2。水中的游离二氧化碳包括两部分:一部分是已与碳酸盐物质处于平衡状态的二氧化碳,称为平衡二氧化碳;另一部分是超过平衡状态的二氧化碳,称为侵蚀性二氧化碳。当含有侵蚀性二氧化碳的水与混凝土接触时,侵蚀性二氧化碳将会分解混凝土的碳化层(碳酸钙),降低其抗渗能力。这样,将使得混凝土中的大量游离石灰容易被渗透水迁移带走,导致混凝土强度降低甚至遭到破坏;在水中有游离氧(O_2)共存时,侵蚀性二氧化碳则会对混凝土内的金属(铁等)具有强烈的侵蚀作用。因此,侵蚀性二氧化碳的含量是评价水体对混凝土侵蚀能力的重要指标。

常常通过以下措施防止地下水对混凝土的侵蚀:

(1)排除地下水对混凝土的影响或变更其流向建筑物的速度,使新的侵蚀性水不易到达。

(2)采用抗硫酸盐水泥、火山灰水泥和矿渣硅酸盐水泥。

模块四 地 貌

地貌条件与公路工程的建设及运营有着密切的关系。公路常穿越不同的地貌单元,地貌条件是评价公路工程地质条件的重要内容之一。各种不同的地貌,都关系到公路勘测设计、桥隧位置选择的技术经济问题和养护工程等。为了处理好公路工程与地貌条件之间的关系,就必须学习和掌握一定的地貌知识。

一 地貌概述

(一)地貌的形成和发展

由于内、外力地质作用的长期进行,在地壳表面形成的各种不同成因、不同类型、不同规模的起伏形态,称为地貌。地貌不同于地形,地形是指地球表面起伏形态的外部特征,地貌学是专门研究地壳表面各种起伏形态的形成、发展和空间分布规律的科学。

多种多样的地貌形态主要是内、外力地质作用造成的。内力地质作用形成了地壳表面的基本起伏,对地貌的形成和发展起着决定性的作用。内力地质作用指的是地壳的构造运动和岩浆活动,特别是构造运动,它不仅使地壳岩层受到强烈的挤压、拉伸或扭动,形成一系列褶皱带和断裂带,而且还在地壳表面造成大规模的隆起区和沉降区,使地表变得高低不平。隆起区将形成大陆、高原、山岭,沉降区就形成了海洋、平原、盆地。此外,地下岩浆的喷发活动,对地貌的形成和发展也有一定的影响。裂隙喷发形成的熔岩盖,覆盖面积可达数百以至数十万平方千米,厚度可达数百、数千米。内力地质作用不仅形成了地壳表面的起伏形态,而且还对外力地质作用的条件、方式和过程产生深刻的影响。如地壳上升,侵蚀、搬运等作用增强,堆积作用变弱;地壳下降,则堆积作用增强,侵蚀、搬运等作用变弱。不仅河流的侵蚀、搬运和堆积作用如此,其他外力地质作用,如暂时性流水、地下水、湖、海、冰川等的地质作用亦是如此。

外力地质作用则对内力地质作用所形成的基本地貌形态,不断地雕塑、加工,使之复杂化。外力地质作用总的结果,总是不断地进行着剥蚀破坏,同时把破坏了的碎屑物质搬运堆积到由内力地质作用所造成的低地和海洋中去。因此外力地质作用的总趋势是:削高补低,力图将地表夷平。但内力地质作用不断造成地表的上升或下降会不断地改变地壳已有的平衡,从而引起各种外力地质作用的加剧;当外力地质作用把地表夷平后,也会改变地壳已有的平衡,从而又为内力地质作用产生新的地面起伏提供条件。

可见,地貌的形成和发展是内外力地质作用不断斗争的结果。由于内、外力地质作用始终处于对立统一的发展过程之中,因而在地壳表面便形成了各种各样的地貌形态,如图 1-4-1 所示。

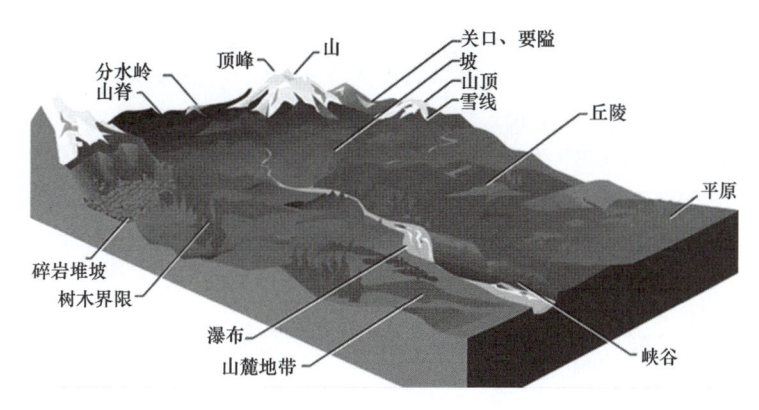

图 1-4-1　各种各样的地貌形态

(二)地貌的分级和形态分类

1.地貌分级

不同等级的地貌,其成因不同,形成的主导因素也不同。地貌等级一般划分为四级:

(1)巨型地貌

大陆与海洋,大的内海及大的山系都是巨型地貌。巨型地貌几乎完全是由内力作用形成的,所以又称大地构造地貌。

(2)大型地貌

山脉、高原、山间盆地等为大型地貌,基本上也是由内力作用形成的。

(3)中型地貌

河谷及河谷之间的分水岭等为中型地貌,主要由外力作用造成。内力作用产生的基本构造形态是中型地貌形成和发展的基础,而地貌的外部形态则决定于外力作用的特点。

(4)小型地貌

残丘、阶地、沙丘、小的侵蚀沟等为小型地貌,基本受外力作用的控制。

2.地貌的形态分类

地貌的形态分类见表 1-4-1。

表 1-4-1　　　　　　　　　　地貌的形态分类

形态类型		海拔高度/m	相对高度/m	平均坡度/(°)	举　例
山地	高山	>3 500	>1 000	>25	喜马拉雅山
	中山	1 000~3 500	500~1 000	10~25	庐山、大别山
	低山	500~1 000	200~500	5~10	川东平行岭谷
高原		>600	>200		青藏高原、内蒙古高原、黄土高原、云贵高原
丘陵		<500	<200		闽东沿海丘陵
平原	高平原	>200			成都平原
	低平原	0~200			东北、华北、长江中下游
盆地		<海平面高度			吐鲁番盆地

(1)山地

陆地上海拔高度在500 m以上,由山顶、山坡和山麓组成的隆起高地,称为山或山地,是高低山的总称。按山地的外貌特征、海拔高度、相对高度和山地坡度,结合我国的具体情况,山地又分高山、中山和低山三类。

①高山:海拔高度大于3 500 m、相对高度大于1 000 m、山坡平均坡度大于25°的山地,称为高山。它的大部分山脊或山顶位于雪线以上,在那里终年冰雪皑皑,冰川和寒冻风化作用成为塑造地貌形态的主要外力。

②中山:海拔高度为1 000~3 500 m、相对高度为500~1 000 m、山坡坡度为10°~25°的山地,称为中山。中山的外貌特征多种多样,有的显得和缓,有的显得陡峭,还有的经过冰川作用而具有尖锐的角峰和锯齿形山脊等。

③低山:海拔高度为500~1 000 m、相对高度为200~500 m、山坡坡度一般在5°~10°的山地,称为低山。有些切割较深的低山,山坡平均坡度较大,常大于10°。

(2)高原

陆地表面海拔高度在600 m以上、相对高度在200 m以上、面积较大、顶面平坦或略有起伏、耸立于周围地面之上的广阔高地,称为高原。规模较大的高原,顶部常形成丘陵和盆地相间的复杂地形。世界上最高的高原是我国的青藏高原,平均海拔高度超过4 000 m。我国的内蒙古高原、云贵高原以及华北、西北地区的黄土高原等,规模都十分可观,山区面积占2/3,见彩图15。

(3)丘陵

丘陵是一种起伏不大、海拔高度一般不超过500 m、相对高度在200 m以下的低矮山丘。多半由山地、高原经长期外力侵蚀作用而成。丘陵形态个体低矮、顶部浑圆、坡度平缓、分布零乱,无明显的延伸规律,如我国东南沿海一带的丘陵。

在公路工程中,丘陵可进一步划分为重丘和微丘,其中相对高度大于100 m的为重丘,小于100 m的为微丘。

(4)平原

陆地表面宽广平坦或切割微弱、略有起伏,并与高地毗连或为高地围限的平地,称为平原。平原按海拔高度分为低平原和高平原两种。

低平原是指海拔高度小于200 m、地势平缓的平原。如我国的华北大平原就是典型的低平原,是在巨型盆地长期缓慢下降、不断为堆积物补偿条件下形成的广阔平原。堆积物成分复杂,有冲积、洪积、湖积和海积物等。

高平原是指海拔高度大于200 m、切割微弱而平坦的平地。如我国的河套平原、银川平原和成都平原都是高平原,是在不同规模的盆地长期下降、不断为堆积物补偿的条件下形成的堆积平原。堆积物的成分主要是冲积、洪积和湖积物。

(5)盆地

陆地上中间低平或略有起伏、四周被高地或高原所围限的盆状地形,称为盆地。盆地的海拔高度和相对高度一般较大,如我国的四川盆地,中部的平均高程为500 m,青海柴达木盆地的平均高程为2 700 m。盆地规模大小不一,依其成因分构造盆地和侵蚀盆地两种。构造盆地常常是地下水富集的场所,蕴藏有丰富的地下水资源。侵蚀盆地中的河谷盆地,即山区中河谷的开阔地段或河流交汇处的开阔地段,往往是修建水库的理想库盆。

丘陵、平原和盆地见彩图16。

3.地貌按成因分类

地貌按形成的地质作用因素可划分为内力地貌和外力地貌两大类，详见表1-4-2。

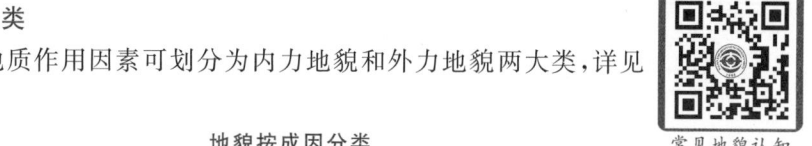

表1-4-2　　　　　　　　　　　地貌按成因分类

成因分类		描述	图示
内力地貌	构造地貌	由地壳的构造运动所造成的地貌，其形态能充分反映原来的地质构造形态。如高地符合以构造隆起和上升运动为主的地区，盆地符合以构造凹陷和下降运动为主的地区，又如褶皱山、断块山等	
	火山地貌	由火山喷发出来的熔岩和碎屑物质堆积所形成的地貌为火山地貌，如岩溶盖、火山锥等	
外力地貌	水成地貌	以水的作用为地貌形成和发展的基本因素。水成地貌又可分为面状洗刷地貌、线状冲刷地貌、河流地貌、湖泊地貌和海洋地貌等	
	冰川地貌	以冰雪的作用为地貌形成和发展的基本因素。冰川地貌又可分为冰川剥蚀地貌与冰川堆积地貌，如冰斗、冰川槽谷等	
	风成地貌	以风的作用为地貌形成和发展的基本因素。风成地貌又可分为风蚀地貌与风积地貌，前者如风蚀洼地、蘑菇石等，后者如新月形沙丘、沙垄等	
	岩溶地貌	以地表水和地下水的溶蚀作用为地貌形成和发展的基本因素。其所形成的地貌如溶沟、石芽、溶洞、峰林、地下暗河等	

续表

成因分类		描述	图示
外力地貌	重力地貌	以重力作用为地貌形成和发展的基本因素,如崩塌、滑坡等	
	黄土地貌	发育在黄土地层(包括黄土状土)中的地形。黄土是第四纪时期形成的陆相淡黄色粉砂质土状堆积物。典型的黄土地貌沟谷众多、地面破碎。中国黄土高原素有"千沟万壑"之称	
	冻土地貌	在高纬地区及中纬度高山地区,如果处于较强的大陆性气候条件下,地温常处于0 ℃以下,降水少,大部分渗入土层中,不能积水成冰,而土层的上部常发生周期性的冻融,在冻融作用下产生的特殊地貌	

二 山岭地貌

(一)山岭地貌的形态要素

山岭地貌的特点:具有山顶、山坡、山脚等明显形态要素。

山顶是山岭地貌的最高部分,山顶呈长条状延伸时称山脊。山脊标高较低的鞍部,即相连的两山顶之间较低的山腰部分称垭口。一般来说,山体岩性坚硬、岩层倾斜或因受冰川的刨蚀时,多呈尖顶(图1-4-2(a));在气候湿热、风化作用强烈的花岗岩或其他松软压实分布地区,岩体经风化剥蚀,多呈圆顶(图1-4-2(b));在水平岩层或古夷平面分布地区,则多呈平顶(图1-4-2(c))。

山坡是山顶地貌的重要组成部分。在山岭地区,山体分布面最广。山坡的形状有直线形、凹形、凸形以及复合形等各种类型,这取决于新构造运动、岩性、岩体结构及坡面剥蚀和堆积的演化过程等因素。

山脚是山坡与周围平地的交接处。由于坡面剥蚀和坡脚堆积,使山脚在地貌上一般并不明显,在那里通常有一个起着缓坡作用的过渡地带(图1-4-3)。它主要由一些坡积裙、冲积锥、洪积扇及岩锥、滑坡堆积体等流水堆积地貌和重力堆积地貌组成。

(a)尖顶　　　　　　　　　(b)圆顶　　　　　　　　　(c)平顶

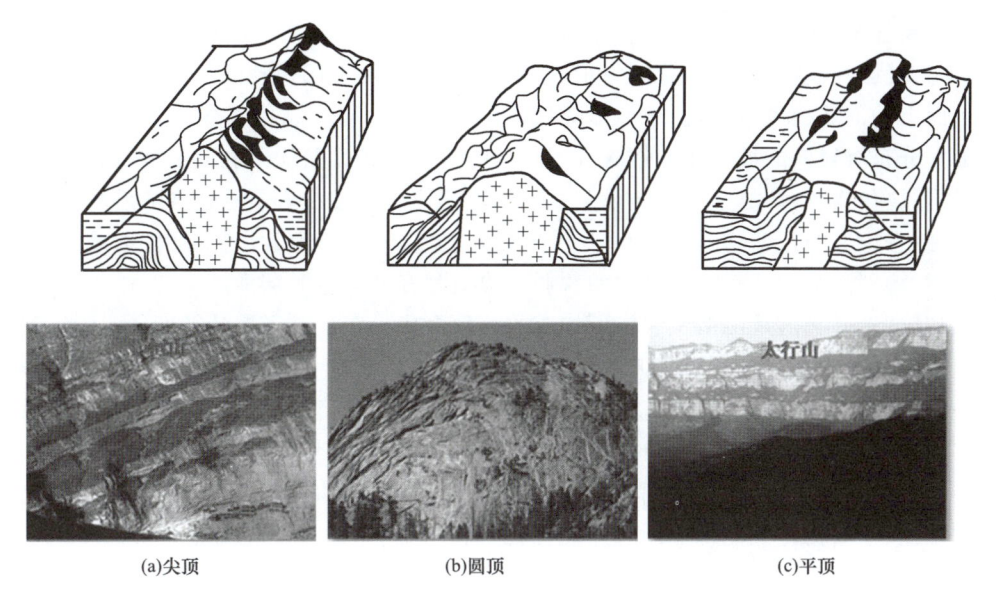

图 1-4-2　山顶的各种形态

图 1-4-3　山前缓坡过渡地带

(二) 山岭地貌的类型

1.按形态分类

山岭地貌按形态分类一般是根据山地的海拔高度、相对高度和坡度等特点进行划分,见表 1-4-1。

2.按成因分类

根据地貌成因,山岭地貌可划分为以下类型:

(1)构造变动形成的山岭

①平顶山:平顶山是由水平岩层构成的一种山岭,多分布在顶部岩层坚硬(如灰岩、胶结紧密的砂岩或砾岩)和下卧层软弱(如页岩)的硬软相互发育地区。在侵蚀、溶蚀和重力崩塌作用下,使四周形成陡崖或深谷,顶面坚硬抗风化力强而兀立如桌面。由水平硬岩层覆盖的分布水岭,有可能成为平坦的高原。

②单面山:单面山是由单斜岩层构成的沿岩层走向延伸的一种山岭,它常常出现在构造盆地的边缘和舒缓的穹窿、背斜和向斜构造的翼部,其两坡一般不对称。与岩层倾向相反的一坡短而陡,成为前坡。前坡多是经外力剥蚀作用而形成,故称为剥蚀坡;与岩层倾向一致的一坡长而缓,称为后坡或者构造坡。如果岩层倾角超过 40°,则两坡的坡度和长度均相差不大,其所形成的山岭外形很像猪背,所以又称猪背岭。单面山的发育,主要受构造和岩性

控制。如果各个软硬岩层的抗风化能力相差不大,则上下界限分明,前后坡面不对称,上为陡崖,下为缓坡;若软岩层抗风化能力很弱,则陡坡不明显,上部出现凸坡,下部出现凹坡。

单面山的前坡(剥蚀坡),由于地形陡峻,若岩层裂隙发育,风化强烈,则容易产生崩塌,且坡脚常分布有较厚的坡积物和倒石堆,稳定性差,故对布设路线不利。后坡(构造坡)由于山坡平缓,坡积物较薄,故常常是布设路线的理想部位。不过在岩层倾角大的后坡上深挖路堑时,应注意边坡的稳定问题,因为开挖路堑后,与岩层倾向一致的一侧,会因为坡脚开挖而失去支撑,特别是当地下水沿着其中的软弱层渗透时容易产生顺层滑坡。

③褶皱山:褶皱山是由褶皱岩层所构成的一种山岭。在褶皱形成的初期,往往是背斜形成高地(背斜山),向斜形成凹地(向斜谷),地形是顺应构造的,所以称为顺地形(1-4-4(a))。随着外力剥蚀作用的不断进行,有时地形也会发生逆转现象,背斜因长期遭受强烈剥蚀而形成谷,向斜则形成山,这种与地质构造形态相反的地形称为逆地形(1-4-4(b))。一般年轻的褶曲构造上顺地形居多,在较老的褶曲构造上由于侵蚀作用的进一步发展,逆地形则比较发育。此外,在褶曲构造上还可能同时存在背斜谷和向斜谷,或者演化为猪背岭或单斜山、单斜谷。

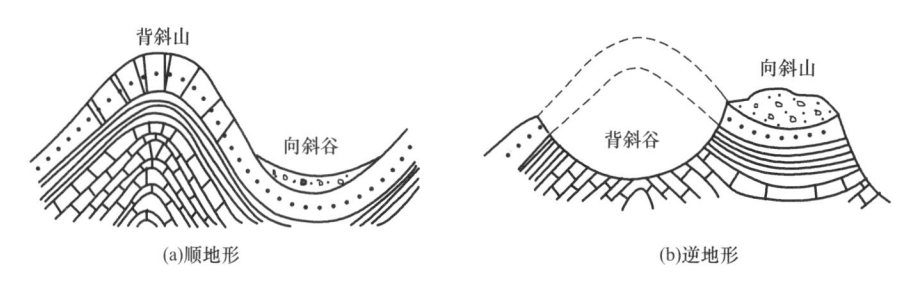

图 1-4-4 顺地形和逆地形

④断块山:断块山是由断裂变动所形成的山地。它可能只在一侧有断裂,也有可能两侧均为断裂所控制。断块山在形成的初期可能有完整的断层面及明显的断层线,断层面构成了山前的陡崖,断层线控制了山脚的轮廓,使山地与平原或山地与河谷间的界限相当明显而且比较顺直。后期由于长期强烈的剥蚀作用,断层面被破坏而且模糊不清(图 1-4-5)。

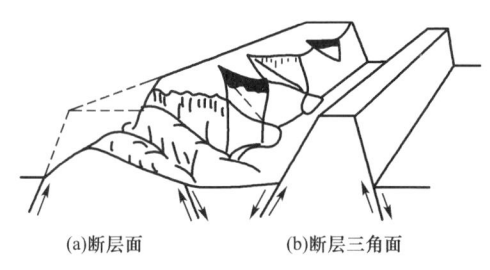

图 1-4-5 断块山

⑤褶皱断块山:上述山地都是由单一的构造形态所形成,但在更多情况下,山地常常是由它们的组合形态所构成。由褶皱和断裂构造的组合形态构成的山地称褶皱断块山,褶皱断块山发育区往往是构造运动剧烈和频繁的地区。

(2)火山作用形成的山岭

火山作用形成的山岭,常见有锥状火山和盾状火山。

①锥状火山是多次火山活动造成的,其熔岩黏性较大、流动性小,冷却后便在火山口附近形成较大的锥状外形。由于多次喷发,锥形火山越来越高,如日本的富士山就是锥状火山,高达 3 758 m。

②盾状火山是由黏性较小、流动性较大的熔岩冷凝形成,故其外形呈基部较大,坡度较小的盾状。如冰岛、夏威夷群岛的火山山地地貌则属于盾状火山。

(3)剥蚀作用形成的山岭

这种山岭是在山体地质构造的基础上,经长期外力剥蚀作用所形成。例如,地面流水侵蚀作用形成的河间分水岭,冰川刨蚀作用形成的刀脊、角峰,地下水溶蚀作用形成的峰林等。由于此类山岭的形成是以外力剥蚀作用为主,山体的构造形态对地貌形成的影响已退居次要地位,所以此类山岭的形成特征主要取决于山体的岩性、外力的性质及剥蚀作用的强度和规模。

(三)垭口与山坡

1.垭口

对于公路工程来说,研究山岭地貌必须重点研究垭口。因为越岭的公路路线若能寻找到合适的垭口,可以降低公路高程和减少展线工程量。根据垭口形成的主导因素,可以将垭口归纳为以下三个基本类型:

(1)构造型垭口

这是由构造破碎带或软弱岩层经外力剥蚀所形成的垭口,常见的有下列三种:

①断层破碎带型垭口:这种垭口的工程地质条件比较差,岩体的整体性被破坏,经地表水侵入和风化,岩体破碎严重。一般不宜采用隧道方案,如采用路堑,也需控制开挖深度或者考虑边坡防护,以防止边坡发生崩塌,如图 1-4-6 所示。

②背斜张裂带型垭口:这种垭口虽然构造裂隙发育,岩层破碎,但工程地质条件较断层破碎带型好。这是因为垭口两侧岩层外倾,有利于排除地下水,也有利于边坡稳定。一般可采用较陡坡的边坡坡度,使挖方工程量和防护工程量都比较小。如果选用隧道方案,施工费用和洞内衬砌比较节省,是一种较好的垭口类型,如图 1-4-7 所示。

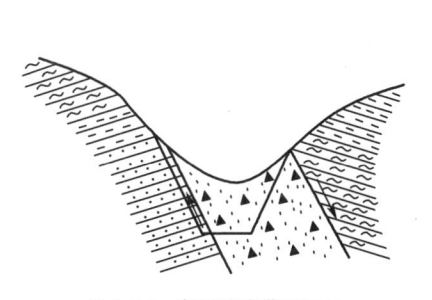

图 1-4-6 断层破碎带型垭口 图 1-4-7 背斜张裂带型垭口

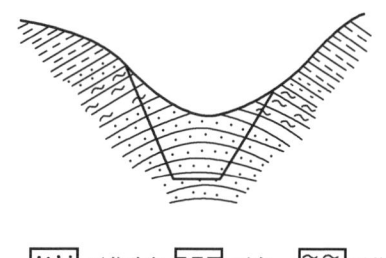

③单斜软弱层型垭口:这种垭口主要有页岩、千枚岩等易于风化的软弱岩层构成。两侧边坡多不对称,一侧岩层外倾略陡一些。由于岩性松软,风化严重,稳定性差,故不宜深挖。若采取路堑深挖方案,与岩层倾向一致的一侧边坡的坡脚应小于岩层的倾角,两侧坡面都应有防风化的措施,必要时应设置护壁或挡土墙。穿越这一类垭口,宜先考虑隧道方案,可以避免风化带来的路基病害,还有利于降低越岭线的高程,缩短展线工程量或提高公路纵坡标

准，如图 1-4-8 所示。

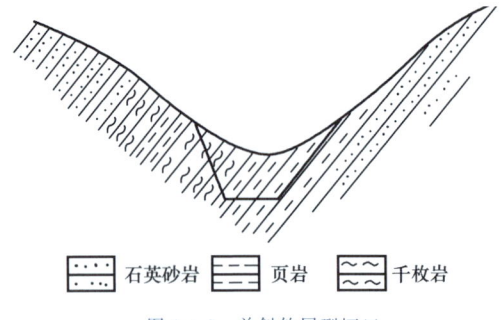

图 1-4-8 单斜软层型垭口

(2) 剥蚀型垭口

这是以外力强烈剥蚀为主导因素所形成的垭口，其形态特征与山体地质结构无明显联系。此类垭口的共同特点是松散覆盖层很薄，基岩多半裸露。垭口的肥瘦和形态特点主要取决于岩性、气候及外力的切割程度等因素。在气候干燥寒冷地带，岩性坚硬和切割较深的垭口本身较薄，宜采用隧道方案；采用路堑深挖也比较有利，是一种最好的垭口类型。在气候温湿地区和岩性较软弱的垭口，则本身较平缓宽厚，采用深挖路堑或隧道对穿都比较稳定，但工程量比较大。在石灰岩地区的溶蚀型垭口，无论是明挖路堑或开凿隧道，都应注意溶洞或其他地下溶蚀地貌的影响。

(3) 剥蚀-堆积型垭口

这是在山体地质结构的基础上，剥蚀和堆积作用为主导因素所形成的垭口。其开挖后的稳定条件主要取决于堆积层的地质特征和水文地质条件。这类垭口外形浑缓，垭口宽厚，宜于公路展线，但松散堆积层的厚度较大，有时还发育有湿地或高地沼泽，水文地质条件较差，故不宜降低过岭标高，通常多以低填或浅挖的断面形式通过。

2. 山坡

山坡是山岭地貌形态的基本要素之一，不论越岭线或山脊线，路线的绝大部分都是设置在山坡或靠近岭顶的斜坡上的。所以在路线勘测中总是把越岭垭口和展线山坡作为一个整体通盘考虑的。

山坡的外部形态特征包括山坡的高度、坡度及纵向轮廓等。山坡的外形是各种各样的，下面根据山坡的纵向轮廓和山坡的坡度，将山坡简略地概括为以下几种类型：

(1) 按山坡的纵向轮廓分类

① 直线形坡：在野外见到的直线形山坡，一般可分为三种情况，如图 1-4-9 所示：第一种是山坡岩性单一，经长期的强烈冲刷剥蚀，形成纵向轮廓比较均匀的直线形山坡，这种山坡的稳定性一般较高，如图 1-4-10 所示；第二种是单斜岩层构成的直线形山坡，其外形在山地的两侧不对称，一侧坡度陡峻，另一侧则与岩层层面一致，坡度均匀平缓，从地形看，有利于布设线路，但开挖路基后遇到的均系顺层边坡，在不利的岩性和水文地质条件下，很容易发生大规模的滑坡，因此不宜深挖；第三种是由于山体岩性松软或岩体相当破碎，在气候干寒，物理风化强烈的条件下，经长期剥蚀破碎和坡面堆积而形成的直线形山坡，这种山坡在青藏高原和川西峡谷比较发育，其稳定性最差。选作傍山公路的路基，应注意避免挖方内侧的塌方和路基沿山坡滑塌。

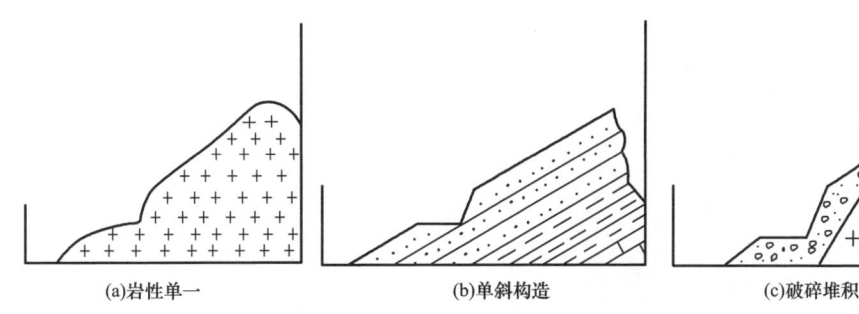

(a)岩性单一　　　　　　(b)单斜构造　　　　　　(c)破碎堆积

图 1-4-9　几种直线形山坡示意图

图 1-4-10　岩性单一的直线形山坡

②凸形坡:这种山坡上缓下陡,自上而下坡度渐增,下部甚至呈直立状态,坡脚界限明显。凸形坡往往是由于新构造运动加速上升,河流强烈下切所造成。其稳定条件主要决定于岩体结构,一旦发生山坡变形则会形成大规模的崩塌。凸形坡上部的缓坡可选作公路路基,但应注意考察岩体结构,避免因人工扰动和加速风化导致失稳,如图 1-4-11(a)、(b)和图 1-4-12 所示。

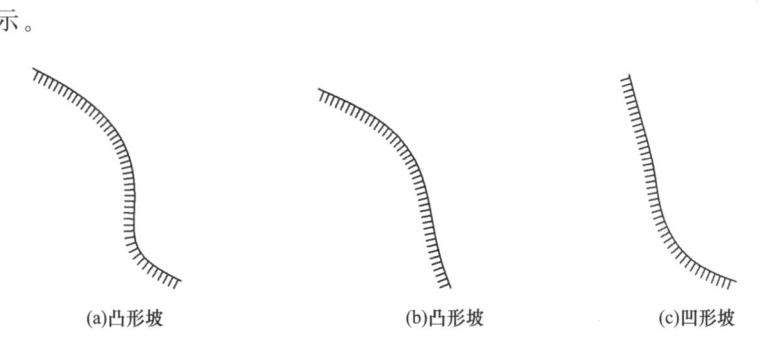

(a)凸形坡　　　　　　(b)凸形坡　　　　　　(c)凹形坡

图 1-4-11　各种形态的山坡

③凹形坡:这种山坡上部陡,下部急剧变缓,坡脚界限不明显。山坡的凹形曲线可能是新构造运动的减速上升所造成,也可能是山坡上部的破坏作用与山麓风化产物的堆积作用相结合的结果。分布在松软岩层中的凹形山坡,不少都是在过去特定条件下有大规模的滑坡、崩塌等山坡变形现象造成的,凹形坡面往往就是古滑坡的滑动面或崩塌体的依附面。地震后的地貌调查表明,凹形山坡在各种山坡地貌形态中是稳定性较差的一种。在凹形坡的下部缓坡上,也可进行公路布线,但设计路基时,应注意稳定平衡,沿河谷的路基应注意冲刷

防护,如图 1-4-11(c)、图 1-4-13 所示。

图 1-4-12　凸形坡　　　　　　　　图 1-4-13　凹形坡

④阶梯形坡：阶梯形山坡有两种不同的情况：一种是由软硬不同的水平岩层或微倾斜岩层组成的基岩山坡，由于软硬岩层的差异风化而形成阶梯状的山坡外形，山坡的表面剥蚀强烈，覆盖层薄，基岩外露，稳定性一般比较高；另一种是由于山坡曾经发生过大规模的滑坡变形，由滑坡台阶组成的次生阶梯状斜坡。这种斜坡多存在于山坡的中下部，如果坡脚受到强烈冲刷或不合理的切坡，或者受到地震的影响，可能引起古滑坡复活，威胁建筑物的稳定，如图 1-4-14 所示。

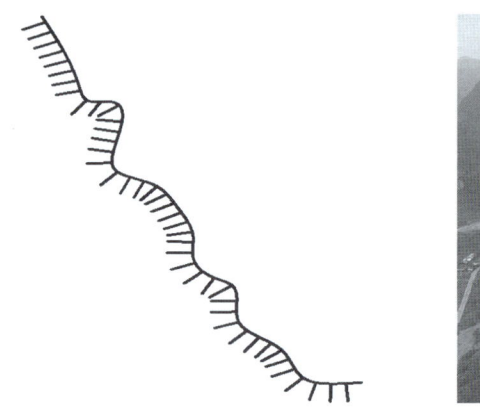

图 1-4-14　阶梯形坡

(2)按山坡的纵向坡度分类

山坡按纵向坡度分类，小于 15°的为微坡，16°～30°的为缓坡，31°～70°的为陡坡，山坡坡度大于 70°的为垂直坡。

稳定性高，坡度平缓的山坡便于公路展线，对于布设路线是有利的，但应注意考察其工程地质条件。平缓的山坡特别是在山坡的一些坳洼部分，一则通常有厚度较大的坡积物和其他重力堆积物分布，再则坡面径流也容易在这里汇聚。当这些堆积物与下伏基岩的接触面因开挖而被揭露后，遇到不良水文情况，就可能引起堆积物沿基岩顶面发生滑动。

三　平原地貌

平原地貌是地壳在升降运动微弱或长期稳定的条件下，经外力作用的充分夷平或补平而形成的。其特点是地势开阔，地形平坦，地面起伏不大。一般来说，平原地貌有利于公路选线，在选择有利地质条件的前提下，可以设计成比较理想的公路线形。

按高程，平原可以分为高原、高平原、低平原和洼地；按成因，平原可以分为构造平原、剥蚀平原和堆积平原。

（一）构造平原

构造平原主要是由地壳构造运动形成而又长期稳定的结果。其特点是微弱起伏的地形面与岩层面一致，堆积物厚度不大。构造平原可分为海成平原和大陆坳曲平原。海成平原是因地壳缓慢上升、海水不断后退形成。其地形面与岩层面基本一致，上覆堆积物多为泥沙和淤泥，工程地质条件不良，并与下伏基岩一起略微向海洋方向倾斜。大陆坳曲平原是因地壳沉降使岩层发生坳曲所形成，岩层倾角较大，在平原表面留有凸状或凹状的起伏形态。其上覆堆积物多与下伏基岩有关，两者的矿物成分很多相似。

由于基岩埋藏不深，所以构造平原的地下水一般埋藏较浅。在干旱和半干旱地区，若排水不畅，常易形成盐渍化；在多雨的冰冻地区则常易造成公路的冻胀翻浆。

（二）剥蚀平原

剥蚀平原是在地壳上升微弱、地表岩层高差不大的条件下，经外力的长期剥蚀夷平所形成的。其特点是地形面与岩层不一致，上覆堆积物很薄，基岩常裸露于地表；在低洼地段覆盖有厚度稍大的残积物、坡积物、洪积物等。按外力剥蚀作用的动力性质不同，剥蚀平原又可分为河成剥蚀平原、海成剥蚀平原、风力剥蚀平原和冰川剥蚀平原，其中较为常见的是前两种。河成剥蚀平原是由河流长期侵蚀作用所造成的侵蚀平原，亦称准平原，其地形起伏较大，并沿河流向上逐渐升高，有时在一些地方则保留有残丘。海成剥蚀平原由海流的海蚀作用所造成，其他地形一般极为平缓，微向现代海平面倾斜。

剥蚀平原形成后，往往因地壳运动变得活跃，剥蚀作用重新加剧，使剥蚀平原遭到破坏，故其分布面积常常不大。剥蚀平原的工程地质条件一般较好，剥蚀作用将起伏不平的小丘夷平，某些覆盖层较厚的洼地也比较稳定，宜于修建公路路基或作为小桥涵的天然基地。

（三）堆积平原

堆积平原是地壳在缓慢而稳定下降的条件下，经各种外力作用的堆积填平所形成。其特点是地形开阔平缓，起伏不大，往往分布有厚度很大的松散堆积物。按外力堆积作用的动力不同，堆积平原又可分为河流冲积平原、山前洪水冲积平原、湖积平原、风积平原和冰碛平原，其中较为常见的是前三种，具体详见学习情境一中模块三的部分内容。

模块五 公路工程地质勘察

一 工程地质勘察概述

工程地质勘察,就是综合运用各种勘察手段和技术方法,查明建筑场地的工程地质条件,分析评价建筑场地可能出现的岩土工程问题。对场地地基的稳定性和适宜性作出评价,为工程建设规划、设计、施工和正常使用提供地质依据。其目的是充分利用有利的自然地质条件,避开或改造不利的地质因素,保证工程建筑物的安全稳定、经济合理和正常使用。

(一) 工程地质勘察的任务

工程地质勘察的基本任务是按照建筑物或构筑物不同勘察阶段的要求,为工程的设计、施工以及岩土体治理加固、开挖支护和降水等工程提供地质资料和必要的技术参数,对有关的岩土工程问题作出论证和评价。其具体任务为:

(1)查明建筑场地的工程地质条件,指出场地内不良地质现象的发育情况及其对工程建设的影响,对场地的稳定性和适宜性作出评价。

(2)查明工程范围内岩土体的分布、性状,测试其物理力学性质和地下水活动条件,提供设计、施工和整治所需的地质资料和岩土技术参数。

(3)分析研究与工程建筑有关的岩土工程问题,并作出评价结论。

(4)对场地内建筑总平面布置、各类岩土工程设计、岩土体加固处理、不良地质现象整治等具体方案提出论证和建议。

(5)预测工程施工和运行过程中对地质环境和周围建筑物的影响,并提出保护措施和建议。

(二) 工程地质勘察的方法

工程地质勘察的方法主要有工程地质测绘、工程地质勘探、工程地质测试和工程地质长期观测等。

1.工程地质测绘

工程地质测绘是工程地质勘察中的最基本方法,也是最先进行的综合性基础工作。它运用地质学原理,通过野外地质调查、对有可能选择的拟建场地区域内的地形地貌、地层岩性、地质构造、地质灾害等进行观察和描述,将所观察到的地质信息要素按要求的比例尺填绘在地形图和有关图表上,并对拟建场地区域内的地质条件作出初步评价,为后续布置勘探、试验和长期观测打下基础。工程地质测绘贯穿于整个勘察工作的始终,只是随着勘察阶段的不同,要求测绘的范围、内容、精度不同而已。

(1)工程地质测绘的范围

工程地质测绘的范围应根据工程建设类型、规模,并考虑工程地质条件的复杂程度等综合确定。一般,工程跨越地段越多、规模越大、工程地质条件越复杂,测绘范围就相对越广。例如,在丘陵和山区修筑高速公路,因其线路穿山越岭、跨江过河,工程地质测绘范围就比水库、大坝选址的工程地质测绘范围要广阔。

(2)工程地质测绘的内容

①地层岩性。查明测区范围内地表地层(岩层)的性质、厚度、分布变化规律,并确定其地质年代、成因类型、风化程度及工程地质特性等。

②地质构造。研究测区范围内各种构造形迹的产状、分布、形态、规模及其结构面的物理力学性质,明确各类构造形迹的工程地质特性,并分析其对地貌形态、水文地质条件、岩石风化等方面的影响,以及构造活动,尤其是地震活动情况。

③地貌条件。调查地表形态的外部特征,如高低起伏、坡度陡缓和空间分布等;进而从地质学和地理学的观点分析地表形态形成的地质原因和年代,及其在地质历史中不断演变的过程和将来发展的趋势;研究地貌条件对工程建设总体布局的影响。

④水文地质。调查地下水资源的类型、埋藏条件、渗透性;分析水的物理性质、化学成分、动态变化;研究水文条件对工程建设和使用期间的影响。

⑤地质灾害。调查测区内边坡稳定状况,查明滑坡、崩塌、泥石流、岩溶等地质灾害分布的具体位置、规模及其发育规律,并分析其对工程结构的影响。

⑥建筑材料。在建筑场地或线路附近寻找可以利用的石料、砂料、土料等天然建筑材料,查明其分布位置、大致数量和质量、开采运输条件等。

(3)工程地质测绘的方法和技术

工程地质测绘方法有相片成图法、实地测绘法和遥感技术法等。

①相片成图法:它是利用地面摄影或航空(卫星)摄影的相片,先在室内根据判释标志,结合所掌握的区域地质资料,确定地层岩性、地质构造、地貌、水系和地质灾害等,并描绘在单张相片上;然后在相片上选择需要调查的若干点和路线,进一步实地调查、校核并及时修正和补充;最后将结果转绘成工程地质图。

②实地测绘法:即在野外对工程地质现象进行实地测绘(地质填图)的方法。实地测绘法通常有路线穿越法、布线测点法和界线追索法三种。

路线穿越法是沿着在测区内选择的一些路线,穿越整个测绘场地,将沿途遇到的地层、构造、地质灾害、水文地质、地形、地貌界线和特征点等信息填绘在工作底图上的方法。观测路线可以是直线也可以是折线。观测路线应选择在露头较好或覆盖层较薄的地方,起点位置应有明显的地物(如村庄、桥梁等)。观测路线延伸的方向应大致与岩层走向、构造线方向及地貌单元相垂直。

布线测点法。它是根据地质条件复杂程度和不同测绘比例尺的要求,先在地形底图上布置一定数量的观测路线,并在这些路线上设置若干观测点,然后直接到所设置的点进行观测的方法。此方法不需要穿越整个测绘场地。

界线追索法。它是为了查明某些局部复杂构造,沿地层走向或某一地质构造方向或某些地质灾害界线进行布点追索的方法。此方法常是上述两种方法的补充工作。

③遥感技术法:遥感是以电磁波为媒介的探测技术,即在遥远的地方,不与目标物直接接触,而通过信息系统去获得有关该目标物的信息。其方法是把仪器(电磁辐射测量仪或传感器、照相机等)装在轨道卫星、飞机、航天飞机等运载工具上,对地球上物体发射或反射的电磁波辐射特征进行探测和记录。然后把数据传到地面,经过接收处理得到数据磁带和图像。再进行人工解译,以判别遥感图像上所反映的地质现象,航空遥感照片如图 1-5-1 所示。

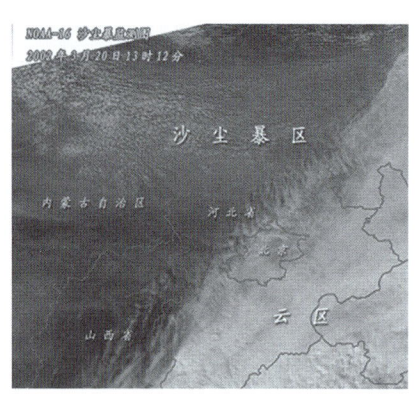

图 1-5-1　航空遥感照片

以各种飞机、气球等作为传感台和运载工具的遥感技术,称为航空遥感地质调查,也称机载遥感,飞行高度一般在 25 km 以下。其特点是比例尺大、地面分辨率高、细节效果好、机动灵活。而以卫星作为传感台和运载工具的遥感技术,称为卫星遥感地质调查,飞行高度一般在几百公里以上。其特点是拍摄的范围大、卫星照片上的地质体畸变小、多波段扫描成像提高地质判读效果、宏观性强。遥感技术应用于工程地质测绘,可大量节省地面测绘时间及工作量,且完成质量较高,从而节省工程勘察费用。

2.工程地质勘探

工程地质勘探是在工程地质测绘的基础上,为了详细查明地表以下的工程地质问题,取得地下深部岩土层的工程地质资料而进行的勘察工作。常用的工程地质勘探手段有开挖勘探、钻孔勘探和地球物理勘探。

(1)开挖勘探

开挖勘探就是借用简单工具(如图 1-5-2 所示的洛阳铲)对地表及其以下浅部局部岩土层直接开挖,以便直接观察岩土的天然状态以及各地层之间的接触关系,并取出原状结构岩土样品进行测试、研究其工程地质特性的勘探方法。根据开挖体空间形状的不同,分为坑探、槽探、井探和硐探。

①坑探是指用锹镐或机械来挖掘在空间上三个方向尺寸相近的坑洞的一种明挖勘探方法。坑探的深度一般为 1～2 m,适于不含水或含水率较少的较稳固的地表浅层,主要用来查明地表覆盖层的性质和采取原状土样。

②槽探是指在地表挖掘成长条形的沟槽,进行地质观察和描述的开挖勘探方法,如图 1-5-3 所示。探槽常呈上口宽下口窄、两壁倾斜形状,其宽度一般为 0.6～1 m,深度一般小于 3 m,长度则视情况确定。槽探主要用于追索地质构造线、断层、断裂破碎带宽度、地层分

界线、岩脉宽度及其延伸方向,探查残积层、坡积层的厚度和岩石性质及采取试样等。

图 1-5-2　洛阳铲　　　　　图 1-5-3　槽探

③井探是指勘探挖掘空间的平面长度方向和宽度方向的尺寸相近,而其深度方向大于长度和宽度的一种挖探方法,用于了解覆盖层厚度及性质、构造线、岩石破碎情况、岩溶、滑坡等。探井的深度一般为 3～20 m,其断面形状有方形的(边长 1 m 或 1.5 m)、矩形的(长 2 m、宽 1 m)和圆形(直径一般为 0.6～1.25 m)。

④硐探是指在指定标高的指定方向开挖地下硐室的一种勘探方法,多用于了解地下一定深处的地质情况和取样,如查明坝址两岸和坝底地质结构等。

(2)钻孔勘探

钻孔勘探,简称钻探,是利用钻探机械从地面向地下钻进直径小而深度大的圆形钻孔,通过采集孔内岩芯进行观察、研究和测量钻入岩层的物理性质来探明深部地层的工程地质特征,补充和验证地面测绘资料的勘探方法。

钻探设备一般包括钻机、泥浆(水)泵、动力机和钻塔以及钻头、各种钻具和附属设备,如图 1-5-4 所示。

钻孔的施工过程称为钻进工程,其作业工序是通过钻孔底部的钻头破碎岩石而逐渐加深孔身。通常根据不同的岩石条件和不同的钻进目的,采用不同的方法和技术措施破碎孔底岩石,

图 1-5-4　钻探设备及钻孔

即采用不同的钻进方法。常用的钻进方法有冲击钻进、回转钻进及冲击回转钻进等。

①冲击钻进:它是利用钻头冲击力破碎岩石的一种钻进方法,即用钻具底部的圆环状钻头向下冲击,破碎钻孔底部的岩土层。钻进时将钻具提升到一定高度,利用钻具自重,迅猛放落。利用钻具在下落时产生的冲击力,冲击钻孔底部的岩土层,使岩土破碎而进一步加深钻孔。冲击钻进只适用于垂直孔(井),钻进深度一般不超过 200 m。冲击钻进可分人工冲击钻进和机械冲击钻进。人工冲击钻进适用于黄土、黏性土和砂土等疏松覆盖层的钻进;机械冲击钻进适用于砾石、卵石层和基岩等硬岩的钻进。冲击钻进一般难以取得完整岩芯。

②回转钻进:它是利用钻头回转破碎孔底岩石的一种钻进方法,如图 1-5-5 所示。回转

钻进的回转力是由地面的钻机带动钻杆旋转传给钻头的。钻进时,钻头受轴向压力同时接受回转力矩而压入、压碎、切削、研磨岩石,使岩石破碎。破碎下来的岩粉、岩屑由循环洗井介质(清水、泥浆等)携带到地表。回转钻进所使用的钻头有硬质合金钻头、钻粒钻头、金刚石钻头、刮刀钻头、牙轮钻头和螺旋钻头(杆)等。硬质合金钻头、钻粒钻头、金刚石钻头统称取芯钻头,呈环形,适用于岩芯钻探(环形钻探)。钻头对孔底的岩土层作环形切削研磨,由循环冲洗液带出岩粉,环形中心保留柱状岩芯,适时提取岩芯,如图 1-5-6 所示。刮刀钻头、牙轮钻头为不取芯钻头,钻头对孔底的岩层作全面切削研磨,用循环冲洗液排出岩粉,连续钻进不提钻。螺旋钻头(杆)形如麻花,适用于黏性土等软土层钻进,下钻时将螺旋钻头旋入土层,提钻时带出扰动土样。通常固体矿产钻探多采用岩芯钻头,油气钻井多用不取芯钻头,工程勘察常用螺旋钻头(杆)。

③冲击回转钻进:它是一种在回转钻进的同时加入冲击作用的钻进方法。

图 1-5-5 回转钻进　　图 1-5-6 回转钻进取出的岩芯

(3)地球物理勘探

地球物理勘探简称物探,是利用专门仪器来探测地壳表层各种地质体的物理场(电场、磁场、重力场、辐射场、弹性波的应力场等),通过测得的物理场特性和差异来判明地下各种地质现象,获得某些物理性质参数的一种勘探方法。由于地下物质(岩石或矿体等)的物理性质(密度、磁性、电性、弹性、放射性等)存在差异,从而引起相应的地球物理场发生局部变化。所以通过测量这些物理场的分布和变化特性,结合已知的地质资料进行分析研究,就可以推断和解释地下岩石性质、地质构造和矿产分布情况。

物探的方法主要有重力勘探、磁法勘探、电法勘探、地震勘探、放射性勘探等,其中最普遍使用的是电法与地震勘探。在初期的工程地质勘察中,常用电法与地震勘探方法来查明勘察区地下地质的初步情况,以及查明地下管线、洞穴等的具体位置。

①电法勘探:它是根据岩、土体电学性质(如导电性、极化性、导磁性和介电性)的差异,勘查地下工程地质情况的一种物探方法,如图 1-5-7 所示。按照使用电场的性质,电法勘探分为人工电场法和自然电场法两类,其中人工电场法又分为直流电场法和交流电场法。工程地质物探多使用人工电场法,即人工对地质体施加电场(用直流电源通过导线经供电电极向地下供电建立电场)。通过电测仪测定地下各种地质体的电阻率大小及其变化,再经过专门解释,探明地层、岩性、地质构造、覆盖层厚度、含水层分布和深度、古河道、主导充水裂隙方向等工程地质相关资料。

图 1-5-7　电法勘探

②地震勘探：它是利用人工激发的地震波在弹性不同的地层内传播的规律来探测地下地质现象的一种物探方法。在地面某处利用爆炸或敲击激发的地震波向地下传播时，遇到不同弹性的地层分界面就会产生反射波或折射波返回地面，用专门仪器可以记录这些波。根据记录得到的波的传播时间、传播速度、距离、振动形状等进行专门计算或仪器处理，能够较准确地测定地层分界面的深度和形态，判断地层、岩性、地质构造以及其他工程地质问题（如岩土体的动弹性模量、动剪切模量和泊松比等动力参数）。地震勘探直接利用地下岩石的固有特性，如密度、弹性等，较其他物探方法准确，且能探测地表以下很深处的地质。因此地震勘探方法可用于了解地下深部地质结构，如基岩面、覆盖层厚度、风化壳、断层带等地质情况。

3.工程地质测试

工程地质测试，也称岩土测试，是在工程地质勘探的基础上，为了进一步研究勘探区内岩、土的工程地质性质而进行的试验和测定。工程地质测试有原位测试和室内测试之分。原位测试是在现场岩土体中对不脱离母体的"试件"进行的试验和测定；而室内测试则是将从野外或钻孔采取的试样送到实验室进行的试验和测定。原位测试是在现场条件下直接测定岩土的性质，避免了岩土样在取样、运输及室内试验准备过程中被扰动，因而所得的指标参数更接近于岩土体的天然状态，一般在重大工程采用；室内测试的方法比较成熟，所取试样体积小，与自然条件有一定的差异，因而成果不够准确，但能满足一般工程的要求。

（1）取样和室内试验

取样、试验及化验是工程地质勘察中的重要工作之一，通过对所取土、石、水样进行各种试验及化验，取得各种必需的数据，用以验证、补充测绘和勘探工作的结论，并使这些结论定量化，作为设计、施工的依据。因此，取什么试样，做哪些试验和化验，都必须紧密结合勘察和设计工作的需要。此外，应当积极推行现场原位测试以便更紧密地结合现场实际情况，同时作好室内外试验的对比工作。

土、石、水样的采取、运送和试验、化验应当严格按有关规定进行，否则直接影响工程设计质量及工程建筑物的稳定。

①取样：土、石试样可分原状的和扰动的两种，如图 1-5-8 所示。原状土、石试样要求比较严格，取回的试样要能恢复其在地层中的原来位置，保持原有的产状、结构、构造、成分及天然含水率等各种性质。因此，原状土、石样在现场取出后要注明各种标志，并迅速密封起来，运输、保存时要注意不能太热、太冷和受震动。

图 1-5-8　土样或岩样

取土、石样品,须经工程地质人员在现场选择有代表性的,按照试验项目的要求采取足够数量。采样同时填写试样标签,把样品与标签按一定要求包装起来。

②土工试验:是根据不同工程的要求,对原状土及扰动土样进行试验,求得土的各种物理—力学性质指标,如比重、容重、含水率、液塑限、抗剪强度等。岩石物理力学试验的目的,则是为了求得岩石的比重、容重、吸水率、抗压强度、抗拉强度、弹性模量、抗剪强度等指标。

这些试验为全面评价土、石工程性质及土、岩体的稳定性,为有关的工程设计打下基础。试验目的不同,试验项目的多少、内容也不同。在试验前,应由工程地质人员根据要求填写试验委托书,实验室根据委托书对试验做出设计;对试验人员、设备及试验程序做好计划安排,然后进行试验。

图 1-5-9 所示分别为击实试验和直剪试验的仪器。

(a)击实试验仪器　　(b)直剪试验仪器

图 1-5-9　土工试验仪器

(2)原位测试

包括静力荷载试验、静力触探、动力触探、标准贯入试验、十字板剪切试验、大面积剪切试验等。原位测试结果比室内试验结果更接近现场实际情况。但是原位测试需要较多人力、设备、经费和时间。因此,一般工程不做原位测试,重大工程应创造条件进行原位测试。

①静力荷载试验:静力荷载试验是研究在静力荷载下岩土体变形性质的一种原位测试方法,主要用于确定地基土的允许承载力和变形模量,研究地基变形范围和应力分布规律等。荷载试验是加荷于地基,测定地基变形和强度的一种现场模拟试验,可以求得地基土石的变形模量及承载力,以及荷载作用下土石体沉降—时间变化曲线。试验方法是在现场试坑或钻孔内放一荷载板,在其上依次分级加压(p),测得各级压力下土体的最终沉降值(s),直到承压板周围的土体有明显的侧向挤出或发生裂纹,即土体已达到极限状态为止(图 1-5-10、

图 1-5-11)。

图 1-5-10 静力荷载试验示意图

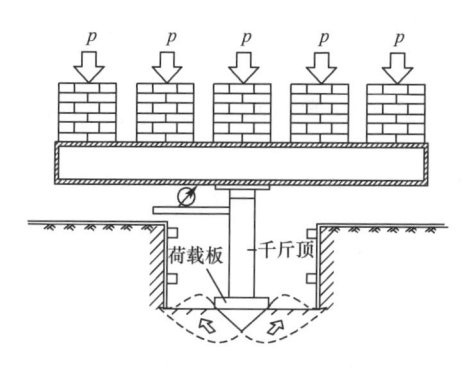

图 1-5-11 荷载试验

②静力触探：静力触探技术是工程地质勘察，特别在软土勘察中较为常用的一种原位测试技术。静力触探的仪器设备包括探杆、带有电测传感器的探头、压入主机、数据采集记录仪等，常将全部仪器设备组装在汽车上，制造成静力触探车，如图 1-5-12 所示，图 1-5-13 为海洋静力触探试验。静力触探试验是用压入装置，以每秒 20 mm 的匀速静力，将探头压入被试验的土层，用电阻应变仪测量出不同深度土层的贯入阻力，以确定地基土的物理力学性质及划分土类。静力触探试验适用于软土、黏性土、粉土、砂土和含少量碎石的土。根据目前的研究与经验，静力触探试验成果可以用来划分土层，评定地基土的强度和变形参数，评定地基土的承载力等。

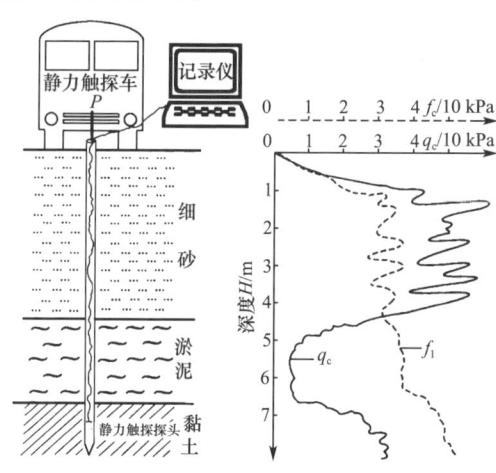

图 1-5-12 静力触探试验及成果曲线示意图

图 1-5-13 海洋静力触探试验

③标准贯入试验：标准贯入试验是用 63.5 kg 的穿心重锤，以 76 cm 的落距反复提起和自动脱钩落下，锤击一定尺寸的圆筒形贯入器，将其贯(打)入土中。测定每贯入 30 cm 厚土层所需的锤击数($N_{63.5}$)值，以此确定该深度土层性质和承载力的一种动力触探方法。

标准贯入试验常在钻孔中进行，既可在钻孔全深度范围内等间距进行，也可仅在砂土、粉土等土层范围内等间距进行。先用钻具钻至试验土层以上 15 cm 处，清除残土，将贯入器竖直贯(打)入土中 15 cm 后，开始记录每打入 10 cm 的击数。累计贯入土中 30 cm 的锤击数，即为标贯击数 N 或 $N_{63.5}$ 值。如遇到硬土层，累计击数已达 50 击，而贯入深度未达

30 cm 时,应终止试验,记录 50 击的实际贯入厘米 Δs 与累计锤击数 n。按公式($N=30n/\Delta s$,即 $N=30\times50/\Delta s$)换算成贯入 30 cm 的锤击数 N。然后旋转钻杆提起贯入器,取出贯入器中的土样进行鉴定、描述、记录并测量其长度。

标准贯入试验的主要成果有:锤击数 N 与深度 H 的关系曲线和标贯孔工程地质柱状图,如图 1-5-14 所示。

标准贯入试验成果可以用来判断土的密实度和稠度、估算土的强度与变形指标、判别砂土液化、确定地基承载力、划分土层等。

例如,根据锤击数 N 可将砂土划分为密实($N>30$)、中密($15<N\leqslant30$)、稍密($10<N\leqslant15$)和松散($N\leqslant10$)四类。可将黏性土划分为坚硬($N>30$)、很硬($N=30\sim15$)、硬($N=15\sim8$)、中等($N=8\sim4$)、软($N=4\sim2$)、极软($N<2$)六类。

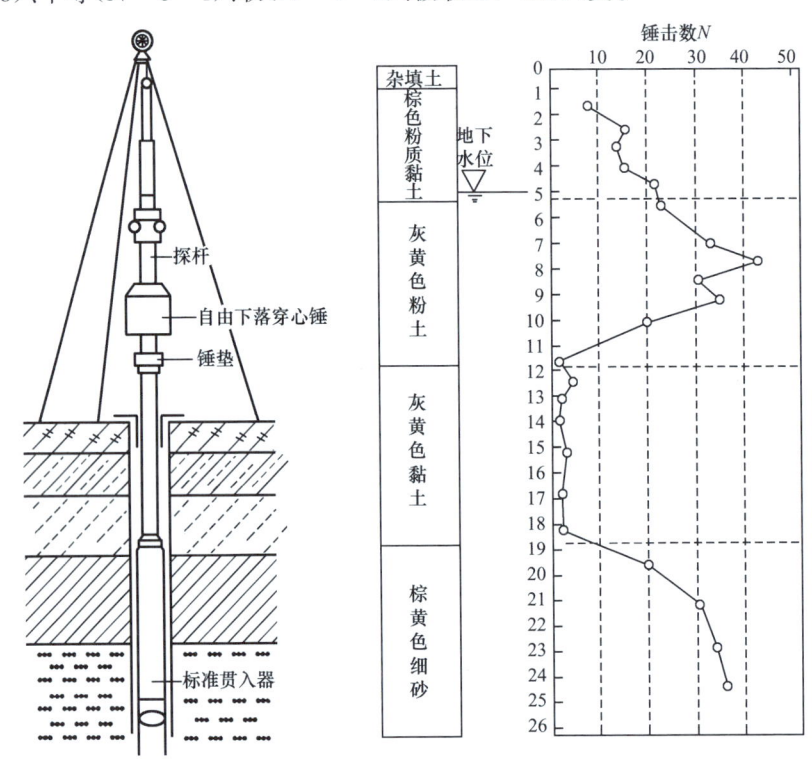

图 1-5-14 标准贯入试验及锤击数对岩性和深度曲线示意图

④十字板剪切试验:十字板剪切试验是采用十字板剪切仪,在现场测定饱和软黏土的抗剪强度的一种原位测试方法。其基本原理是施加一定的扭转力矩,将土体剪切破坏,测定土体对抵抗扭剪的最大力矩,并假定土体的内摩擦角等于零($\varphi=0$),通过换算、计算得到土体的抗剪强度值。机械式十字板剪切仪主要由十字板头、加荷传力装置(轴杆、转盘、导轮等)和测力装置(钢环、百分表等)三部分组成。其中十字板头是由厚度为 3 mm 的长方形钢板以横截面呈十字形焊接在轴杆上构成。

试验时将十字板头压入被测试的土层中,或将十字板头装在钻杆前端压入打好的钻孔底以下 0.75 m 左右的被测试土层中(图 1-5-15)。然后缓慢匀速摇动手柄旋转(大约以每转或每度 10 s 的速度转动),每转 1 转(1 度)记录钢环变形的百分表读数一次,直到读数不再增加或开始减小(即土体已经被剪切破坏)为止。试验一般要求在 3~10 min 内把土体剪切破坏,以免在剪切过程中产生的孔隙压力消散。

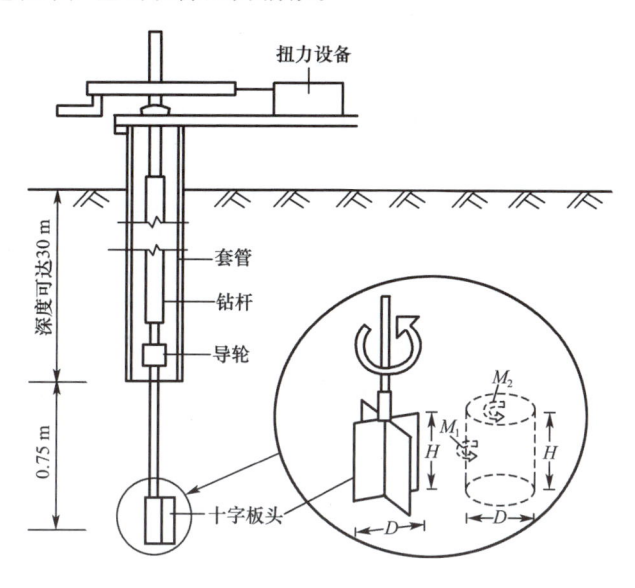

图 1-5-15 十字板剪切试验示意图

(3)水质化验及抽水试验

是为了确定水的质量和成分而进行的试验。采取一定数量水样进行化验,可以确定水中所含各种成分。从而正确确定水的种类、性质,以判定水的侵蚀性,对施工用水和生活用水作出评价,并联系不良地质现象说明水在其形成、发展过程中所起的作用。

抽水试验是一种现场水文地质试验,主要目的是为了确定地下水的渗透系数、计算涌水及采取供化验用的地下水水样。

4.工程地质长期观测

在工程地质勘察工作中,常会遇到一些特殊问题。对这些问题的调查测绘往往不能在短时间内迅速得到正确、全面的答案,必须在全面调查测绘的基础上,有目的、有计划地安排长期观测工作,以便积累原始实际资料,为设计、施工提供切合实际的依据。长期观测工作根据其目的不同,既可在建筑物设计之前进行,也可在施工过程中同时进行,或在施工之后的使用过程中进行。

常遇到的长期观测问题有:

(1)已有建筑物变形观测

主要是观测建筑物基础下沉和建筑物裂缝发展情况。常见的有房屋、桥梁、隧道等建筑物变形的观测,取得的数据可用于分析建筑物变形的原因,建筑物稳定性及应当采取的措施等。

(2)不良地质现象发展过程观测

各种不良地质现象的发展过程多是比较长期的逐渐变化的过程,例如滑坡的发展、泥石流的形成和活动、岩溶的发展等。观测数据对了解各种不良地质现象的形成条件、发展规律有重要意义。

(3) 地表水及地下水活动的长期观测

主要是观测水的动态变化及其对工程的影响。地表水活动观测常见的是对河岸冲刷和水库坍岸的观测,为分析岸坡破坏形式、速度及修建防护工程的可能性提供可靠资料。地下水动态变化规律的长期观测资料则有多方面的广泛用途。

此外,黄土地区地表及土体沉陷的长期观测、为控制软土地区工程施工进行的长期观测等也是需要进行的工作。

由于长期观测的对象和目的不相同,因此使用的方法、设备和观测内容等也有很大差别,这里不再一一列举,可参考有关的专题总结资料。

(三) 公路工程地质勘察的阶段与内容

公路工程建筑在地壳表面,是一种延伸很长的线形建筑物,通常要穿越许多自然地质条件不同的地区。它不仅受地质因素的影响,也受许多地理因素的影响。因此,公路工程地质勘察无论在内容、要求、方法和广度、深度、重点等方面都有其自己的特点。

为了正确处理公路工程建设与自然条件的关系,充分利用有利条件,避免或改造不利条件,需要进行公路工程地质勘察。即运用工程地质学的理论和方法,认识公路通过地带的工程地质条件,为公路工程的研究、测设和施工提供依据和指导。

1. 公路工程地质勘察的阶段

工程设计是分阶段进行的,与设计阶段相适应,勘察也是分阶段的。不同的勘察阶段对工程地质勘察工作有不同的要求,在广度、深度和重点等方面都是有差别的。工程地质勘察一般不应超越阶段的要求,也不应将工作遗留到下一阶段去完成。

不同阶段的公路工程地质勘察工作及其基本任务分述如下。

(1) 可行性研究阶段

在这一阶段,根据国民经济长远规划和公路网建设规划及项目建议书,对建设项目进行可行性研究。这一阶段的勘察工作主要是视察。任务是为编制可行性研究报告提供关于建设项目的地形、地质、地震、水文以及筑路材料、供水来源等方面的概略性资料。

公路可行性研究按其工作深度,可分为预可行性研究和工程可行性研究。预可行性研究中的工程地质工作一般只要求收集与研究已有的文献地质资料;而在工程可行性研究中,需要进行踏勘工作。对各个可能方案作沿线实地调查,并对大桥、隧道、不良地质地段等重要工点进行必要的勘探(如物探),大致探明地质情况。

(2) 初勘阶段

公路工程基本建设项目一般采用两阶段设计,即初步设计和施工图设计。此外,对于技术简单、方案明确的小型建设项目,可采用一阶段(施工图)设计;对于技术复杂而又缺乏经验的建设项目,或建设项目中的个别路段或其他主要工点(如特殊大桥、互通式立体交叉、隧道等),必要时采用三阶段设计,即在初步设计和施工图设计之间增加技术设计阶段。根据不同设计阶段所要求的工作深度,公路勘测分为初测和定测两个阶段,相应的工程地质勘察工作也分为初步工程地质勘察(初勘)和详细工程地质勘察(详勘)两个阶段。

初勘的目的是根据工程可行性研究报告提出的推荐建设方案,进一步做好地质选线工作,为优选路线方案及编制初步设计文件提供必要的工程地质依据。

初勘的任务是根据工程地质条件,优选路线方案;在路线基本走向范围内,对各路段可能布线的区间进行工程地质初勘;重点勘察对路线方案起控制作用的不良地质地段。应明确路线能否通过或如何通过,提供编制初步设计所需要的全部工程地质资料。

初勘工作可按准备工作、工程地质选线、工程地质调绘、勘探、试验、资料整理等顺序进行。

(3)详勘阶段

详勘的目的是根据已批准的初步设计文件中所确定的修建原则、设计方案、技术决定等设计资料,通过详细工程地质勘察,为路线布设和编制施工图设计提供完整的工程地质资料。详勘的任务是在初勘的基础上,进行补充与校对。进一步查明沿线的工程地质条件以及重点工程与不良地质区段的工程地质特征,并取得必需的工程地质数据,为确定路线位置和施工图设计提供详细的工程地质资料。

详勘工作可按准备工作、沿线工程地质调绘、勘探、试验、资料整理等顺序进行。由于详勘工作需在初勘的基础上进一步查明沿线的工程地质条件和不良地质区段、各构造物场地等的主要工程地质问题,因此,比初勘工作更为详细、深入。最后提交的资料也包括基本资料和专项资料两个部分,深度应满足施工图设计的需要。

2.公路工程地质勘察的内容

公路工程地质勘察,通常包括以下几方面的内容:

(1)路线工程地质勘察

在视察、初测、定测各个阶段,与路线、桥梁、隧道等专业人员密切配合,查明与路线方案及路线布设有关的地质问题,选择地质条件相对良好的路线方案,在地形、地质条件复杂的地段确定路线的合理布设。在路线工程地质勘察中,并不要求查明全部工程地质条件,但对路线方案与路线布设起控制作用的特殊地质、不良地质地区的勘察应作为重点,查明其地质问题,并提出确切的工程措施。对于复杂的工点,需根据任务要求及现场条件,组织专门力量进行工程地质勘察。

(2)特殊地质、不良地质地区(地段)的工程地质勘察

特殊地质地段及不良地质现象,如泥沼及软土、黄土、膨胀土、盐渍土、多年冻土、岩堆、崩塌、滑坡、泥石流、冰川、雪崩、积雪、沙漠、岩溶等,往往影响路线方案的选择、路线的布设与构造物的设计。在工程地质勘察的各个阶段均应作为重点,进行逐步深入的勘测,查明其类型、规模、性质、发生原因、发展趋势、危害程度等,提出绕避依据或处理措施。

(3)路基、路面工程地质勘察

在初测、定测阶段,根据选定的路线方案和确定的路线位置,对中线两侧一定范围的地带进行工程地质勘察,为路基、路面的设计和施工提供土质、地质、水文及水文地质方面的依据。其中,详勘阶段主要是进行定量调查取得有关的资料,对一般路基或比较特殊的路基(如高填路堤、深挖路堑等)均要求进行详细的勘探与试验。

(4)桥渡工程地质勘察

大桥桥位影响路线方案的选择,大、中桥桥位多是路线布设的控制点,常有比较方案。因此,桥渡工程地质勘察一般应包括两项内容,首先应对各比较方案进行调查,配合路线、桥梁专业人员,选择地质条件比较好的桥位;然后对选定的桥位进行详细的工程地质勘察,为桥梁及其附属工程的设计和施工提供所需要的地质资料。前一项工作一般是在视察与初测时进行,后一项则在初测与定测时分阶段陆续完成。

(5) 隧道工程地质勘察

隧道多是路线布设的控制点。长隧道可影响路线方案的选择。隧道工程地质勘察同桥渡一样，通常包括两项内容：一是隧道方案与位置的选择；二是隧道洞口与洞身的勘察。前者除几个隧道位置的比较方案外，有时还包括隧道与展线或明挖方案的比较；后者是对选定的方案进行详细的工程地质勘察，为隧道的设计和施工提供所需的地质资料。前一项工作一般应在视察及初测时完成，后一项则在初测与定测时分阶段陆续完成。

(6) 天然建筑材料勘察

修建公路需要大量的筑路材料，其中绝大部分都是就地取材，特别如石料、砾石、砂、黏土、水等天然材料更是如此。这些材料品质的好坏和运输距离的远近等，直接影响工程的质量和造价，有时还会影响路线的布局。筑路材料勘察的任务是充分发掘、改造和利用沿线的一切就地材料，当就近材料不能满足要求时，则由近及远地扩大调查范围，以求得数量足够、品质适用、开采及运输方便的筑路材料产地。勘察的内容包括筑路材料的储量、位置、品质与性质、运输方式及距离，以及用于公路工程的可能性、实用性等。

二　公路选线的工程地质论证

路线选择是由多种因素决定的，地质条件是一个重要的因素，有时甚至是控制性因素。

路线方案有大方案与小方案之分，大方案是指影响全局的路线方案，就是选择路线基本走向的问题，如越甲岭还是越乙岭，沿甲河还是沿乙河；小方案则是指局部性的路线方案，如走垭口左边还是右边，沿河右岸还是左岸，一般属于线位方案。工程地质因素不仅影响小方案的选择，有时也影响大方案的选择。

公路是线型工程，由路基工程、桥隧工程和防护建筑物等组成。公路线路往往要穿越地形、地质条件复杂的不同地区或构造单元。公路的规划设计工作，首要的就是路线选择问题。路线的选择，要根据地形地貌、工程地质条件及施工条件等综合考虑，其中工程地质条件是决定性因素。在公路的选线工作中通常要考虑地形地貌条件、岩土类型条件、地质构造条件和不良地质现象条件等。选线时应尽量避开崩塌、滑坡、泥石流、岩堆、岩溶（尤其是落水洞、溶洞）等地质灾害发育地段。无法避开时，应进行详细的地质测绘、勘探工作，采取必要的治理措施，以保证公路长期安全使用。在实际工作中，应对公路多条备选路线的工程地质条件进行全面调查和综合分析比较，从中选出工程地质条件好、工程造价较低的路线方案。

在选线中，工程地质的主要工作任务是查明各比较路线方案沿线的工程地质条件。在满足设计要求的前提下，经过技术经济比较，选出最优方案。路线一经选定，若因发现问题而改线，即使是局部改线，也会造成很大的浪费。因此选线时必须全面而慎重地考虑。

公路路线的基本类型及其特点如下：

1. 沿河线

由于沿河路线的纵坡受限制不大，且有丰富的筑路材料和水源可供施工、养护使用，在路线标准、使用质量、工程造价等方面往往优于其他线型。因此，它是山区选线首先考虑的方案，如图 1-5-16 所示。其优点是坡度缓，路线顺直，工程简易，挖方少，施工方便。但在深切的峡谷区，河谷往往弯曲陡峭、阶地不发育、不良地质现象较多，这时若采用沿河线则应慎重考虑。平原区选择沿河线常遇有低地沼泽、洪水危害;而丘陵区常遇河谷坡度大,阶地常不连续等困难。

沿河线路在布局时主要考虑的问题是:路线选择走河流的哪一岸、路线放在什么高度,以及路线在什么地点跨河等。这些问题都需要查明工程地质条件来决定。

图 1-5-16　沿河线

2.山脊线

其优点是地形平坦,挖方量少,无洪水,桥隧工程量小。但山脊宽度小,不便于布置工程和施工,如图 1-5-17 所示。有时地形不平,地质条件复杂。若山脊全为土体组成,则需外运道渣,更严重的是取水困难。

图 1-5-17　山脊线

3.山坡线

其最大的优点是可以任意选路线坡度,路基多采用半填半挖,但路线曲折,土石方量大,不良地质现象发育,桥隧工程多,如图 1-5-18 所示。

图 1-5-18　山坡线

4.越岭线

横越山岭的路线通常是最困难的,一上一下需要克服很大的高差,常有较多的展线。沿越岭线的最大优点是能通过巨大山脉,降低坡度和缩短距离。但地形崎岖,展线复杂,不良地质现象发育,要选择适宜的垭口通过,如图 1-5-19 所示。

越岭线布局的主要问题:一是垭口选择;二是过岭标高选择;三是展线山坡选择。三者相互联系、相互影响,不能孤立考虑,而应当综合考虑。

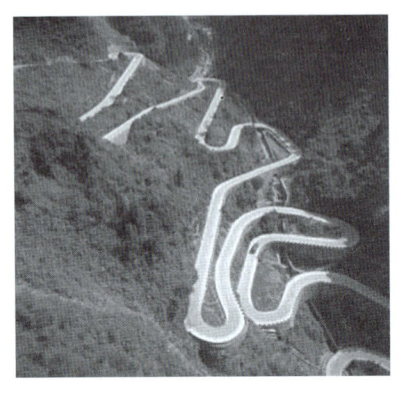

图 1-5-19 越岭线

图 1-5-20 所示为一路线选择地质条件分析实例,由图可知,路线 A、B 两点间共有三个基本选线方案。Ⅰ方案需修两座桥梁和一座长隧道,路线虽短,但隧道施工困难,不经济;Ⅱ方案需修一座短隧道,但西段边坡陡峻,易发崩塌、滑坡等地质灾害,治理困难,维修费用大,也不经济;Ⅲ方案为跨河走对岸路线,需修两座桥梁,比修一座隧道容易,但也不经济。综合上述三个方案的优点,对工程地质条件进行分析比较,提出较优的第Ⅳ方案。即把河弯过于弯曲地段取直,改移河道;取消西段两座桥梁而改用路堤通过,使路线既平直,又避开地质灾害发育地段,而东段则连接Ⅱ方案的沿河路线。此方案的路线虽稍长,但工程地质条件较好,维修费用少,施工方便,从长远看还是经济的,故为最优方案。

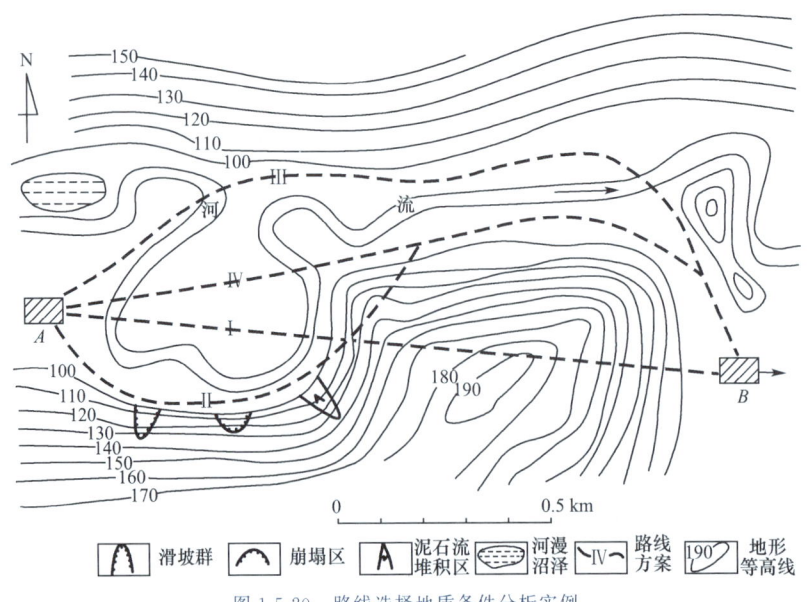

图 1-5-20 路线选择地质条件分析实例

三 路基工程地质勘察

(一) 路基工程的主要工程地质问题

路基是公路工程的主体部分,它主要承受车辆的动力荷载及其上部建筑的重力。坚固、稳定的路基是公路安全运行的保障。路基形式包括路堑、路堤和半路堤、半路堑等。在丘陵地区尤其是地形起伏较大的山区修建公路时,翻山越岭,路基工程量较大,往往通过高填或深挖等方式才能满足路线最大纵向坡度的要求。因此必须对路基基底、路基边坡、越岭垭口等的工程地质条件进行分析研究。

总结起来,公路路基的工程地质问题主要有以下几个方面:

1.路基边坡的稳定性问题

路基边坡包括天然边坡、傍山线路的半填半挖路基边坡以及深路堑的人工边坡等。任何边坡都具有一定的坡度和高度,在重力作用下,边坡岩土体均处于一定的应力状态,如果应力平衡状态发生变化就会导致边坡失稳,如图 1-5-21 所示。一般情况下,影响边坡稳定的主要因素有岩层产状、岩石性质、岩体结构、水的作用、地形地貌以及人为因素等。

图 1-5-21 公路边坡失稳

2.路基基底的稳定性问题

一般情况下,路基基底的设计要求有足够的承载力,基底土的变形性质和变形量大小主要取决于基底土的力学性质、基底面的倾斜程度、软土层或软弱结构面的性质与产状等。另外,较差的水文地质条件也是促成基底不稳定的因素,往往使基底发生塑性变形造成路基的破坏。如果基底下分布有软弱的泥质夹层且其倾向与坡向一致时,在其下方开挖取土或其上方填土加重都会引起路堤整体滑移;当高填路堤通过河漫滩或阶地时,若基底下分布有饱水厚层淤泥,压力下基底会发生挤出变形;基底下岩溶洞穴的塌陷也会引起路堤严重变形。基底若为软土、湿陷性黄土、多年冻土、岩溶洞穴和地下矿体采空区等分布区域时,常使路基出现沉陷变形;而在盐渍土和膨胀土分布地区的路基,则会出现不均匀膨胀变形。

3.公路冻害问题

它包括冬季路基土体因冻结作用而引起路面冻胀和春季因融化作用而使路基翻浆,结果都会使路基产生变形破坏。甚至形成显著的不均匀冻胀,使路基土强度发生极大改变,危害公路的安全和正常使用。

根据地下水的补给情况,公路冻胀的类型可分为表面冻胀和深源冻胀。前者是在地下水埋深较大地区,其冻胀量一般为30~40 mm,最大达60 mm。其主要原因是路基结构不合理或养护不周,致使道渣排水不良造成。深源冻胀多发生在冻结深度大于地下水埋深或毛细管水带接近地表水的地区,地下水补给丰富、水分迁移强烈,其冻胀量较大,一般为200~400 mm,最大达600 mm。公路的冻害具有季节性,冬季在负气温长期作用下,使土中水分重新分布,形成平行于冻结界面的数层冻层,局部尚有冻透镜体,因而使土体积增大(约9%)而产生路基隆起现象;春季地表面冰层融化较早,而下层尚未解冻,融化层的水分难以下渗,致使上层土的含水率增大而软化,在外荷作用下路基出现翻浆现象。

防止公路冻害的措施有:铺设毛细水割断层以断绝水源;把粉黏粒含量较高的冻胀性土换为粒粗、分散的砂砾石抗冻胀性土;采用纵横盲沟和竖井,排除地表水,降低地下水位,减少路基土的含水率;提高路基标高;修筑隔热层,防止冻结路基深处发展等。

4. 天然建筑材料问题

路基工程需要的天然建筑材料种类较多且数量巨大,包括道渣、土料、片石、砂和碎石等,而且要求各种材料产地沿路线两侧零散分布。但在山区修筑高路堤时却常遇到土料缺乏的情况,而在平原区却常找不到符合要求的片石和道渣。因此,寻找符合路基工程要求的天然建材成为路基工程必须加以考虑的工程地质条件,且这些材料的品质和运输距离还会直接影响工程的质量和造价。

(二) 路基工程地质勘察的基本内容

与路线、桥梁和隧道专业人员密切配合,查清路线上的地质地貌条件以及动力地质现象,阐明其演变规律,明确各条路线方案的主要工程地质条件,为各方案的比较提供依据。在地形、地质条件复杂的地段,确定路线的合理布设,以减少失误。

特殊岩土地段及不良地质现象,诸如盐渍土地、多年冻土、岩溶、沼泽、积雪、滑坡、崩塌、泥石流等,往往影响路线方案的选择、路线的布设和构造物的设计。因此应重点查明其类型、规模、性质、发生原因、发展趋势和危害程度。对严重影响路线安全而数量多、整治困难的各种工程地质问题,一般应以绕避为原则。但对技术切实可行,可彻底整治而费用不高,对今后的运营无后患的地段,不应盲目绕避。

充分发掘、改造和利用沿线一切就地材料。当就近材料不能满足要求时,则应由近及远扩大调查范围,以求得足够数量的品质优良、适宜开采和运输方便的筑路材料。

(三) 路基工程地质勘察要点

1. 初勘阶段

主要是对已确定的路线范围内所有路线摆动方案进行勘察对比。确定路线在不同地段的基本走向,并以比选和稳定路线为中心,全面查明路线最优方案沿线的工程地质条件。主要运用工程地质测绘的方法,勘察范围一般沿线路两侧宽150~200 m。测绘比例尺是1:50 000,1:200 000,勘探工作主要用于查明重大而复杂的关键性工程地质问题与不良地质现象的深部情况。

2. 详勘阶段

根据已批准的初步设计文件中所确定的修建原则、设计方案、技术要求等资料,对各种类型的工程建筑物(桥、隧、站场等)位置有针对性地进行详细的工程地质勘察。最终确定公路路线和构造物的布设位置,查明构造物地基的地质构造、工程地质及水文地质条件,准确提供工程和基础设计、施工必需的地质参数。

四 桥梁工程地质勘察

桥梁是公路工程的重要组成部分,线路跨越河流、沟谷或公路时需要架设桥梁。同时,桥梁也是线路通过地质灾害频发地段的主要方式。

在公路工程地质勘察中,由于对桥址周围的工程地质特征了解不足,在桥梁施工、运营时,遇到不少问题。如有的将墩、台设在滑坡上,基坑开挖时引起滑坡复活,而使已建成的墩、台错位;有的墩、台建在岩溶洞穴上,致使墩、台倾斜无法使用。因而,桥址周围的工程地质条件分析、桥址选择、桥墩、台地基稳定、冲刷问题以及桥基承载力的确定等,都是确保桥梁安全的重要方面。

桥梁工程地质勘察的任务,主要包括以下几个方面:

为选择桥位提供地质依据,包括调查河谷构造,有无断层,基岩性质、产状及埋深,河床是否稳定,谷坡、岸坡有无不良地质现象等。

为墩台基础设计提供地质资料。查明河床地层结构,有无冲刷可能及冲刷影响深度,地基承载力、渗透性及水的侵蚀性,如有基岩应查明其埋深及岩性、产状和风化情况。

为引道设计提供地质资料。引道是桥梁与路线的连接部分,多半是高填、深挖或浸水路堤。对于高填引道,应查明其地基条件,注意避让牛轭湖、老河道等软弱地基地段;对于浸水路堤,还应注意水位变化及波浪对边坡稳定性的影响;对于深挖,应查明边坡稳定条件。

为调治构造物设计提供地质资料,主要是查明地基条件。

调查建桥所需的当地天然材料,包括桥梁主体、桥头引道及调治构造物所需砂、石、土等。

(一)桥梁工程地质问题

桥梁工程地质问题主要包括桥位选择与桥基勘察两个方面。

1.桥位选择中的工程地质问题

桥梁位置的选择应该综合考虑线路方向、选线要求、城乡规划以及地质条件等多方面的因素。一般,中、小桥位由线路条件决定,特大桥和大桥则往往先选好桥位,然后再统一考虑线路条件。大桥和特大桥桥位的选择,除综合考虑政治、经济等因素外,还必须十分重视桥位地段的地质、地貌特征和河流水文特征。

桥位工程地质勘察的任务是为桥位选择提供地质依据。采用的方法是调查与测绘,必要时可辅以少量的勘探工作。对于大桥,应提出桥位工程地质说明书,在复杂情况下还应有桥位工程地质图与粗略的桥位中线处的河床地质断面图。主要有以下注意的方面:

桥位应尽可能选在河道顺直、水流集中、河床稳定的地段,以保证桥梁在使用期间不受河流强烈冲刷的破坏或由于河流改道而失去作用。应尽量避开有沙洲、急弯及主支流汇合的地段,选择河漫滩较窄,没有河汊的地段。为使桥梁轴线与河谷及河床垂直,应选择河谷与河床方向一致的河段。否则洪水时水流与桥梁轴线斜交,将会增加对墩台的冲刷。桥位还应远离上游的水坝、水闸。

桥位应选择在岸坡稳定、地基条件良好、无严重不良地质现象的地段,以保证桥梁和引道的稳定并降低工程造价。通常桥位应选择在冲积层较薄、河底基岩坚硬完整的地段。在有碳酸盐及石膏等岩层分布的地区,应特别注意避让岩溶发育的地段。桥头工程(引桥或引道)应尽可能避开牛轭湖、老河道等有厚层松软土层的地段。在山区要特别注意两岸有无滑坡、崩塌等不良地质现象。如果有,应仔细查明其规模、性质、稳定程度,详细分析其对桥梁有无危害及危害程度。

桥位应尽可能避开顺河方向及平行桥梁轴线方向的大断裂带,尤其不可在未胶结的断裂破碎带和具有活动可能的断裂带上建桥。沿河断层,在河谷地貌上多有表现,如河谷比较顺直,两岸谷坡岩层不同、坡度不同、崩塌、碎落等不良地质现象比较发育等。平行桥梁轴线的断层可通过对两岸断层的研究,加以追索和推断。

2. 桥基勘察中的工程地质问题

桥基工程地质勘察的主要问题有:桥墩、台地基的稳定性以及桥墩、台地基的冲刷问题。

桥墩、台地基的稳定性主要取决于墩台地基中岩土体承载力的大小。它对选择桥梁的基础和确定桥梁的结构形式起决定作用。当桥梁为静定结构时,由于各桥孔是独立的,相互之间没有联系,对工程地质条件的适用范围较广。但对超静定结构的桥梁,对各桥墩台之间的不均匀沉降特别敏感,故取用其地基承载力时应慎重考虑。岩质地基容许承载力的确定取决于岩体的力学性质及水文地质条件等,应通过室内试验和原位测试等综合判定。

桥墩和桥台的修建,使原来的河槽过水断面减少,局部增大了河水流速,改变了流态。对桥基产生强烈冲刷,威胁桥墩台的安全。因此,桥墩台基础的埋深除了考虑持力层的位置以满足桥梁墩台稳定性的要求以外,必须充分重视水流冲刷的影响。

桥基工程地质勘察的任务是为桥梁墩台设计提供地质资料。桥基工程地质勘察需要在调查与测绘的基础上进行勘探工作。对于大、中桥,目前均采用以钻探为主,辅以物探等方法。这种综合的勘探方法,能够互相补充,可收到事半功倍的效果。勘察的结果应包括以下几方面内容:①桥位处的河床地质断面图;②钻孔柱状断面图与勘探测试记录;③水、土的化验与试验资料。

(二)桥梁工程地质勘察要点

1. 初勘阶段

在工程可行性研究地质勘察资料的基础上,初步查明场地地基的地质条件,即对桥位处进行工程地质调查或测绘、物探、钻探、原位测试,进一步查明工程地质条件的优劣。特别应查明与桥位方案或桥型方案比较有关的主要工程地问题。

对一般地区的桥位选择应查明两个方面的内容:一是地形、地貌、地物等方面对桥位选择的制约内容;二是工程地质条件对桥位选择的制约。对特殊地质地区的桥位选择,应针对泥石流、岩溶、沼泽、黄土等特殊地区的特点认真研究比选,而不要盲目避绕。工程地质测绘比例尺用1∶500～1∶10 000编制,调查范围包括桥轴线纵向的河床和两岸谷坡或阶地(500～1 000 m),以及横向河流上、下游各200～500 m。

在此阶段中,应对各桥位方案进行工程地质勘察,并对与建桥的适宜性和稳定性有关的工程地质条件作出结论性评价。对工程地质条件复杂的特大桥和中桥,必要时增加技术设计阶段勘察,还应包括环境介质对混凝土腐蚀的评价。

钻孔一般沿桥轴线或其两侧布置,原则上应布置在与工程地质有关的地点,并考虑到地貌和构造单元。其钻孔数量与深度参照表 1-5-1 确定。

表 1-5-1　　　　　　　　　初勘桥位钻孔数量与深度参照表

桥梁按跨径分类	工程地质条件简单		工程地质条件复杂	
	孔数/个	孔深/m	孔数/个	孔深/m
中桥	2~3	8~20	3~4	20~35
大桥	3~5	10~35	5~7	35~50
特大桥	5~7	20~40	7~10	40~120

注：①表中所列数值是参考值，工作中应根据实际情况确定；
　　②河床中钻孔深度是以河床面高程控制，河岸处孔深应按地面确定；
　　③表中孔深，当地承载力小时取大值，大时取小值。

2.详勘阶段

在初步设计阶段的勘察测绘基础上进行补充、修正，查明桥梁墩台地基基础岩体风化和软弱层特征；测试岩土体物理力学性能，提供地基承载力基本值、桩壁极限摩阻力，并结合基础类型作出定量评价。随着二级以上公路的发展，在大江、大河上以及跨海的公路工程逐渐增多，特大桥梁工程需对工程地质工作特别重视。对重要的特大桥，测绘应针对与桥梁墩（台）、锚固基础、引道、调治构造物等处岩体进行大比例尺工程地质测绘（或进行专题研究），所以把桥墩、锚锭部位作为勘察重点。并采用综合勘测手段，进行钻探、原位测试（静探、标贯、旁压试验、十字板剪切试验）、声波测井及抽水、压力试验等。查明地基基础的承载力、极限摩阻力，给设计提供可选择的基础类型和施工方案，并提供存在的问题及处理措施、建议等。勘察重点是：

①查明桥位区地层岩性、地质构造、不良地质现象的分布及工程地质特性；
②探明桥梁墩台和调治构造物地基的覆盖层及基岩风化层的厚度，墩台基础岩体的风化及构造破碎程度，软弱夹层情况和地下水状况；
③测试岩土的物理力学特性，提供地基的基本承载力、桩壁摩阻力、钻孔桩极限摩阻力，作出定量评价；
④对边坡及地基的稳定性、不良地质的危害程度和地下水对地基的影响程度做出评价；
⑤对地质复杂的桥基或特大的桥墩、锚锭基础应采用综合勘探。

五　隧道工程地质勘察

隧道是公路工程中与地质条件关系最密切的工程建筑物，它从位置选择到具体设计，直到施工，均与地质条件有密切关系。隧道位于地下，四周被各种地层包围，处于各种不同的地质构造部位，可能遇到各种地质问题。修建在坚硬、完整岩层中的隧道，围岩稳定，坑道变形小，开挖时不易坍方，可以采用大断面的开挖方法，不做衬砌或衬砌很薄；而在风化、破碎严重的岩层中的隧道，由于围岩强度低，稳定性差，适合用分部开挖、密集支撑，加大衬砌厚度。在地质灾害多，对公路安全有严重威胁的地质复杂地段，如不能查清隧道通过地段的工程地质条件，可能引发出各种工程地质问题。

与隧道有关的地质条件包括岩层性质、地质构造、岩层产状、裂隙发育程度及风化程度，隧道所处深度及其与地形起伏的关系，地层含水程度、地温及有害气体情况，有无不良地质现象及其影响等。

基于以上原因,在隧道的勘察设计中,应十分注意工程地质工作。对重点隧道或工程地质和水文地质条件复杂的隧道,应进行区域性的工程地质调查、测绘,并加强地质勘探和试验工作。当地下水对隧道影响较大时,应进行地下水动态观测,并计算隧道涌水量。

(一)隧道工程地质问题

隧道工程中常常遇到的工程地质问题包括:围岩的稳定性问题、地下水及洞室涌水问题、洞口的稳定问题等。

1.围岩的稳定性问题

岩体在自重和构造应力作用下,处于一定的应力状态。在没有开挖之前岩体原应力状态是稳定的,不随时间而变化。隧道开挖后,原来处于挤压状态的围岩,由于解除束缚而向洞室空间松胀变形,这种变形超过了围岩本身所能承受的能力,便发生破坏,从母岩中分离、脱落,形成坍塌、滑移、底鼓和岩爆等,如图1-5-22所示。围岩压力通常指围岩发生变形或破坏而作用在洞室衬砌上的力。围岩压力和洞室围岩变形破坏是围岩应力重分布和应力集中引起的。因此,研究围岩压力,应首先研究洞室周围应力重分布和应力集中的特点,以及研究测定围岩的初始应力大小及方向,并通过分析洞室结构的受力状态,合理地选型和设计洞室支护,选取合理的开挖方法。

图1-5-22 隧道围岩坍塌

2.地下水及洞室涌水问题

当隧道穿过含水层时,将会有地下水涌进洞室,给施工带来困难。地下水也是造成塌方和围岩失稳的重要原因。地下水对不同围岩的影响程度不同,其主要表现为:

(1)以静水压力的形式作用于隧道衬砌。

(2)使岩质软化强度降低。

(3)促使围岩中的软弱夹层泥化,减少层间阻力,易于造成岩体滑动。

(4)石膏、岩盐及某些以蒙脱石为主的黏土岩类,在地下水的作用下发生剧烈的溶解和膨胀而产生附加的围岩压力。

(5)如地下水的化学成分中含有害化合物(硫酸、二氧化碳、硫化氢等),对衬砌将产生侵蚀作用。

(6)最为不利的影响是突然发生大量涌水。在富水岩体中开挖洞室,开挖中当遇到相互贯通又富含水的裂隙、断层带、蓄水洞穴、地下暗河时,就会产生大量地下水涌入洞室内,如图1-5-23所示;已开挖的洞室,如有与地面贯通的导水通道,当遇暴雨、山洪等突发性水源时,也可造成地下洞室大量涌水。这样,新开挖的洞室就成了排泄地下水的新通道。若施工时排水不及时,积水严重时就影响工程作业,甚至可以淹没洞室,造成人员伤亡。

图 1-5-23　洞室涌水

大瑶山隧道通过斑谷坳地区石灰岩地段时,曾遇到断层破碎带,发生大量涌水,施工竖井一度被淹,不得不停工处理。因此,在勘察设计阶段,正确预测洞室涌水量是十分重要的问题。

3. 洞口稳定问题

洞口是隧道工程的咽喉部位,洞口地段的主要工程地质问题是边、仰坡的变形问题。其变形常引起洞门开裂、下沉或坍塌等灾害。

4. 腐蚀

地下洞室围岩的腐蚀主要指岩、土、水、大气中的化学成分和气温变化,对洞室混凝土的腐蚀。地下洞室的腐蚀性对洞室衬砌造成严重破坏,从而影响洞室稳定性。成昆铁路百家岭隧道,由三叠系中、上统石灰岩、白云岩组成的围岩中含硬石膏层（$CaSO_4$）。开挖后,水渗入围岩使石膏层水化,膨胀力使原整体道床全部风化开裂,地下水中（SO_4^{2-}）高达 1 000 mg/L,致使混凝土腐蚀得像豆腐渣一样。

5. 地温

对于深埋洞室,地温是一个重要问题。铁路规范规定隧道内温度不应超过 25℃,超过这个界线就应采取降温措施。隧道温度超过 32℃ 时,施工作业困难,劳动效率大大降低。所以深埋洞室必须考虑地温影响。

6. 瓦斯

地下洞室穿过含煤地层时,可能遇到瓦斯。瓦斯能使人窒息致死,甚至可以引起爆炸,造成严重事故。

地下洞室一般不宜修建在含瓦斯的地层中,如必须穿越含瓦斯的煤系地层,则应尽可能与煤层走向垂直,并呈直线通过。洞口位置和洞室纵坡要利于通风、排水。施工时应加强通风,严禁火种,并及时进行瓦斯检测,开挖时工作面上的瓦斯含量超过 1% 时,就不准装药放炮;超过 2% 时,工作人员应撤出,进行处理。

7. 岩爆

地下洞室在开挖过程中,围岩突然猛烈释放弹性变形能,造成岩石脆性破坏,或将大小不等的岩块弹射或掉落,并常伴有响声的现象叫作岩爆,如图 1-5-24 所示。发现岩爆虽已有 200 多年历史,但只在 20 世纪 50 年代以来才逐渐认清了岩爆的本质和发生条件。

轻微的岩爆仅使岩片剥落,无弹射现象,无伤亡危险。严重的岩爆可将几吨重的岩块弹射到几十米以外,释放的能量可相当于 200 多吨 TNT 炸药。岩爆可造成地下工程严重破坏和人员伤亡。严重的岩爆像小地震一样,可在 100 多公里外测到,现测到最大震级为里氏 4.6 级。

(二)隧道位置与洞口位置的选择

1.隧道位置选择

(1)隧道位置选择的一般原则

隧道应尽量避免接近大断层或断层破碎带,如必须穿越时,应尽量垂直其走向或以较大角度斜交;在新构造运动活跃地区,应避免通过主断层或断层交叉处;在倾斜岩层中,隧道应尽量垂直岩层走向通过;在褶曲岩层中,隧道位置应选在褶曲翼部;隧道应尽量避开含水地层、有害气体地层、含盐地层与岩溶发育地段。

隧道一般不应在冲沟、山洼等负地形地段通过,因为冲沟、山洼的存在反映出岩体较软弱或破碎,并易于集水。

(2)岩层产状与隧道位置选择

①水平岩层:在缓倾或水平岩层中,垂直压力大,对洞顶不利,而侧压力小,对洞壁有利。若岩层薄,层间连接差,洞顶常发生坍塌掉块。因此隧道位置应选择在岩石坚固,层厚较大、层间胶结好,裂隙不发育的岩层内。

②倾斜岩层:当隧道轴线与岩层走向平行时,若隧道围岩层厚较薄,较破碎,层间联结差,则隧道两侧边墙所受侧压力不均一,易导致边墙变形破坏。因此隧道位置应选在岩石坚固、层厚大,层间联结好的同一岩层内。

当隧道轴线与岩层走向垂直时,岩层在洞内形成自然拱,稳定性好,是隧道布置的最优方式。若岩层倾角小而裂隙又发育时,则在洞顶被开挖面切割而成的楔形岩块易发生坍落。

(3)地质构造与隧道位置选择

①褶皱构造:当隧道轴线与褶皱轴平行时,沿背斜轴或向斜轴设置隧道都是不利的。因为褶皱地层在轴部受到强烈的拉伸和挤压,岩层破碎,常形成洞顶坍落,而在向斜褶皱内常有大量地下水,危害隧道。为此,隧道应选择在褶皱两翼的中部,如图 1-5-25 所示。

图 1-5-24 隧道岩爆

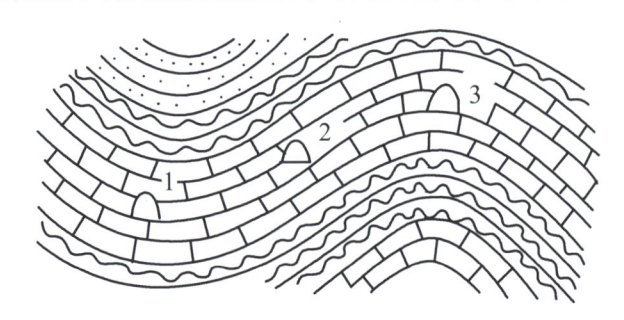

图 1-5-25 褶曲构造与隧道位置的选择(1、3 不利,2 较好)

②断层:当隧道通过断层时(图1-5-26),由于岩层破碎,地层压力大,对稳定极为不利。而且由于断层常常是地下水的通道,对隧道的危害极大,故此,应当尽量避免。图1-5-26中的方案2,无疑要比方案1优越。

当隧道通过几组断层时(图1-5-27),除存在上述问题外,还应考虑围岩压力沿隧道轴线可能重新分布。断层形成上大下小的楔体,可能将其自重传给相邻岩体,使它们的地层压力增加。

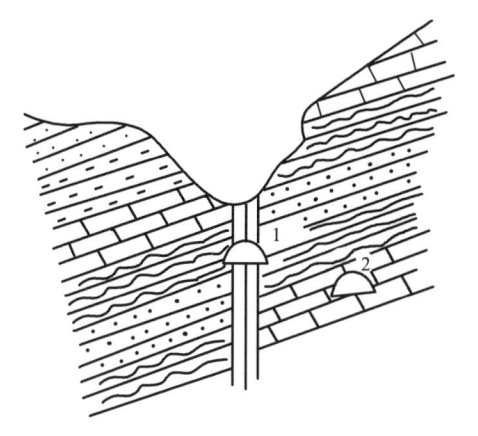

图1-5-26　断层与隧道位置的选择(1最差,2较好) 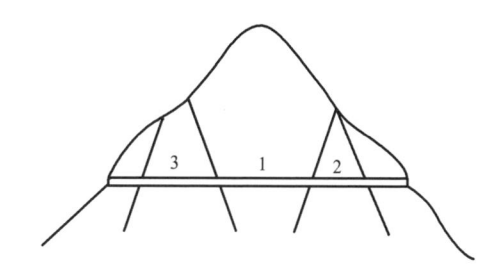　　图1-5-27　断层所引起的围岩压力变化(1减小,2、3增加)

2.洞口位置选择

洞口位置选择应保证隧道安全施工和正常运营,根据地形、地质条件,着重考虑边坡及仰坡的稳定,并结合洞外工程及施工难易情况,分析确定。一般情况下注重环境保护和安全,宜早进洞晚出洞,避免开挖高陡边坡。

在稳定的陡峻山坡地段,一般不宜破坏原有坡面,可贴坡脚进洞。如遇自然陡崖,应避免洞口仰坡或路堑边坡与陡崖连成单一高坡。注意在坡顶保持适当宽度的台阶,在有落石时,则应延长洞口,预留落石的距离。

隧道洞口应尽量避开褶曲轴部受挤压破碎严重、为构造裂隙切割严重的地带,以及较大的断层破碎带,因为这些地段容易造成崩塌、落石与滑坡等不良地质现象。

隧道洞口应尽量选择岩石直接露出或坡积层较薄、岩体完整、强度较高的地段。如岩层软弱或破碎,则以不刷坡或少刷坡为宜,必要时可先接建明洞再进洞。为避免山洪危害,洞口一般不宜设在沟谷中心。洞口如有沟谷横过,洞底应高出最高洪水位。

(三)隧道工程地质勘察要点

1.初勘阶段

主要是通过地表露头的勘察或采用简单的揭露手段来查明隧道区地形、地貌、岩性、构造等以及它们之间的关系和变化规律,从而推断不完全显露或隐埋深部的地质情况。通过测绘主要弄清对隧道有控制性的地质问题(如地层、岩性、构造),进而对隧道工程地质与水文地质条件作出定性的评价。

对不良地质现象地区,隧道应充分利用现有的地质资料和航空照片、卫星照片等遥感信息资料,通过大量的野外露头调查或人工简易揭露等手段来发现、揭露不良地质现象的存在，找出它们之间的关系以及变化规律。

根据对各种勘察资料进行的综合分析、论证，按比选结果推荐隧道最佳方案。

2.详细勘察阶段

详勘内容主要有三个方面：一是核对初勘地质资料；二是勘探查明初勘未查明的地质问题；三是对初勘提出的重大地质问题做深入细致的调查。

地质调查与测绘的范围、测点、物探网的点线范围和布设，物探方法的运用和钻探孔、坑、槽的数量与位置等，应与初勘时未能查明的地质条件相适应。但对隧道有影响的大构造和复杂地质地段，勘察追踪范围可适当放大。

重点调查隧道通过的严重不良地质、特殊地质地段，以确定隧道准确位置的工程地质条件。

实地复核、修改、补充初勘地质资料，对初勘遗漏、隐蔽的工程地质问题，应适当加大调绘范围和工作量。

学习情境二

公路设计阶段地质

模块一　岩石的工程性质与分类
模块二　土的工程性质与分类
模块三　识读工程地质图
模块四　公路工程地质勘察报告书的内容与编制

模块一
岩石的工程性质与分类

一　岩石的物理性质

岩石的物理性质是岩石结构中矿物颗粒的排列形式及颗粒间孔隙的连通情况所反映出来的特性。孔隙中有水或气,或二者皆有,岩石的物理性质决定于岩石的固相、液相和气相三者的比例关系。它是评价岩基承载力、计算边坡稳定系数、选配建筑材料所必须测试的指标。通常从岩石的相对密度、密度和空隙性三个方面来分析。

1.岩石的相对密度

岩石的相对密度指岩石固体部分的质量与同体积 4 ℃水的质量比值。

岩石相对密度大小取决于组成岩石矿物的相对密度及其在岩石中的相对含量,如超基性、基性岩含铁镁矿物较多,其相对密度较大,酸性岩相反。岩石的相对密度为 2.50～3.30,测定其数值常采用比重瓶法。

2.岩石的密度

岩石的密度指包括空隙在内的单位体积岩石的质量,即

$$\rho = m/V \qquad (2\text{-}1\text{-}1)$$

式中　ρ——岩石的密度,$g \cdot cm^{-3}$;

m——岩石的总质量,$m = m_s + m_w + m_a$,g;

m_s——岩石固体部分的质量,g;

m_w——岩石空隙中水分的质量,g;

m_a——岩石空隙中气体的质量(视为 0,可忽略不计);

V——岩石的总体积,$V = V_s + V_w + V_a = V_s + V_v$,$cm^3$;

V_s——岩石固体部分的体积,cm^3;

V_w——岩石空隙中水分的体积,cm^3;

V_a——岩石空隙中气体的体积,cm^3;

V_v——岩石空隙的总体积,cm^3。

岩石的总质量 m 值中包含着固体部分的质量 m_s 和孔隙中所含天然水分的质量 m_w,ρ 常称为岩石的天然密度。

岩石密度大小取决于组成岩石的矿物成分、孔隙性及含水情况,其值为 2.30～3.10 g/cm^3。

按岩石空隙含水状况不同,密度分天然密度、干密度和饱和密度。由于岩石的空隙不

大,因此区分岩石不同特征的密度意义亦不大。

3.岩石的空隙性

岩石的空隙指岩石的孔隙和裂隙的总称,岩石的空隙性指岩石孔隙和裂隙的发育程度。岩石中孔隙和裂隙大小、多少及其连通情况等,对岩石的强度及透水性有着重要的影响,一般可用空隙率和空隙比来表示。

空隙率指岩石中空隙体积 V_v 与岩石总体积 V 的百分比

$$n = V_v/V \times 100\% \tag{2-1-2}$$

空隙比指岩石中空隙体积 V_v 与岩石固体部分体积 V_s 的比值

$$e = V_v/V_s \tag{2-1-3}$$

岩石空隙主要取决于岩石的结构和构造,同时也受到外力因素的影响。由于岩石中孔隙、裂隙发育程度变化很大,其空隙率的变化也很大。例如,三叠系砂岩的空隙率为0.6%～27.2%,碎屑沉积岩的时代愈新,其胶结愈差,则空隙率愈高。结晶岩类的空隙率较低,很少高于3%。随着空隙率的增大,透水性增大,岩石的强度降低,削弱了岩石的整体性同时又加快了风化的速度,使空隙又不断扩大。

二 岩石的水理性质

岩石的水理性质指岩石和水相互作用时所表现的性质,包括吸水性、透水性、软化性和抗冻性。

1.岩石的吸水性

岩石在一定试验条件下的吸水性能称为岩石的吸水性。它取决于岩石空隙数量、大小、开闭程度、连通与否等情况。表征岩石吸水性的指标有吸水率、饱水率和饱水系数等。

吸水率指岩石试件在常压下(1个大气压)所吸入水分的质量 m_{w1} 与干燥岩石质量 m_s 的比值

$$W_1 = m_{w1}/m_s \times 100\% \tag{2-1-4}$$

饱水率指岩石试件在高压或真空条件下所吸水分的质量 m_{w2} 与干燥岩石质量 m_s 的比值

$$W_2 = m_{w2}/m_s \times 100\% \tag{2-1-5}$$

饱水系数指岩石吸水率与饱水率的比值。饱水系数反映了岩石大开型空隙与小开型空隙相对数量,饱水系数愈大,表明岩石的吸水能力愈强,受水作用愈加显著。一般认为饱水系数 $K_w<0.8$ 的岩石抗冻性较高,一般岩石饱水系数为0.5～0.8。

2.岩石的透水性

岩石能被水透过的性能称岩石透水性。它主要决定于岩石空隙的大小、数量、方向及其相互连通的情况。岩石透水性可用渗透系数衡量。

3.岩石的软化性

岩石受水的浸泡作用后,其力学强度和稳定性趋于降低的性能,称岩石的软化性。软化性的大小取决于岩石的空隙性、矿物成分及岩石结构、构造等因素。吸水率高的岩石,受水浸泡后,岩石内部颗粒间的联结强度降低,导致岩石软化。

岩石软化性大小常用软化系数来衡量

$$\eta = R_w/R_c \tag{2-1-6}$$

式中　R_W——岩石饱水状态下的抗压强度；

　　　R_C——岩石干燥状态下的抗压强度。

软化系数是判定岩石耐风化、耐水浸能力的指标之一。软化系数值愈大，则岩石的软化性愈小。当 $\eta>0.75$ 时，岩石工程性质较好。

4. 岩石的抗冻性

岩石抵抗冻融破坏的性能称岩石的抗冻性。由于岩石浸水后，当温度降到 0 ℃以下时，其空隙中的水将冻结，体积膨胀，产生较大的膨胀压力，使岩石的结构和构造发生改变，直到破坏。反复冻融后，将使岩石的强度降低。可用强度损失率和质量损失率表示岩石的抗冻性。

强度损失率指冻融前后饱和岩样抗压强度之差值与冻融前饱和抗压强度的比值。

质量损失率指冻融试验前后干试件的质量差与试验前干试件质量的比值。

强度损失率和质量损失率的大小主要取决于岩石开型空隙发育程度、亲水性和可溶性矿物含量及矿物颗粒间联结强度。一般认为，强度损失率小于 25% 或质量损失率小于 2% 时岩石是抗冻的。此外 $W_1<0.5\%$，$\eta>0.75$ 的岩石均为抗冻岩石。

现将常见岩石的物理性质和水理性质的有关指标列于表 2-1-1 中。

表 2-1-1　　　　　　　常见岩石的物理性质和水理性质指标

岩石名称	相对密度	天然密度/(g·cm^{-3})	空隙率/%	吸水率/%	软化系数
花岗岩	2.50～2.84	2.30～2.80	0.04～2.80	0.10～0.70	0.75～0.97
闪长岩	2.60～3.10	2.52～2.96	0.25 左右	0.30～0.38	0.60～0.84
辉长岩	2.70～3.20	2.55～2.98	0.29～0.13		0.44～0.90
辉绿岩	2.60～3.10	2.53～2.97	0.29～1.13	0.80～5.00	0.44～0.90
玄武岩	2.60～3.30	2.54～3.10	1.28	0.30	0.71～0.92
砂岩	2.50～2.75	2.20～2.70	1.60～28.30	0.20～7.00	0.44～0.97
页岩	2.57～2.77	2.30～2.62	0.40～10.00	0.51～1.44	0.24～0.55
泥灰岩	2.70～2.75	2.45～2.65	1.00～10.00	1.00～3.00	0.44～0.54
石灰岩	2.48～2.76	2.30～2.70	0.53～27.00	0.10～4.45	0.58～0.94
片麻岩	2.63～3.01	2.60～3.00	0.30～2.40	0.10～3.20	0.91～0.97
片岩	2.75～3.02	2.69～2.92	0.02～1.85	0.10～0.20	0.49～0.80
板岩	2.48～2.86	2.70～2.87	0.45	0.10～0.30	0.52～0.82
大理岩	2.70～2.87	2.63～2.75	0.10～6.00	0.10～0.80	
石英岩	2.63～2.84	2.60～2.80	0.00～8.70	0.10～1.45	0.96

三　岩石的力学性质

岩石的力学性质指岩石在各种静力、动力作用下所表现的性质，主要包括变形和强度。岩石在外力作用下首先是变形，当外力继续增加，达到或超过某一极限时，便开始破坏。岩石的变形与破坏是岩石受力后发生变化的两个阶段。

岩石抵抗外荷载而不破坏的能力称岩石强度。荷载过大并超过岩石能承受的能力时，便造成破坏。岩石开始破坏时所能承受的极限荷载称为岩石的极限强度,简称为强度。

按外力作用方式不同将岩石强度分为抗压强度、抗拉强度和抗剪切强度。

1.抗压强度

岩石单向受压时,抵抗压碎破坏的最大轴向压应力称为岩石的极限抗压强度,简称抗压强度。

抗压强度通常在室内用压力机对岩样进行加压试验确定。目前试件多采用立方体(尺寸：5 cm×5 cm×5 cm、10 cm×10 cm×10 cm)或圆柱体(ϕ5 cm×10 cm)。抗压强度的主要影响因素：岩石的矿物成分、颗粒大小、结构、构造的影响；岩石风化程度影响；吸水性能的影响；试验条件的影响；等等。

2.抗拉强度

岩石在单向拉伸破坏时的最大拉应力称为抗拉强度。

抗拉强度试验一般有轴向拉伸法和劈裂法,抗拉强度主要决定于岩石中矿物组成之间的黏聚力的大小。

3.抗剪切强度

岩石在一定的压力条件下被剪破时的极限剪切应力值(τ)。根据岩石受剪时的条件不同,通常把抗剪切强度分为三种类型。

(1)抗剪强度

两块岩样在垂直接合面上一定压应力的作用下,岩样接触面之间所能承受的最大剪切力。测试该指标的目的在于求出接触面的抗剪系数值,为坝基、桥基、隧道等基底滑动和稳定验算提供试验数据。

(2)抗切强度

岩石剪断面上无正压应力条件下,岩石被剪断时的最大剪应力值,它是测定岩石黏聚力的一种方法。

(3)抗剪断强度

岩石剪断面上有一定的压应力作用下,被剪断时的最大剪应力值。

室内测定抗剪断强度时一般采用剪力仪。

常见岩石的抗压、抗剪及抗拉强度指标列于表 2-1-2 中。

表 2-1-2　　　　　常见岩石的抗压、抗剪及抗拉强度指标　　　　　MPa

岩石名称	抗压强度	抗剪强度	抗拉强度
花岗岩	100～250	14～50	7～25
闪长岩	150～300		15～30
辉长岩	150～300		15～30
玄武岩	150～300	20～60	10～30
砂岩	20～170	8～40	4～25
页岩	5～100	3～30	2～10
石灰岩	30～250	10～50	5～25
白云岩	30～250		15～25
片麻岩	50～200		5～20
板岩	100～200	15～30	7～20
大理岩	100～250		7～20
石英岩	150～300	20～60	10～30

四　影响岩石工程性质的因素

影响岩石工程性质的因素，可归纳为两个方面：一是内因，即由岩石自身的内在条件所决定的，如组成岩石的矿物成分、结构、构造等；二是外因，即来自岩石外部的客观因素，如气候、环境、风化作用、水文特性等。

（一）内因

1.矿物成分

组成岩石的矿物成分对岩石的工程性质有直接影响。单矿岩与复矿岩比较，前者较后者耐风化。例如，石英岩（单矿岩）主要矿物为石英，其平均抗压强度可达 250 MPa，而花岗岩（复矿岩）除含有石英外，还含有片状云母和中等解理的长石，其平均抗压强度为 200 MPa，可见花岗岩的强度较石英岩低。

矿物的硬度对岩石抗压强度有密切关系。如石英岩和大理岩，由于石英岩中的石英要比大理岩中方解石的硬度高得多，故石英岩的抗压强度为 150～300 MPa，而大理岩的抗压强度为 100～250 MPa。

矿物的相对密度决定着岩石的相对密度，含铁镁质矿物多的岩石相对密度要比含硅铝质矿物多的岩石相对密度大。例如，辉长岩的主要矿物成分是辉石和基性斜长石，而花岗岩的主要矿物成分是长石和石英，故辉长岩的平均相对密度（3.28）要比花岗岩的平均相对密度（2.65）大得多。

再从组成岩石的矿物颜色而论，深色矿物（橄榄石、辉石、角闪石和黑云母）的抗风化能力要比浅色矿物（石英、长石、白云母）的抗风化能力差。其中按照原生矿物对化学风化的反应来看，石英、白云母、石榴子石等为稳定的矿物；角闪石、辉石、正长石、酸性斜长石等为稍稳定的矿物；基性斜长石、黑云母、黄铁矿等为不稳定的矿物。因此，一般而言，在岩浆岩中酸性岩比基性岩的抗化学风化能力高；沉积岩抗风化能力要比岩浆岩和变质岩高。

2.结构

岩石的内部结构对岩石的力学性能有极大的影响。按岩石的结构特征，可将岩石分为结晶连接的岩石和胶结连接的岩石两大类。

（1）结晶连接

结晶结构的岩石，如大部分岩浆岩、变质岩和一部分沉积岩等，其晶粒直接接触，结合力强，孔隙度小，吸水率低。在荷载作用下变形小，弹性模量大，抗压强度高，如闪长岩、辉长岩、玄武岩、石英砂岩等的抗压强度均在 150～300 MPa。

结晶结构的晶粒大小对强度也有明显的影响。通常是细晶岩石的强度要高于同成分的粗晶岩石的强度，因细晶具有较高的结合力，故强度高。例如，细晶花岗岩的强度可达 180～200 MPa，而粗晶花岗岩的强度只有 120～140 MPa；具有微晶至隐晶质的玄武岩，比中粗晶粒的基性岩强度更高；致密的结晶灰岩要比粗晶大理岩的强度高 2～3 倍。

（2）胶结连接

主要是指以沉积岩的碎屑结构为胶结物填充胶结而成的连接形式。胶结连接的岩石，其强度和稳定性取决于胶结物的成分和胶结的形式以及碎屑成分。

胶结物的成分已在"沉积岩的矿物组成"中进行了分析。硅质胶结的岩石强度和稳定性,要远远高于泥质胶结的岩石。

胶结连接的形式,是指胶结物与碎屑物之间的组合关系。一般可分为基底胶结、孔隙胶结和接触胶结三种形式,如图 2-1-1 所示。

(a)基底胶结 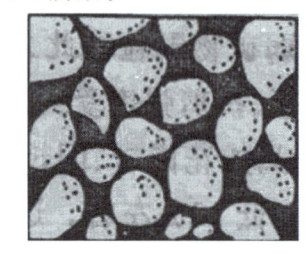　　　　　　(b)孔隙胶结 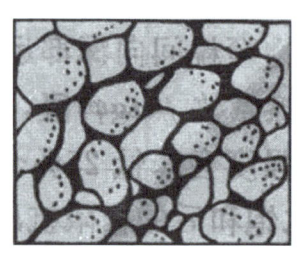　　　　　　(c)接触胶结

图 2-1-1　胶接连接的三种形式

①基底胶结:是一种碎屑物散布于胶结物中,彼此不接触的结构。这种结构孔隙度小,其理力学性质完全取决于胶结物的性质。如果胶结物与碎屑物同为硅质或钙质,就有可能经重结晶作用转化为结晶连接,其强度和稳定性也随之增高。

②孔隙胶结:是指碎屑颗粒互相直接接触,胶结物填充于碎屑之间的孔隙中的一种结构。其强度和稳定性取决于碎屑物和胶结物的成分。一般而言,是强度和稳定性较好的结构。

③接触胶结:是指在碎屑颗粒的接触处,由少量的胶结物将其彼此连接起来的一种结构。这种结构的孔隙度大、容重小、吸水率高,其强度和稳定性很差。

3.构造

构造对岩石工程性质的影响,可从两个方面来分析:

一方面,某些构造体现了矿物成分在岩石中分布的极不均匀性,如片理构造、流纹构造等。这些构造能使一些强度低、易风化的矿物常成定向富集,或呈条带状分布,或者呈局部聚集体。当岩石受荷载作用时,首先从这些软弱的部位发生变化,从而影响岩石的物理力学性质。

另一方面,在矿物成分均匀的情况下,由于某些构造,如层理、节理、裂隙和各种成因的孔隙,使岩石结构的连续性与整体性受到一定程度的影响或破坏,从而使岩石的强度和透水性在不同方向上产生明显的差异。一般情况下,垂直层面的抗压强度大于平行层面的抗压强度;平行层面的透水性大于垂直层面的透水性;垂直节理的变形模量小于平行节理的变形模量。

如果上述两个方面的情况同时存在,则岩石的强度和稳定性就会明显呈叠加性地降低。

(二)外因

1.风化作用

岩石在风化作用下发生物理化学变化称为岩石风化。岩石风化使岩体的工程地质特征也发生改变,其表现如下:

(1)岩体的完整性受到破坏

风化作用使岩体原生裂隙扩大,并增加新的风化裂隙,导致岩体破碎为碎块、碎屑,进而分解为黏粒,从根本上改变了岩体的物理力学性质。

(2)岩石的矿物成分发生变化

岩石在化学风化过程中,使原生矿物经化学反应,逐渐分化为次生矿物。随着化学风化的发展,层状矿物(如高岭石、蒙脱石之类的黏土矿物等)和鳞片状矿物(如绿泥石、绢云母之类)不断增多,导致岩体的强度和稳定性大为降低。

(3)风化作用改变了岩石的水理力学性质

由于风化使岩石具有一些黏性土的特性,诸如亲水性、孔隙性、透水性和压缩性都明显增强,从而大大降低了岩石的力学强度,抗压强度可由原来的几十至几百兆帕,降低到几兆帕。但当风化剧烈,黏土矿物增多时,渗透性又趋于降低。

2.水

任何岩石被水饱和后的强度都会降低。这是因为水会沿着岩石极细微的孔隙、裂隙浸入,在其矿物颗粒间向深部运移,从而削弱矿物颗粒彼此之间的连接力,降低岩石的内聚力值和内摩擦系数值,使岩石的抗压、抗剪强度受到影响。如石灰岩和砂岩被水饱和后的极限抗压强度会降低 25%~45%;又如花岗岩、闪长岩和石英岩等一类抗压强度很高的岩石,经水饱和后的极限抗压强度也会降低 10% 左右。这实质上是岩石软化性的表现。

水对岩石强度的影响,在一定限度内是可逆的,即是说,被水饱和的岩石,再经干燥后其强度仍可恢复。但是,如果发生干湿循环,岩石成分和结构发生改变后,则使强度降低,就转化为不可逆的过程了。

五 岩石的工程分类

1.按强度分类

在工程上,根据岩石饱和单轴极限抗压强度 R_b 将岩石划分三类,见表 2-1-3。

表 2-1-3　　　　　　　　　　　岩石按强度分类

岩石类别	饱和单轴极限抗压强度/MPa	代表性岩石
硬质岩石	>60	1.花岗岩、闪长岩、玄武岩等岩浆岩类 2.硅质、铁质胶结的砾岩及砂岩、石灰岩、白云岩等沉积岩类 3.片麻岩、大理岩、石英岩、片岩、板岩等变质岩类;凝灰岩等
中硬岩石	30~60	
软质岩石	5~30	泥砾岩、泥质砂岩、泥质页岩、泥岩等沉积岩类;云母片岩或千枚岩等变质岩类

软质岩石往往具有一些特殊性质,如可压缩性、软化性、可溶性等。这类岩石不仅强度低,而且抗水性也差,在水的长期作用下,其内部的联结力会逐渐降低,甚至失去。

2.按施工难易程度划分为三级(表 2-1-4)

表 2-1-4　　　　　　　　　　　岩石按施工难易程度分类

岩石等级	岩石名称	钻眼 1 m 所需的时间			爆破 1 m³ 所需的炮眼长度/m		开挖方法
||| 湿式凿岩一字合金钻头净钻时间/min	湿式凿岩普通钻头净钻时间/min	双人打眼/工天	路堑	隧道导坑	
I 软石	各种松软岩石、盐岩、胶结不紧的砾岩、泥质页岩、砂岩、较坚实的泥灰岩、块石土及漂石土、软的节理较多的石灰岩	7 以内	0.2 以内	0.2 以内	2.0 以内	部分用翘棍或大锤开挖,部分用爆破法开挖

续表

岩石等级	岩石名称	钻眼 1 m 所需的时间			爆破 1 m³ 所需的炮眼长度/m		开挖方法
^	^	湿式凿岩一字合金钻头净钻时间/min	湿式凿岩普通钻头净钻时间/min	双人打眼/工天	路堑	隧道导坑	^
Ⅱ次堅石	硅质页岩、硅质砂岩、白云岩、石灰岩、坚实的泥灰岩、软玄武岩、片麻岩、正长岩、花岗岩	15 以内	7~20	0.2~1.0	0.2~0.4	2.0~3.5	用爆破法开挖
Ⅲ堅石	硬玄武岩、坚实的石灰岩、白云岩、大理岩、石英岩、闪长岩、粗粒花岗岩、正长岩	15 以上	20 以上	1.0 以上	0.4 以上	3.5 以上	用爆破法开挖

3. 按风化程度分类(表 2-1-5)

表 2-1-5　　　　　　　　　岩石按风化程度分类

风化程度	风化系数(K_1)	野外特征
微风化	$K_1 > 0.8$	岩质新鲜,表面稍有风化现象
弱风化	$0.4 < K_1 \leq 0.8$	结构未破坏,构造层理清晰; 岩体被节理裂隙分割成块碎状(20~40 cm),裂隙中填充少量风化物; 矿物成分基本未变化,仅沿节理面出现次生矿物; 锤击声脆,石块不易击碎,不能用镐挖掘,岩芯钻方可钻进
强风化	$0.2 \leq K_1 \leq 0.4$	岩体被节理裂隙分割成碎块状(2~20 cm); 矿物成分已显著变化; 锤击声哑,碎石可用手折断,用镐可以挖掘,手摇钻不易钻进
全风化	$K_1 < 0.2$	结构已全部破坏,仅保持外观原岩状态; 岩体被节理裂隙分割成散体状; 除石英外其他矿物均变质成次生矿物; 碎石可用手捏碎,手摇钻可钻进

模块二 土的工程性质与分类

一 土的组成及结构

(一) 土的三相组成

土是地壳母岩经强烈风化作用的产物,包括岩石碎块(如漂石)、矿物颗粒(如石英砂)和黏土矿物(如高岭石)。风化作用有物理风化和化学风化,它们经常是同时进行而且是互相加剧其发展的进程。

土的三相组成是指土由固体颗粒、水和气体三相物质组成。土中的固体矿物构成土的骨架,骨架之间贯穿着大量孔隙,孔隙中充填着液体水和气体。

随着环境的变化,土的三相比例也发生相应的变化,土的三相比例不同,土的状态和工程性质也随之各异。例如:

固体+气体(液体=0)为干土。此时,黏土呈干硬状态,砂土呈松散状态。

固体+液体+气体为湿土。此时,黏土多为可塑状态。

固体+液体(气体=0)为饱和土。此时,粉细砂或粉土遇强烈地震,可能产生液化,而使工程遭受破坏;黏土地基受建筑荷载作用发生沉降需几十年才能稳定。

由此可见,研究土的各项工程性质,首先需从最基本的、组成土的三相(固相、液相和气相)本身开始研究。

1.土中的固体颗粒

土中的固体颗粒是土的三相组成中的主体,其粒度成分、矿物成分决定着土的工程性质。

(1)粒度成分

土粒组成土的骨架,各个土粒的特征以及土粒集合体的特征,对土的工程性质有着决定性的影响。

①土粒的大小与形状:自然界中的土是由大小不同的颗粒组成的,土粒的大小称为粒度。土粒大小相差悬殊,有大于几十厘米的漂石,也有小于几微米的胶粒。天然土的粒径一般是连续变化的,为便于研究,工程上把大小相近的土粒合并为组,称为粒组。粒组间的分界线是人为划定的,划分时应使粒组界限与粒组性质的变化相适应,并按一定的比例递减关系划分粒组的界限值。每个粒组的区间内,常以其粒径的上、下限给粒组命名,如砾粒、砂

粒、粉粒、黏粒等。各组内还可细分为若干亚组。《土的工程分类标准》(GB/T 50145—2007)中的粒组划分见表 2-2-1。

表 2-2-1 粒组划分

粒组	颗粒名称		粒径范围/mm
巨粒	漂石(块石)		$d > 200$
	卵石(碎石)		$60 < d \leq 200$
粗粒	砾粒	粗砾	$20 < d \leq 60$
		中砾	$5 < d \leq 20$
		细砾	$2 < d \leq 5$
	砂粒	粗砂	$0.5 < d \leq 2$
		中砂	$0.25 < d \leq 0.5$
		细砂	$0.075 < d \leq 0.25$
细粒	粉粒		$0.005 < d \leq 0.075$
	黏粒		$d \leq 0.005$

土粒形状对土体密度及稳定性有显著的影响。土粒的形状取决于矿物成分,它反应土粒的来源和地质历史。

在描述土粒形状时,常用两个指标:浑圆度和球度。

浑圆度为 $\sum(r_i/R)/N$:反映土粒尖角的尖锐程度。式中:r_i 为颗粒突出角的半径;R 为土粒的内接圆半径;N 为颗粒尖角的数量。

球度为 D_d/D_c:反映土粒接近圆球的程度。式中:D_d 为在扁平面上与土粒投影面积相等的圆的半径;D_c 为最小外接圆半径。球度为 1,即为圆球体。

有些文献资料中,还用体积系数和形状系数描述土粒形状。

体积系数 V_c

$$V_c = \frac{6V}{\pi d_m^3} \tag{2-2-1}$$

式中 V——土粒体积;

d_m——土粒的最大直径。

V_c 越小,土粒离圆体越远。圆球 $V_c = 1$;立方体 $V_c = 0.37$;棱角状土粒 V_c 更小。

形状系数 F

$$F = \frac{AC}{B^2} \tag{2-2-2}$$

式中 A、B、C——土粒的最大、中间、最小尺寸。

②粒度成分及粒度成分分析方法:土的粒度成分是指土中各种不同颗粒的相对含量(以干土重量的百分比表示)。或者说土是由不同颗粒以不同数量的配合,故又称为"颗粒级配"。例如,某砂黏土,经分析,其中含黏粒 25%、粉粒 35%、砂粒 40%,即为该土中各颗粒干重占该土总干重的百分比含量。粒度成分可用来描述土的各种不同粒径土粒的分布特征。

为了准确地测定土的粒度成分,所采用的各种手段统称为粒度成分分析或粒组分析。其目的在于确定土中各粒组的相对含量。

目前,我国常用的粒度成分分析方法有:对于粗粒土,即粒径大于 0.075 mm 的土,用筛分法直接测定;对于粒径大于 60 mm 的土样,筛分法不适用;对于粒径小于 0.075 mm 的土,用密度计法和移液管法。当土中粗细粒兼有时,可联合使用上述方法。

a.筛分法:将所称取的一定质量风干土样放在筛网孔逐级减小的一套标准筛(圆孔)上摇振,分层测定各筛中土粒的质量,即为不同粒径颗粒的土质量,计算出每一粒组占土样总质量的百分数,并可计算小于某一筛孔直径土粒的累计质量及累计百分含量。有关筛分试验的详细内容,请参见《公路土工试验规程》(JTG 3430—2020)有关内容。

b.密度计法:密度计分析用的土样采用风干土,试样质量为 30 g,即悬液浓度为 3%,本方法应进行温度、土粒比重和分散剂的校正。有关密度计法的详细内容,请参见《公路土工试验规程》(JTG 3430—2020)有关内容。

c.移液管法:本试验方法适用于粒径小而比重大的细粒土。

③粒度成分的表示方法:常用的粒度成分的表示方法有:表格法、累计曲线法和三角坐标法。

a.表格法:是以列表形式直接表达各颗粒的相对含量。它用于粒度成分的分类是十分方便的。表格法有两种不同的表示方法,一种以累计含量百分比表示,见表 2-2-2;另一种以粒组表示,见表 2-2-3。累计百分含量是直接由试验求得的结果,粒组是由相邻两个粒径的累计百分含量之差求得的。

表 2-2-2　　　　　　　　粒度成分的累计百分含量表示法

粒径 d_i/mm	粒径小于等于 d_i 的累计百分含量 p_i/%			粒径 d_i/mm	粒径小于等于 d_i 的累计百分含量 p_i/%		
	土样 A	土样 B	土样 C		土样 A	土样 B	土样 C
10	—	100.0	—	0.10	9.0	23.6	92.0
5	100.0	75.0	—	0.075	—	19.0	77.6
2	98.9	55.0	—	0.01	—	10.9	40.0
1	92.9	42.7	—	0.005	—	6.7	28.9
0.5	76.5	34.7	—	0.001	—	1.5	10.0
0.25	35.0	28.5	100.0				

表 2-2-3　　　　　　　　　粒度的粒组表示法

粒组/mm	粒度成分(以质量分数计)			粒组/mm	粒度成分(以质量分数计)		
	土样 A	土样 B	土样 C		土样 A	土样 B	土样 C
10~5	—	25.0	—	0.10~0.075	9.0	4.6	14.4
5~2	1.1	20.0	—	0.075~0.01	—	8.1	37.6
2~1	6.0	12.3	—	0.01~0.005	—	4.2	11.1
1~0.5	16.4	8.0	—	0.005~0.001	—	5.2	18.9
0.5~0.25	42.5	6.2	—	<0.001	—	1.5	10.0
0.25~0.10	26.0	4.9	8.0				

b.累计曲线法:是一种图示的方法,通常用半对数坐标纸绘制,横坐标(按对数比例尺)表示粒径 d;纵坐标表示小于某一粒径的土粒的累计质量百分数 p_i(注意:不是某一粒径的百分含量)。采用半对数坐标,可以把细粒的含量更好地表达清楚,若采用普通坐标,则不可能做到这一点。

根据表 2-2-3 提供的资料,在半对数坐标纸上点出各粒组累计质量百分数及粒径对应的点,然后将各点连成一条平滑曲线,即得该土样的粒径级配累计曲线,如图 2-2-1 所示。

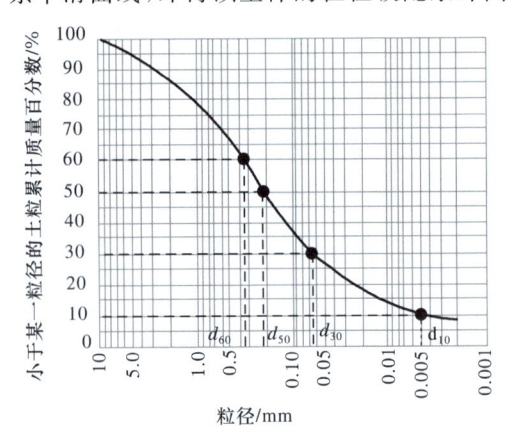

图 2-2-1 土样的粒径级配累计曲线

累计曲线的用途主要有以下两个方面:

第一,由累计曲线可以直观地判断土中各粒组的分布情况。曲线可以表示该土绝大部分是由比较均匀的砂粒组成的;可以表示该土是由各种粒组的土粒组成,土粒极不均匀;可以表示该土中砂粒极少,主要是由细颗粒组成的黏性土。

第二,由累计曲线可确定土粒的级配指标。

不均匀系数 C_u 为

$$C_u = \frac{d_{60}}{d_{10}} \tag{2-2-3}$$

定义土的粒径级配累计曲线的曲率系数 C_c 为

$$C_c = \frac{d_{30}^2}{d_{60} \times d_{10}} \tag{2-2-4}$$

式中 d_{10}、d_{30}、d_{60}——相当于累计百分含量为 10%、30% 和 60% 的粒径;

d_{10}——有效粒径;

d_{60}——限制粒径。

不均匀系数 C_u 反映颗粒级配的不均匀程度。C_u 值越大表示土颗粒大小越不均匀,级配越良好,作为填方工程的土料时,则比较容易获得较大的密实度。反之,C_u 值越小,土粒越均匀。曲线系数 C_c 描写的是累计曲线的分布范围,反映级配曲线的整体形状。当级配曲线斜率很大时,表明某一粒组含量过于集中,其他粒组含量相对较少。

在一般情况下,工程上把 $C_u \leqslant 5$ 的土看作是均粒土,属级配不良;$C_u > 5$ 时,称为不均粒土;$C_u > 10$ 的土属级配良好的非均粒土。经验证明,当级配连续时,C_c 的值为 1~3;因此当 $C_c < 1$ 或 $C_c > 3$ 时,均表示级配曲线不连续。

从工程上看:$C_u \geqslant 5$ 且 $C_c = 1 \sim 3$ 的土,称为级配良好的土;不能同时满足上述两个要求的土,称为级配不良的土。

c.三角坐标法:也是一种图示法,可用来表达黏粒、粉粒和砂粒三种粒组的百分含量。它是利用几何上等边三角形中任意一点到三边的垂直距离之和恒等于三角形的高的原理,即 $h_1 + h_2 + h_3 = H$ 来表达粒度成分。

上述三种方法各有其特点和适用条件。表格法能很清楚地用数量说明土样的各粒组含量,但对于大量土样之间的比较就显得过于冗长,且无直观概念,使用比较困难。

累计曲线法能用一条曲线表示一种土的粒度成分,而且可以在一张图上同时表示多种土的粒度成分,能直观地比较其级配状况。

三角坐标法能用一点表示一种土的粒度成分,在一张图上能同时表示许多种土的粒度成分,便于进行土料的级配设计。三角坐标图中不同的区域表示土的不同组成,因而,还可以用来确定按粒度成分分类的土名,如图2-2-2所示。

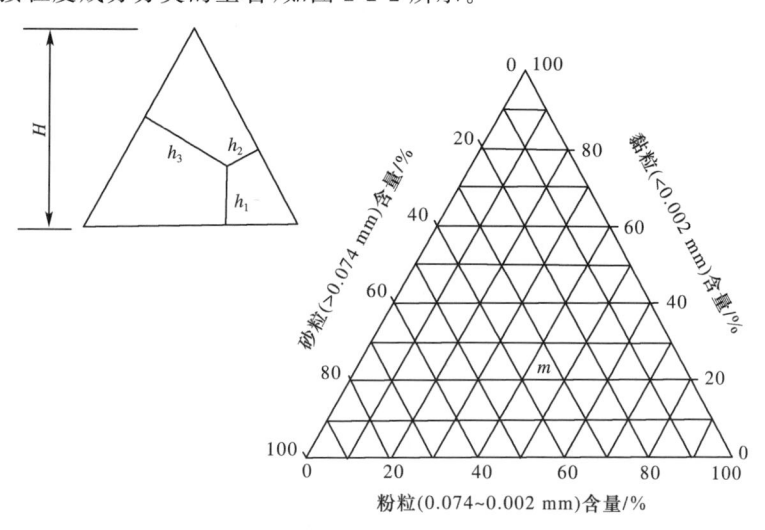

图 2-2-2　三角坐标表示粒度成分

(2)矿物成分

①土的矿物类型:和岩石一样,土是由矿物组成的。随着土中矿物的特性不同,土的物理力学性质也不同。对土进行工程地质研究时,必须注意土的矿物成分、矿物的特性及其对土的物理力学性质的影响。

组成土的矿物可分为以下几种:

a.原生矿物:是直接由岩石经物理风化作用而来的、性质未发生改变的矿物,最主要的是石英,其次是长石、云母等。这类矿物的化学性质稳定,具有较强的抗水性和抗风化能力,亲水性弱。由这类矿物组成的土粒一般较粗大,是砂类土和粗碎屑土(砾石类土)的主要组成矿物。

b.次生矿物:主要是在通常温度和压力条件下,矿物经受风化变异,或被分解而形成的新矿物。这类矿物比较复杂,对土的物理力学性质的影响比较大。在对土进行研究时,应着重于这类矿物的研究,虽然其含量有时并不很大。次生矿物可分为可溶性次生矿物和不溶性次生矿物。

可溶性次生矿物是由原生矿物遭受化学风化,可溶性物质被水溶走,在别的地方又重新沉淀而成的。根据其溶解的难易程度又可分为易溶的、中溶的和难溶的三类。易溶次生矿物如岩盐;中溶次生矿物如石膏;难溶次生矿物如方解石、白云石等。

不溶性次生矿物多系风化残余物及新生成的黏土矿物。一般颗粒非常细小,成为黏性土的主要组成部分,而由于其性质特殊,使黏性土具有一系列特殊的物理力学性质。

除上述矿物质外,土中还常含有生物形成的腐殖质、泥炭和生物残骸,统称为有机质。

其颗粒很细小,具有很大的比表面积,对土的工程地质性质影响也很大。

②土的矿物成分和粒度成分的关系:土是地质作用的产物,在其形成的长期过程中,一定的地质作用过程和生成条件生成一定类型的土,使它具有某种粒度成分的同时,也必然具有某种矿物成分。这就使土的矿物成分和粒度成分之间存在着极其密切的内在联系,特别明显地表现在粒组与矿物成分的关系方面。

a.粒径>2 mm 的砾粒组,包括砾石、卵石等岩石碎屑,它们仍保持为原有矿物的集合体,有时是多矿物的,有时是单矿物的。

b.粒径为 0.075~2 mm 的砂粒组,其颗粒与岩石中原生矿物的颗粒大小差不多。砂粒多是单矿物,以石英最为常见,有时为长石、云母及其他深色矿物。在某些情况下,还有白云石组成的砂粒,如白云石砂。

c.粒径为 0.005~0.075 mm 的粉粒组,由一些细小的原生矿物和次生矿物,如粉粒状的石英和难溶的方解石、白云石构成。

d.粒径<0.005 mm 的黏粒组,主要是一些不溶性次生矿物,如黏土矿物类、倍半氧化物、难溶盐矿、次生二氧化硅及有机质等构成。

石英抗风化能力很强,尽管在风化、搬运过程中不断破碎变小,但很少发生化学分解。在砂粒、粉粒组中石英是最常见的矿物,并可形成黏粒。白云母也是比较稳定的矿物,在砂粒、粉粒组中常见,甚至在黏粒组中也可见。

长石具解理易破碎,化学稳定性较差,易发生变异而变为别的矿物。因而,只能形成砂粒,有时可形成粉粒,不可能形成黏粒。黑云母也是如此,其他暗色矿物在粉粒中也很少见。在黄土中,粉粒有时为方解石或白云石。

黏粒主要由不可溶的次生矿物组成。这类矿物一般都很细小,成为黏粒。不可溶的次生矿物最常见的有三大类,即次生二氧化硅、倍半氧化物和黏土矿物。

次生二氧化硅是由铝硅酸盐原生矿物分解而成的细小二氧化硅颗粒,因其很细小,所以在水中呈胶体状态。

倍半氧化物是由三价 Fe、Al 和 O、OH、H_2O 等组成各种矿物的统称。可用 R_2O_3 表示,R 代表三价的 Fe 或 Al,而 OH、H_2O 等被简化省略了。R_2O_3 可看作 $RO_{1.5}$,即 O 为 R 的一倍半,所以,R_2O_3 矿物称为倍半氧化物。三价 Fe 往往与 Al 共生,而三价的 Fe 使土呈红、棕、黄、褐等色,由一般土具有这些颜色,可知 R_2O_3 常见于土中,且多呈细黏粒。

黏土矿物是黏粒中最常见的矿物,这种矿物种类很多,主要是高岭石、蒙脱石和水云母,统称为黏土矿物。和黏土、黏粒等概念不是一回事,要互相分清。黏土矿物都是极细小的铝硅酸盐,它们含有 SiO_2 和 R_2O_3 等化学成分。这类矿物对黏性土的塑性、压缩性、胀缩性及强度等工程性质影响很大。黏性土的工程性质主要受粒间的各种相互作用力所制约,而粒间的各种相互作用力又与矿物颗粒本身的结晶格架特征有关,亦即与组成矿物的原子和分子的排列有关,与原子、分子间的键力有关。关于运用胶体化学的原理来分析黏粒与水相互作用的一些重要现象及影响黏性土工程性质的有关因素方面的问题,可查阅有关资料,在此不再详述。

综上可见,一定大小的粒组,反映着一定的矿物成分。粗大的颗粒多由原生矿物组成,细小的颗粒(黏粒)多为次生矿物和有机质。因此,土的粒度成分间接反映了矿物成分的特性,它们均是决定土的工程地质性质的重要指标。

③矿物成分对土的工程性质的影响:土的矿物成分和粒度成分是土最重要的物质基础,它们对土的工程地质性质的影响很大。随着组成土的矿物成分不同,其工程性质也有所差异。

a.原生矿物:石英、长石、云母

塑性:黑云母最大,石英无。

毛细上升高度:

颗粒>0.1 mm 时,云母>浑圆石英>长石>尖棱石英。

颗粒<0.1mm 时,云母>尖棱石英>长石>浑圆石英。

孔隙率的变化:云母>长石>尖棱石英>浑圆石英。

渗透系数:云母>长石>尖棱石英。

内摩擦角:尖棱石英>浑圆石英>云母。

颗粒<0.1 mm 时,各种矿物的内摩擦角十分近似。

b.次生矿物:不溶性黏土矿物

亲水性:蒙脱石>伊利石>高岭石。

渗透性:伊利石>高岭石>蒙脱石。

压缩性:蒙脱石>高岭石。

内摩擦角:蒙脱石的内摩擦角小,在石英中加入百分之几的蒙脱石,则石英的内摩擦角可降低到原来的1/3或更小。

c.次生可溶盐:从存在的状态看:固态的可溶盐(碳酸盐类)起胶结作用,把土粒胶结起来,使土的孔隙度减小,强度增加。可溶盐分布常常不均匀,有时是结核状的、斑点状的,对土的影响不一样。液态的可溶盐包围着土的颗粒,在其周围起介质作用。

2.土中的水

土中的水以不同形式和不同状态存在着,它们对土的工程性质的形成,起着不同的作用和影响。土中的水按其工程地质性质可分为:

(1)结合水

黏土颗粒与水相互作用,在土粒表面通常是带负电荷的,在土粒周围就产生一个电场。土粒表面被强烈吸附的水化阳离子和水分子构成了吸附水层(也称为强结合水或吸着水)。土粒表面的负电荷为双电层的内层,扩散层为双电层的外层。扩散层是由水分子、水化阳离子和阴离子所组成,形成土粒表面的弱结合水(也称为薄膜水)。

当黏土只含强结合水时呈固体坚硬状态;砂土含强结合水时呈散粒状态。

(2)自由水

此种水离土粒较远,在土粒表面的电场作用以外,水分子自由散乱地排列,主要受重力作用的控制。自由水包括下列两种:

①毛细水。这种水位于地下水位以上土粒细小孔隙中,是介于结合水与重力水之间的一种过渡型水,受毛细作用而上升。粉土中孔隙小,毛细水上升高,在寒冷地区要注意由于毛细水而引起的路基冻胀问题,尤其要注意毛细水源源不断地提升地下水上升产生的严重冻胀。

毛细水水分子排列的紧密程度介于结合水和普通液态水之间,其冰点也在普通液态水之下。毛细水还具有极微弱的抗剪强度,在剪应力较小的情况下会立刻发生流动。

②重力水。这种水位于地下水位以下较粗颗粒的孔隙中,是只受重力控制、水分子不受土粒表面吸引力影响的普通液态水。受重力作用由高处向低处流动,具有浮力的作用。

(3)气态水

此种水是以水气状态存在于土孔隙中。它能从气压高的空间向气压低的空间运移,并可在土粒表面凝聚转化为其他各种类型的水。气态的迁移和聚集使土中水和气体的分布状态发生变化,可使土的性质改变。

(4)固态水

此种水是气温降至 0 ℃以下时,由液态的自由水冻结而成。由于水的密度在 4 ℃时为最大,低于 0 ℃的冰不冷缩,反而膨胀,使基础发生冻胀,寒冷地区基础的埋置深度要考虑冻胀问题。

3.土中气体

土的孔隙中没有被水占据的部分都是气体。

土中气体的成因,除来自空气外,也可由生物化学作用和化学反应所生成。

土中气体按其所处状态和结构特点,可分为以下几大类:吸附气体、溶解气体、密闭气体及自由气体。

在自然条件下,在沙漠地区的表层中可能遇到比较大的气体吸附量。

溶解气体可以改变水的结构及溶液的性质,对土粒施加力学作用;当温度和压力增高时,在土中可形成密闭气体,可加速化学潜蚀过程。自由气体与大气连通,对土的性质影响不大。封闭气体的体积与压力有关,压力增大,则体积缩小;压力减小,则体积增大。因此密闭气体的存在增加了土的弹性。密闭气体可降低地基的沉降量,但当其突然排除时,可导致基础与建筑物的变形。密闭气体在不可排水的条件下,由于密闭气体可压缩性会造成土的压密。密闭气体的存在能降低土层透水性,阻塞土中的渗透通道,减少土的渗透性。

(二)土的结构

1.概念

土的结构是土颗粒之间的联结方式和相互排列形式的总称。

土粒间的联结形式有以下几种:

(1)水胶联结

水胶联结为结合水联结,主要为黏性土的联结方式。

(2)水联结(也称毛细水联结)

水联结是砂土和粉土常具有的一种联结形式,是由毛细力所形成的微弱的暂时性联结力。

一般认为砂土中含水率为 4%~8%时,毛细水联结力最强。但随着砂土的失水或饱和,这种联结力即行消失为无联结。

(3)无联结

砾石等粗碎屑土,因颗粒的质量大,水胶联结和水联结力都无法使粒间形成联结关系,表现为松散无联结状态。

(4)胶结联结

胶结联结是含可溶盐较多的土或老土层中常见的一种联结形式,如盐渍土和黄土即属此种联结。

这种联结的干土强度较大,但遇水后土中的盐类易被淋溶或流失,土的联结即行削弱,土的强度也随之降低。

(5)冻结联结

冻结联结是冻土所特有的一种联结形式。土的强度随着冻结和融化发生很大变化;土层极不稳定,也使土的工程性质复杂化。工程上常利用"冻结法"来处理软土、流砂等特殊地质问题。

2.种类

土的结构可分为下列三种:

(1)单粒结构

单粒结构是碎石类土和砂土具有的结构形式。其特点是土粒间没有联结或只有极微弱的水联结,可以略去不计。按土粒间的相互排列方式和紧密程度不同,可将单粒结构分为松散结构和紧密结构,如图 2-2-3 所示。

在静荷载作用下,尤其在振动荷载作用下,具有松散结构的土粒,易于变位压密,孔隙度降低,地基发生突然沉陷,导致建筑物破坏。尤其是具有松散结构的砂土,在饱水情况下受震动时,会变成流动状态,对建筑物的破坏性更大。而具有紧密结构的土层,在建筑物的静荷载作用下不会压缩沉陷,在振动荷载作用下,孔隙度的变化也很小,不致造成破坏。紧密结构的砂土只有在侧向松动,如开挖基坑后才会变成流砂状态。所以,从工程地质观点来看,紧密结构是最理想的结构。

单粒结构的紧密程度取决于矿物成分、颗粒形状、均匀程度和沉积条件等。片状矿物组成的砂土最松散;浑圆的颗粒组成的砂土比带棱角的颗粒组成的砂土紧密;土粒愈不均匀,结构愈紧密;急速沉积的比缓慢沉积的土结构松散些。

(2)蜂窝状结构

蜂窝状结构主要是颗粒细小的黏性土具有的结构形式,如图 2-2-4(a)所示。当土粒粒径在 0.002~0.02 mm 时,单个土粒在水中下沉,碰到已沉积的土粒,因土粒之间的分子引力大于土粒自重,则下沉的土粒被吸引不再下沉,逐渐由单个土粒串联成小链状体,边沉积边合围而成内包孔隙的似蜂窝状的结构。这种结构的孔隙一般远大于土粒本身尺寸,若沉积后的土层没有受过比较大的上覆压力,在建筑物的荷载作用下会产生较大沉降。

(3)絮状结构(又称二级蜂窝结构)

这是颗粒最细小的黏土特有的结构形式,如图 2-2-4(b)所示。土粒粒径小于 0.002 mm 时,土粒能在水中长期悬浮。这种土粒在水中运动,相互碰撞而吸引,逐渐形成小链环状的土集粒,质量增大而下沉,当一个小链环碰到另一小链环时,相互吸引,不断扩大形成大链环状,称为絮状结构。因小链环中已有孔隙,大链环中又有更大的孔隙,形象地称为二级蜂窝结构。絮状结构比蜂窝状结构具有更大的孔隙率,在荷载作用下可能产生更大的沉降。

(a)松散结构　　(b)紧密结构

图 2-2-3　土的单粒结构

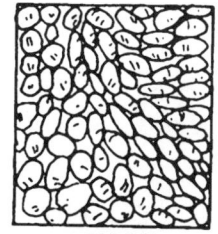

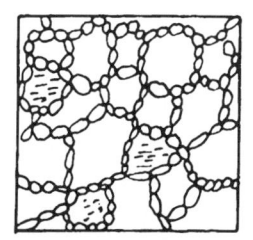

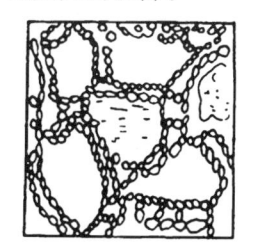

(a)蜂窝状结构　　(b)絮状结构

图 2-2-4　黏性土的团聚结构示意图

上述三种结构中,以紧密的单粒结构土的工程性质最好,蜂窝状结构其次,絮状结构最差。后两种结构土,如因振动破坏天然结构,则强度低,压缩性大,不可用作天然地基。

二 土的物理性质

土的物理性质是指土的各组成部分(固相、液相和气相)的数量比例、性质和排列方式等所表现的物理状态,反映土的工程性质特征,具有重要的实用价值。

土是由固相(土粒)、液相(水)和气相(气体)组成的三相分散体系。前面已定性说明土中三相之间相互比例不同,土的工程性质也不同。现在需要定量研究三相之间的比例关系,即土的物理性质指标的物理意义和数值大小。利用物理性质指标可间接评定土的工程性质。

为了导得三相比例指标,把土体中实际上是分散的三个相(图 2-2-5(a))抽象地分别集合在一起:固相集中于下部,液相居中部,气相集中于上部,构成理想的三相图,如图 2-2-5(b)所示。在三相图的右边注明各相的体积,左边注明各相的质量,如图 2-2-5(c)所示。

土样的体积 V 可由式(2-2-5)表示

$$V=V_s+V_w+V_a \tag{2-2-5}$$

式中 V_s、V_w、V_a——土中固体颗粒、水、空气的体积。

土样的质量 m 可由式(2-2-6)、式(2-2-7)表示

$$m=m_s+m_w+m_a \tag{2-2-6}$$

或 $$m\approx m_s+m_w, \quad m_a\approx 0 \tag{2-2-7}$$

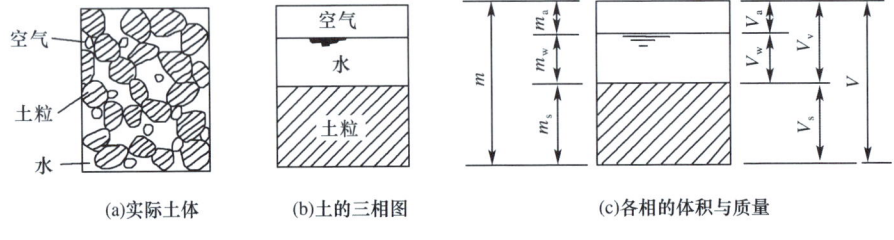

式中 m_s、m_w、m_a——土中固体颗粒、水、空气的质量。

(a)实际土体　　(b)土的三相图　　(c)各相的体积与质量

图 2-2-5　土的三相图

(一) 土的三项基本物理性质指标

1. 土的密度

土的密度是指土的总质量与土的总体积的比值,根据土的孔隙中水的情况可将土的密度分为天然密度(ρ)、干密度(ρ_d)、饱和密度(ρ_{sat})和水下密度(ρ')。

(1)天然密度(ρ)(单位:g/cm³)

①物理意义:天然密度也称湿密度,是指天然状态下,土的单位体积的质量。

土的天然密度与土的结构、所含水分多少以及矿物成分有关,在测定土的天然密度时,必须用原状土样(即其结构未受扰动破坏,并且保持其天然结构状态下的天然含水率)。如果土的结构破坏了或水分变化了,则土的密度也就改变了,这样就不能正确测得真实的天然密度,用这种指标进行工程计算就会得出错误的结果。

②表达式

$$\rho=\frac{m}{V}=\frac{m_s+m_w}{V_s+V_v} \quad (2\text{-}2\text{-}8)$$

③常见值 $\rho=(1.6\sim2.2)\text{g/cm}^3$，$\gamma=(16\sim22)\text{kN/m}^3$（$\gamma$ 为工程上常用的物理量，称为容重）。

④常用测定方法

环刀法：适用于细粒土。

用内径 6～8 cm、高 2～5.4 cm、壁厚 1.5～2.2 mm 的不锈钢环刀切土样，环刀容积即为土的体积，用天平称其质量（感量为 0.1 g），按密度表达式计算而得。本试验须进行两次平行测定，取其算术平均值，其平行差值不得大于 0.03 g/cm³。

灌水法：适用于现场测定粗粒土和巨粒土的密度。

现场挖试坑，将挖出的试样装入容器，称其质量，再用塑料薄膜平铺于试坑内，然后将水缓慢注入塑料薄膜中，直至薄膜袋内水面与坑口齐平，注入的水量的体积即为试坑的体积，也即为土的体积。本试验须进行两次平行测定，取其算术平均值，其平行差值不得大于 0.03 g/cm³。

(2)干密度（ρ_d）(单位：g/cm³)

$$\rho_d=\frac{m_s}{V} \quad (2\text{-}2\text{-}9)$$

干密度反映了土的孔隙性，因而可用以计算土的孔隙率，它往往通过土的密度及含水率计算得来，但也可以实测。

土的干密度一般常在 1.3～2.0 g/cm³。

在工程上常把干密度作为评定土体紧密程度的标准，以控制填土工程的施工质量。

(3)饱和密度 ρ_{sat}（单位：g/cm³）

$$\rho_{sat}=\frac{m_s+V_v\rho_w}{V} \quad (2\text{-}2\text{-}10)$$

式中 ρ_w——水的密度（工程计算中可取 1 g/cm³）。

土的饱和密度的常见值为 1.8～2.30 g/cm³。

(4)水下密度 ρ'（单位：g/cm³）

$$\rho'=\rho_{sat}-\rho_w \quad (2\text{-}2\text{-}11)$$

水下密度也常称为浮密度，常见值为 0.8～1.30 g/cm³。

2. 土的比重 G_s

(1)物理意义

土在 105 ℃～110 ℃下烘至恒重时的质量与同体积 4 ℃蒸馏水质量的比值。

土的比重只与组成土粒的矿物成分有关，而与土的孔隙大小及其中所含水分多少无关。

(2)表达式

$$G_s=\frac{m_s}{V_s\rho_w}=\frac{\rho_s}{\rho_w}（数值上近似） \quad (2\text{-}2\text{-}12)$$

式中 ρ_s——土粒密度，是干土粒的质量 m_s 与其体积 V_s 之比。

(3)常见值

砂土　　$G_s=2.65\sim2.69$

粉土　　$G_s=2.70\sim2.71$

黏性土　$G_s=2.72\sim2.75$

(4)常用测定方法

①比重瓶法:适用于粒径小于 5 mm 的土。

用容积为 100 ml 的比重瓶,将烘干土样 15 g 装入比重瓶,用感量为 0.001 g 的天平称瓶加干土质量。注入半瓶纯水后煮沸,煮沸时间自悬液沸腾时算起,砂及低液限黏土应不少于 30 min,高液限黏土应不少于 1 h,使土粒分散。冷却后将纯水注满比重瓶,再称总质量并测定瓶内水温后经计算而得。本试验必须进行二次平行测定,取其算术平均值,以两位小数表示,其平行差值不得大于 0.02。

②浮称法和浮力法:两种方法基本原理一样。均适用于粒径大于等于 5 mm 的土,且其中粒径为 20 mm 的土质量应小于总土质量的 10%。本试验必须进行二次平行测定,取其算术平均值,以两位小数表示,其平行差值不得大于 0.02。

③虹吸筒法:适用于粒径大于等于 5 mm 的土,且其中粒径为 20 mm 的土质量应大于等于总土质量的 10%。本试验必须进行二次平行测定,取其算术平均值,以两位小数表示,其平行差值不得大于 0.02。

3.土的含水率 w

(1)物理意义

土的含水率表示土中含水的质量,为土体中水的质量与固体矿物质量的比值,用百分数表示。

土的含水率只能表明土中固相与液相之间的数量关系,不能描述有关土中水的性质;只能反映孔隙中水的绝对值,不能说明其充满程度。

(2)表达式

$$w = \frac{m_w}{m_s} \times 100\% = \frac{m-m_s}{m_s} \times 100\% \qquad (2\text{-}2\text{-}13)$$

(3)常见值

砂土　　$w=(0\sim40)\%$

黏性土　$w=(20\sim60)\%$

当 $w \approx 0$ 时,砂土呈松散状态,黏性土呈坚硬状态。黏性土的含水率很大时,其压缩性高、强度低。

(4)常用测定方法

①烘干法:适用于测定黏质土、粉质土、砂类土、有机质土类和冻土类的含水率。

取代表性试样,细粒土 15～30 g,砂类土、有机质土 50 g,砂砾石 1～2 kg,装入称量盒内称其质量后放入烘箱内,在 105～110 ℃ 的恒温下烘干(细粒土不得少于 8 h,砂类土不得少于 6 h),取出烘干后土样冷却后再称量,计算而得。

②酒精燃烧法:适用于快速简易测定细粒土(含有机质的土除外)的含水率。

将称完质量的试样盒放在耐热桌面上,倒入工业酒精至与试样表面齐平,点燃酒精,熄灭后用针仔细搅拌试样,重复倒入酒精燃烧三次,冷却后称质量(准确至 0.01 g),计算而得。

③比重法:仅适用于砂类土。向玻璃瓶中注入清水至 1/3 左右,然后用漏斗将 200～300 g 试样倒入瓶中,并用玻璃棒搅拌 1～2 min,至气体完全排出。再向瓶中加清水至全部充满,称质量(准确至 0.5 g),计算而得。

以上三项土的基本物理性质指标:土的密度 ρ、土的比重 G_s、土的含水率 w 均需直接通过试验方法测定其数值。

(二)土的其他常用物理性质指标

1.反映土的松密程度的指标

(1)土的孔隙比 e

①物理意义:土的孔隙比为土中孔隙体积与固体颗粒的体积之比。

土的孔隙比可直接反映土的密实程度,孔隙比愈大,土愈疏松;孔隙比愈小,土愈密实。它是确定地基承载力的指标。

②表达式

$$e = \frac{V_v}{V_s} \tag{2-2-14}$$

③常见值

砂土 $e=0.5\sim1.0$,当砂土 $e<0.6$ 时,呈密实状态,为良好地基。

黏性土 $e=0.5\sim1.2$,当黏性土 $e>1.0$ 时,为软弱地基。

④确定方法 根据土的密度 ρ、土粒比重 G_s、土的含水率 w 实测值计算而得,公路工程应用很广。

(2)土的孔隙率 n

①物理意义:表示土中孔隙大小的程度,为土中孔隙体积占总体积的百分比。

②表达式

$$n = \frac{V_v}{V} \times 100\% \tag{2-2-15}$$

③常见值 $n=(30\sim50)\%$

④确定方法 根据土的密度 ρ、土粒比重 G_s、土的含水率 w 实测值计算而得。孔隙率 n 与孔隙比 e 相比,工程应用很少。

2.反映土中含水程度的指标——土的饱和度 S_r

①物理意义:土的饱和度指土中水的体积与土的全部孔隙体积的比值,表示孔隙被水充满的程度。

②表达式

$$S_r = \frac{V_w}{V_v} \tag{2-2-16}$$

③常见值 $S_r = 0\sim1$

④确定方法 根据土的密度 ρ、土粒比重 G_s、土的含水率 w 实测值计算而得。

⑤工程应用:饱和度对砂土和粉土有一定的实际意义,砂土以饱和度作为湿度划分的标准,分为稍湿的($0<S_r\leqslant0.5$)、很湿的($0.5<S_r\leqslant0.8$)和饱和的($0.8<S_r\leqslant1.0$)三种湿度状态。

颗粒较粗的砂土和粉土对含水率的变化不敏感,当发生某种改变时,它的物理力学性质变化不大,所以对砂土和粉土的物理状态可用 S_r 来表示。但对黏性土而言,它对水的变化十分敏感,随着含水率增加,体积膨胀,结构也发生改变。当黏性土处于饱和状态时,其力学性质可能降低为0;同时,还因黏粒间多为结合水,而不是普通液态水,这种水的密度大于1,则 S_r 值也偏大,故对黏性土一般不用 S_r 这一指标。

3.反映土的密实度的指标

无黏性土如砂、卵石均为单粒结构,它们最主要的物理状态指标为密实度。工程上常用孔隙比 e、相对密度 D_r 和标准贯入试验 N 作为划分其密实度的标准。

(1)以孔隙比 e 作为标准

以孔隙比 e 作为砂土密实度划分标准,见表 2-2-4。

表 2-2-4　　　按孔隙比 e 划分砂土密实度

砂土名称 \ 密实度	密实	中密	松散
砾砂、粗砂、中砂	$e<0.55$	$0.55 \leqslant e \leqslant 0.65$	$e>0.65$
细砂	$e<0.60$	$0.60 \leqslant e \leqslant 0.70$	$e>0.70$
粉砂	$e<0.60$	$0.60 \leqslant e \leqslant 0.80$	$e>0.80$

用一个指标 e 来划分砂土的密实度,无法反映影响土的颗粒级配的因素。例如:两种级配不同的砂,一种颗粒均匀的密砂,其孔隙比为 e_1,另一种级配良好的松砂,孔隙比为 e_2,结果 $e_1>e_2$,即密砂孔隙比反而大于松砂的孔隙比。为了克服用一个指标 e 对级配不同的砂土难以准确判断其密实程度的缺陷,工程上引用相对密度 D_r 这一指标。

(2)以相对密度 D_r 为标准

用天然孔隙比 e 与同一种砂的最疏松状态孔隙比 e_{max} 和最密实状态孔隙比 e_{min} 进行对比,看 e 靠近 e_{max} 还是靠近 e_{min},以此来判别它的密实度,即相对密度法。

$$相对密度 \quad D_r = \frac{e_{max} - e}{e_{max} - e_{min}} \quad (2\text{-}2\text{-}17)$$

当 $D_r=0$,即 $e=e_{max}$ 时,表示砂土处于最疏松状态;当 $D_r=1$,即 $e=e_{min}$ 时,表示砂土处于最紧密状态。

根据 D_r 将砂土密实度划分为四级,见表 2-2-5。

表 2-2-5　　　砂土密实度划分

分级		相对密度 D_r	标准贯入平均击数 N(63.5 kg)
密实		$D_r \geqslant 0.67$	30~50
中密		$0.67 > D_r \geqslant 0.33$	10~29
松散	稍松	$0.33 \geqslant D_r \geqslant 0.20$	5~9
	极松	$D_r < 0.20$	<5

表 2-2-5 的分级办法具有一定的意义,是合理的。但由于目前对 e_{max} 和 e_{min} 尚难准确测定,加之要取原状砂土的土样也十分困难,故对砂土 D_r 值所测定的误差也很大。对此,在实际工程中,常利用标准贯入试验法或静力触探试验法,在现场测定其近似值,以作为 D_r 分级的参考。

(3)以标准贯入试验 N 作为标准

标准贯入试验是在现场进行的一种原位测试。这项试验的方法是:用卷扬机将质量为 63.5 kg 的钢锤提升 76 cm 高度,让钢锤自由下落,打击贯入器,使贯入器贯入土中深为

30 cm 所需的锤击数记为 $N63.5$（简化为 N），对照表 2-2-5 中的分级标准来鉴定该土层的密实程度。

(三) 土的常用物理性质指标之间的相互关系

土的比重、天然密度、含水率、孔隙比、孔隙率、饱和度、干密度、饱和密度和有效密度并非各自独立、互不相干的。ρ、G_s、w 为基本物理性质指标，必须由试验测定，其他的指标均可以由以上三个基本指标推导计算得到。

1.孔隙比与孔隙率的关系

$$n = \frac{e}{1+e} \text{ 或 } e = \frac{n}{1-n}$$

2.干密度与湿密度、含水率的关系

$$\rho_d = \frac{\rho}{1+w}$$

3.孔隙比与比重、干密度的关系

$$\rho_d = \frac{\rho_s}{1+e}$$

$$e = \frac{\rho_s}{\rho_d} - 1$$

$$e = \frac{G_s \rho_w}{\rho_d} - 1$$

4.饱和度与含水率、比重、孔隙比的关系

$$S_r = \frac{wG_s}{e}$$

常见的物理性质指标及其相互关系换算公式见表 2-2-6。

表 2-2-6　　　　　　　　　　常见三相指标关系换算公式

指标名称	换算公式	指标名称	换算公式
干密度 ρ_d	$\rho_d = \dfrac{\rho}{1+w}$	饱和密度 ρ_{sat}	$\rho_{sat} = \dfrac{\rho(\rho_s-1)}{\rho_s(1+w)} + 1$
孔隙比 e	$e = \dfrac{\rho_s(1+w)}{\rho} - 1$	饱和度 S_r	$S_r = \dfrac{\rho_s \rho w}{\rho_s(1+w) - \rho}$
孔隙率 n	$n = 1 - \dfrac{\rho}{\rho_s(1+w)}$	浮重度 γ'	$\gamma' = \dfrac{\gamma(\gamma_s - \gamma_w)}{\gamma_s(1+w)}$

例题：测得某原状土样，经试验测得天然密度 $\rho = 1.67 \text{ g/cm}^3$，含水率 $w = 12.9\%$，土的比重 $G_s = 2.67$，求土的孔隙比 e、孔隙率 n、饱和度 S_r 和干密度 ρ_d。

解：(1)如图 2-2-6 所示绘三相草图，设 $V_s = 1.0 \text{ cm}^3$

(2)确定土的三相组成

①根据土的比重定义公式可知

$$\rho_s = G_s \cdot \rho_w = 2.67 \text{ g/cm}^3$$

从而可以得出

$$m_s = V_s \cdot \rho_s = 2.67 \text{ g}$$

②根据土的含水率定义公式可知

$$m_w = m_s \cdot w = 0.344 \text{ g}$$

③从而可以得出

$$m = m_w + m_s = 3.014 \text{ g}$$
$$V = m/\rho = 1.805 \text{ cm}^3$$

④进一步可以得出

$$V_w = m_w/\rho_w = 0.344 \text{ cm}^3$$
$$V_v = V - V_s = 0.805 \text{ cm}^3$$
$$V_a = V_v - V_w = 0.461 \text{ cm}^3$$

(3)按定义公式求土的其他各项指标

$$e = \frac{V_v}{V_s} = 0.805 \qquad \rho_d = \frac{m_s}{V} = 1.480 \text{ g/cm}^3$$
$$n = \frac{V_v}{V} = 44.6\% \qquad S_r = \frac{V_w}{V_v} = 0.427$$

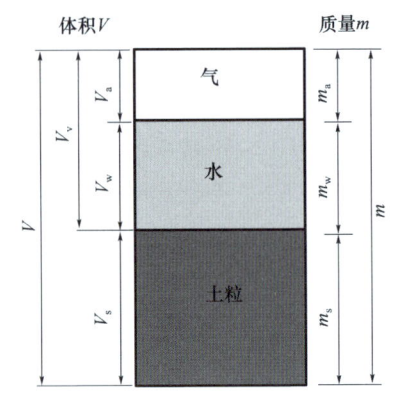

图 2-2-6　绘制三相草图

三　土的水理性质

土的水理性质是指土中固体颗粒与水相互作用所表现出的一系列性质,如土的透水性、毛细性,黏性土的稠度、塑性等。

(一)土的透水性

1.渗透的概念

土中的自由液态水在重力作用下沿孔隙发生运动的现象,称为渗透。土能使水透过孔隙的性能,称为土的透水性。

土的透水性强弱,主要取决于土的粒度成分及其孔隙特征,即孔隙的大小、形状、数量及连通情况等。粗碎屑土和砂土都是透水性良好的土,细粒土为透水性不良的土,而黏土因有较强的结合水膜,若再加上有机质的存在,则自由水不易透过,则可视为不透水层,也称为"隔水层"。隔水只是相对的,黏性土也不是绝对不透水的,自然界的黏性土层的透水性具有各向异性的特征,如带状结构的黏性土,其水平方向的透水性大于垂直方向;黄土类土,由于垂直节理发育,故在垂直方向的透水性大于水平方向。

土的透水性是实际工程中不可忽视的工程地质问题。例如路基土的疏干、桥墩基坑出水量的计算,饱和黏性土地基稳定时间的计算,河滩路堤填料的渗透性;河岸、小型水库的防水土坝的隔水层的选料等。

2.土的层流渗透定律

水在孔隙中渗透或渗流,其运动状态常随水流的速度不同而分为两种:层流和紊流。在细小孔隙中运动着的水,水流质点彼此不相混杂、干扰,流线大致呈互相平行方式运动,故称为层流。土中水的层流不同于管道或沟壑中的层流,它不可能是顺直、有规律的流线,而是曲折、甚至是迂回地运动着。但水在土的孔隙中受重力作用的影响,总是由高水压区流向低水压区,由此产生水头压力。水头压力的大小取决于水力梯度,如图 2-2-7 所示。水力梯度(J)是指两点之间的水头差($\Delta H = H_1 - H_2$)与单位流程长度(L)之比值,即

$$J=\frac{\Delta H}{L}=\frac{H_1-H_2}{L} \quad (2\text{-}2\text{-}18)$$

关于水在地下岩、土孔隙中渗流的现象，法国水利学家亨利·达西于 19 世纪中叶做了长期的观察和实验，其结果为

$$Q=\frac{K \cdot F \cdot \Delta H}{L} \quad (2\text{-}2\text{-}19)$$

式中　Q——单位时间内透过的水量，m³/s；

　　　F——透过水流的过水截面，m²；

　　　$\frac{\Delta H}{L}$——水力梯度，单位流程长度上的水头差，％；

　　　K——渗透系数，m/s。

图 2-2-7　水在土中渗流

由上式可知，某一过水截面上，单位时间内的渗透水量与水头差成正比；而与渗透流程的长度成反比。

将式（2-2-18）代入式（2-2-19），得

$$Q=K \cdot F \cdot J \quad (2\text{-}2\text{-}20)$$

式（2-2-20）两端除以 F 后，该式左端 $\frac{Q}{F}=V$ 为渗透速度。则式（2-2-20）变为

$$V=K \cdot J \quad (2\text{-}2\text{-}21)$$

由式（2-2-21）可知，渗透速度与水力梯度成正比，此为层流渗透定律，或称线性渗透定律，简称达西定律。

达西定律中的渗透系数 K，是反映土的透水性的重要指标。一般可选用代表性的土样，在实验室或现场测定。

渗透系数对于同一类土而言，应为一定常数值，但却因土类不同而异，其规律是：K 值随着土粒的增大而增高，见表 2-2-7。在实际工程中，常采用最简便的方法就是根据经验数值查表而得。

表 2-2-7　　　　　各种土的渗透系数表　　　　　m·d⁻¹

土名	渗透系数	土名	渗透系数	土名	渗透系数
黏　土	<0.001	粉砂	0.5～1.0	粗砂	15～50
亚黏土	0.001～0.1	细砂	1～5	砾石砂	50～100
亚砂土	0.1～0.5	中砂	5～15	砾石	100～200

应当指出，达西定律只适用于层流或线性渗透的情况，故对中砂、细砂及粉砂等土层是适用的。但对粗颗粒土，如粗砂、砾石、卵石之类的土就不适用了，因为这些土层孔隙中的水的渗透速度较大，已不是层流而是紊流。即是说，地下水在岩、土的大孔隙中运动时，当其流速超过一定限度时，就可能出现紊流运动，计算紊流渗透速度的公式应服从于非线性渗透定律；渗透速度与水力梯度的 1/2 次方成正比，其表达式为

$$V=K \cdot J^{\frac{1}{2}} \quad (2\text{-}2\text{-}22)$$

有时岩、土孔隙中的渗透水处于层流与紊流之间，被称之为混流运动，此时，则用下式计算

$$V=K \cdot J^{\frac{1}{m}} \quad (2\text{-}2\text{-}23)$$

式中，m 值为 1~2。当 $m=1$ 时，即为达西层流运动公式，当 $m=2$ 时，即为紊流渗透公式。至于黏土中的渗流规律还需将达西定律作些修正，下面将讨论黏性土的透水性问题。

3. 黏性土的相对不透水性

在前面曾指出"黏土有较强的结合水膜，自由水不易透过，可视为不透水层"，但这并不是绝对的。

在黏性土中，由于黏粒（尤以其中含有胶粒时）的表面能很大，使其周围的结合水具有极大的黏滞性和抗剪强度。结合水的黏滞性对自由水起着黏滞作用，使之不易形成渗流现象，故把黏性土的透水性能相对地称为不透水性。也正由于这种黏滞作用，自由水在黏土层中必须具备足够大的水头差（或水力梯度），克服结合水的抗剪强度才能发生渗流。我们把克服其抗剪强度所需的一定值的水力梯度，称为黏土的起始水力梯度 J_0。于是，在计算黏土的渗流速度时，应将达西定律的公式修正为

$$V = K(J - J_0) \quad (2\text{-}2\text{-}24)$$

现以砂土和黏土的渗透规律为例来分析。如图 2-2-8 所示，在 V-J 坐标中，a 线表示砂土，b 线表示黏土。由图中可见，砂土只要 $J>0$ 就开始渗透，并随 J 值的增大，流速也增加；而 b 线，在 $J<J_0'$ 时，$V=0$，即没有发生渗流现象，要待水力梯度达到 $J>J_0$ 时，自由水才开始发生渗流。一般常以 b 线交于 J 轴上的直线代替曲线（图中的虚线），即以 J_0 代替 J_0'。于是，从图中可以看出：b 线黏土当 $J>J_0$ 时才开始渗流，自此后，服从于达西定律：随着水力梯度的增高，渗流速度增大。

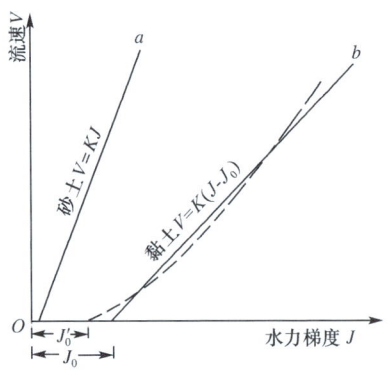

图 2-2-8 砂土和黏土的渗透规律

4. 影响土的渗透性的因素

从以上分析的情况中不难看出，影响土的透水性的因素主要有：

(1) 土的粒度成分及矿物成分。土粒的大小、形状及级配等决定着土粒间孔隙的特征，因而影响着土的渗透性。土粒粗大、浑圆、均匀的土，其渗透性就大；砂土中混有粉土及黏土时，其渗透系数会大大降低。关于土的矿物成分对粗碎屑土甚至粉土的渗透性影响不大；但黏土中含有亲水性较强的黏土矿物（如蒙脱石）或有机质时，使土粒遇水膨胀，大大降低了透水性；有机质含量较多的淤泥几乎是不透水的。

(2) 土粒表面的结合水膜。黏性土中结合水膜较厚时，其较强的水胶连接力会阻塞自由水的渗透。如含钠黏土，钠离子使土粒的静电引力场扩大，水化膜增厚，则透水性很低；如黏土加入高价的电解质（如 Al、Fe 等）时，会使水化膜变薄，黏粒凝聚成粒团，土的孔隙增大，则土的透水性也增强。

(3) 土的结构构造。正如在"渗透概念"中所提到的："自然界黏性土的透水性具有各向异性的特征"，即在不同方向上具有不同的渗透性，黄土垂直方向的渗透性大于水平方向；带状黏土水平方向的透水性大于垂直方向，其渗透系数相差可达数倍到数十倍。因而，土的结构构造影响着土的透水性。

(4) 水的黏滞度随水温而变。在天然土层中，因表土层以下的温度变化很小，可不予考虑，但在室内做渗透试验时，同一种土在不同温度下会得到不同的渗透系数值，故应考虑温度的影响。一般以水温为 10 ℃时的渗透系数 K_{10} 的黏滞度为 1，根据试验证明，水的黏滞度的比值，在水温 −10 ℃时，为 1.988，水温 40 ℃时，为 0.502。由此可见，水的黏滞度随水温的降低而增大；反之，水温增高时，则水的黏滞度减小。

(5)土孔隙中的气体。土孔隙中气体的存在可减少土体实际渗透面积,同时气体随渗透水压的变化而胀缩,成为影响渗透面变化的不定因素。当土孔隙中存在密闭气泡时,会阻塞自由水的渗流而降低土的渗透性。有的密闭气泡是由溶解于水中的气体分离出来而形成的,故在室内试验时,规定要用不含溶解有空气的蒸馏水。

(二)土的毛细性

土的毛细性是指土中的毛细孔隙能使水产生毛细现象的性质。毛细现象是指土中水受毛细力作用沿着毛细孔隙(孔径为 0.002~0.5 mm)向上及向其他方向运移的现象。

毛细水的上升可能引起道路翻浆、盐渍化、冻害等,导致路基失稳。因此,了解和认识土的毛细性,对公路工程的勘测、设计有着重要的意义。

1.毛细水上升高度及速度

关于毛细水上升的高度和速度,通过物理实验即可得到证明,如图 2-2-9 所示。用一毛细管插入水中,当弯液面与管壁的湿润角(亦称接触角)θ 小于 90°时,毛细管内液体沿管壁上升。

因水具表面张力,管中弯液面沿管壁周边的表面张力 σ 的方向垂直向上,其合力也是垂直向上的,这个合力的大小等于弯液面周边长 πd 与水表面张力 σ 的乘积,即 σ·πd 为拉应力。由此可知,在同一温度条件下,σ 值可视为常数,若湿润角 θ<90°,则毛细管内弯液面上的应力大小与毛细管直径的大小成反比。即毛细管愈细弯液面力愈大。

但是,在天然土层中,由于土中的孔隙是不规则的,与圆柱状毛细管根本不同,特别是土颗粒与水之间的物理化学作用,使天然土层中的毛细现象比毛细管的情况要复杂得多。实际工程中,常采用经验公式来估算毛细水上升的高度,这里就不细讲。

图 2-2-9 表面张力对毛细管内液体的作用

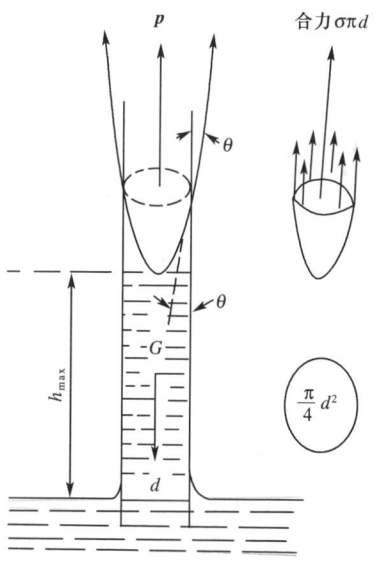

在黏性土中,由于黏粒或胶粒周围存在结合水膜,它影响毛细水弯液面的形成,减小土中孔隙的有效直径,使毛细水的活动受到很大的阻滞力,毛细水上升速度很慢,上升的高度也受影响;当土粒间全被结合水充满时,虽有毛细现象,但毛细水已无法存在。

毛细水上升的速度和上升高度一样,也与土粒及其粒间孔隙大小密切相关。根据实验:用人工制备的不同粒径的石英砂测试其毛细水上升时间与上升高度的关系,结果如图 2-2-10 所示。

(1)0.05~0.005 mm,相当于粉土,上升的最大高度可达 200 cm 以上,其上升速度开始为1.75 cm/h,100 h 以后毛细水上升速度明显减慢,约为 0.17 cm/h,直到达到最大高度为止。

(2)0.1~0.06 mm,相当于极细砂土,开始以 4.5 cm/h 速度上升,20 h 以后上升速度骤减,以 0.125 cm/h 上升,在 80 h 内毛细水仅上升 10 cm。

(3)0.2~0.1 mm,相当于细砂及中砂土,毛细水上升的最大高度约为 20 cm,开始以 5.5~60 cm/h 速度上升很快,在数小时即可接近最高值,然后以极慢的速率上升直到最高值。

总的来说,毛细水在土中不是匀速上升的,而是随着高度的增加而减慢,直至接近最大

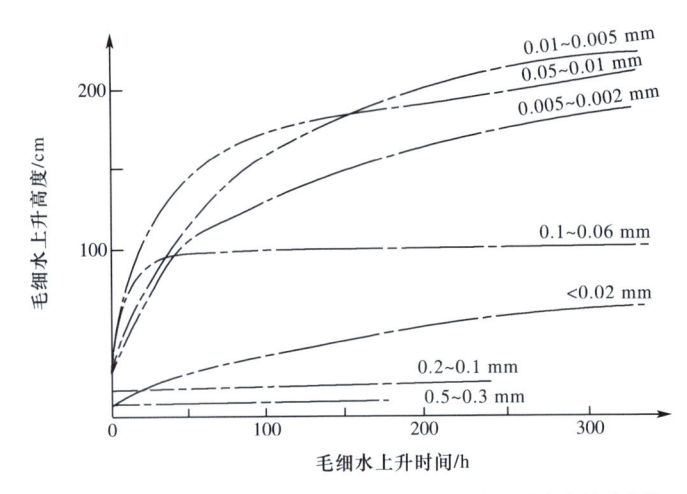

图 2-2-10　不同粒径的石英砂中毛细水上升时间与上升高度关系曲线

高度时逐渐趋近于零。

2. 土层中毛细水的分布

在工程上不仅要计算土层中毛细水上升的速度及上升的高度,而且还要调查了解毛细水在土层中的分布状况。我们把土层中被毛细水所润湿的范围,称为毛细水带。按毛细水带的形成及其分布特征可将土层中的毛细水划分为三个带(图 2-2-10)。

(1)毛细饱和带(又称正常毛细水带)

它位于包气带下部及潜水永久饱和带上部,其分布范围大致与潜水暂时饱和带相同,并稍偏其上;受地下水位季节性升降变化的影响很大。这一毛细水带主要由潜水面直接上升而形成的,毛细水几乎充满了全部孔隙。

(2)毛细网状水带

它位于土层包气带的中部、毛细饱和带之上。当重力水下渗时,有一部分被局部毛细孔隙所"俘获"而成毛细水;或当地下水位下降时,残留于毛细孔隙中而成毛细水。但在土层的超毛细孔隙中,除土粒表面有结合水外,毛细水随重力水下渗,在孔隙中留下空气泡。在这一带内,分布于局部毛细孔隙中的毛细水,被大量的空气泡所隔离,使之呈网状。毛细网状水带中的水,可以在表面张力和重力作用下向各个方向移动。

(3)毛细悬挂水带(又称上层毛细水带)

它位于土层包气带的上部。这一带的毛细水是由地表水渗入而形成的,受毛细力的牵引,悬挂于包气带的最上层,它不与中部或下部的毛细水相连。上层毛细水带受地面温度和湿度的影响很大,常发生蒸发与渗透的"对流"作用,使土的表层结构遭到破坏。当地表有大气降水补给时,上层毛细水在重力作用下向下移动。

上述三个毛细水带不一定同时存在,当地下水位很高时,可能只有正常毛细水带,而没有毛细悬挂水带和毛细网状水带;反之,当地下水位较低时,则可能同时出现三个毛细水带。总之土层中毛细水呈带状分布的特征,完全取决于当地的水文地质条件。

还应指出的是,由于土层中毛细水呈带状分布的特征,决定了包气带中土层含水率的变化。图 2-2-11 右侧含水率分布曲线表明:自上而下含水率逐渐减小,但到毛细饱和带后,含水率随深度的增加而加大。调查了解土层中毛细水含水率的变化,对土质路基、地基的稳定分析有着重要意义。

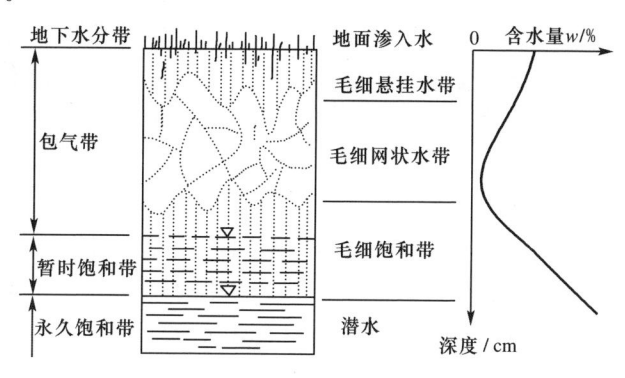

图 2-2-11 土层中毛细水的分布

(三)黏性土的稠度和塑性

1.黏性土的稠度及界限含水率

黏性土的颗粒很细,黏粒粒径 $d<0.002$ mm,细土粒周围形成电场,电分子吸引水分子定向排列,形成黏结水膜。土粒与土中水相互作用很显著,关系极密切。例如,同一种黏性土,当它的含水率小时,土呈半固体坚硬状态;当含水率适当增加,土粒间距离加大,土呈现可塑状态。如含水率再增加,土中出现较多的自由水时,黏性土变成液体流动状态,如图 2-2-12 所示。

(a)固态和半固态坚硬状态　　(b)可塑状态　　(c)流动状态

图 2-2-12　黏性土的稠度

黏性土随着含水率不断增加,土的状态变化为固态—半固态—塑态—液态,相应的地基土的承载力基本值从 $f_0>450$ kPa 逐渐下降为 $f_0<45$ kPa,亦即承载力基本值相差 10 倍以上。由此可见,黏性土最主要的物理特性是土粒与土中水相互作用产生的稠度,即土的软硬程度或土对外力引起变形或破坏的抵抗能力。

黏性土的稠度,可以反映土粒之间的联结强度随着含水率高低而变化的性质。其中,不同状态之间的界限含水率具有重要的意义。

(1)液限 w_L(%)

①定义:黏性土呈液态与塑态之间的界限含水率。

②测定方法:液塑限联合测定,具体内容见《公路土工试验规程》(JTG 3430—2020)有关内容。

(2)塑限 w_P(%)

①定义:黏性土呈塑态与半固态之间的界限含水率。

②测定方法:液塑限联合测定或滚搓法,具体内容见《公路土工试验规程》(JTG 3430—

2020)有关内容。

(3)缩限 w_S(%)

①定义:黏性土呈半固态与固态之间的界限含水率。这是因为土样含水率减少至缩限后,土体体积发生收缩而得名。

②测定方法:收缩皿法。

2.黏性土的塑性及其指标

塑性状态是黏性土的一种特殊状态。土的塑性是指土在一定外力作用下可以塑造成任何形状而不改变其整体性,当外力取消后一段时间内仍保持其已变形后的形态而不恢复原状的性能,也称为土的可塑性。测定可塑性强弱的指标是塑性指数 I_P。

(1)塑性指数 I_P

定义:细粒土的液限与塑限的差值,去掉百分数,称塑性指数,记为 I_P

$$I_P = (w_L - w_P) \times 100 \tag{2-2-25}$$

应当指出:w_L 与 w_P 都是界限含水率,以百分数表示。而 I_P 只取其数值,去掉百分数。

物理意义:细颗粒土体处于可塑状态时含水率变化的最大区间,一种土的 w_L 与 w_P 之间的范围大,即 I_P 大,表明该土能吸附结合水多,但仍处于可塑状态,亦即该土黏粒含量高或矿物成分吸水能力强。

工程应用:根据塑性指数 I_P 对细颗粒土进行分类和命名,见表 2-2-8。

表 2-2-8　　根据塑性指数 I_P 对黏性土进行分类和命名

土的名称	砂土（无塑性土）	亚砂土（无塑性土）	粉（低塑性土）	黏土（高塑性土）
塑性指数	$I_P < 1$	$1 < I_P \leqslant 7$	$7 < I_P \leqslant 17$	$I_P > 17$

(2)液性指数 I_L

定义:黏性土的液性指数为天然含水率与塑限的差值和液限与塑限差值之比,即

$$I_L = \frac{w - w_P}{w_L - w_P} \tag{2-2-26}$$

物理意义:液性指数又称相对稠度,是将土的天然含水率 w 与 w_L 及 w_P 相比较以表明靠近 w_L 还是靠近 w_P,用以反应土的软硬不同。

工程应用:根据液性指数 I_L 来划分黏性土的稠度状态,见表 2-2-9。

表 2-2-9　　根据液性指数 I_L 对黏性土的稠度状态划分

状态	坚硬	硬塑	可塑	软塑	流塑
液性指数	$I_L \leqslant 0$	$0 < I_L \leqslant 0.25$	$0.25 < I_L \leqslant 0.75$	$0.75 < I_L \leqslant 1$	$I_L > 1$

另外,液性指数在公路工程中是确定黏性土承载力的重要指标。应当指出,根据液性指数所判定的稠度状态的标准值,是用室内扰动土样测定的,未考虑其结构的影响,故只能作参考。

(3)活动度 A

定义:黏性土的塑性指数与土中胶粒含量百分数的比值,即

$$A = \frac{I_P}{m} \tag{2-2-27}$$

式中　　m——土中胶粒($d<0.002$ mm)含量百分数。

物理意义:活动度反映黏性土中所含矿物的活动性,根据活动度的大小可分为:

$A<0.75$　　　　不活动黏土

$0.75<A<1.25$　　正常黏土

$A>1.25$　　　　活动黏土

A 值越大,胶粒对土的塑性影响越大。

(4)灵敏度 S_t

定义:黏性土原状土的无侧限抗压强度与重塑后的无侧限抗压强度的比值,其表达式为

$$S_t = \frac{q_u}{q_u'} \tag{2-2-28}$$

式中　　S_t——土的灵敏度;

　　　　q_u——无侧限条件下,原状土抗压强度;

　　　　q_u'——无侧限条件下,重塑土抗压强度。

对某一黏性土而言,q_u 为定值,由 q_u' 值的变化决定着灵敏度的大小。当 $q_u' = q_u$ 时,$S_t=1$,即结构破坏后的强度与天然结构的强度一样时,表明该土为非灵敏或无触变性黏土。只有当 $q_u'<q_u$ 的条件下才能体现其触变性。

物理意义:灵敏度反映黏性土结构性的强弱。根据灵敏度的数值大小黏性土可分为:

$S_t \geqslant 8$　　　　特别灵敏性黏土

$S_t = 4 \sim 8$　　　灵敏性黏土

$S_t = 2 \sim 4$　　　一般黏土

工程应用:

①保护基槽。遭遇灵敏度高的土,施工时应特别注意保护基槽,防止人来车往,践踏基槽,破坏土的结构,降低地基强度。

②利用触变性。当黏性土结构受扰动时,土的强度降低,但静置一段时间,土的强度又逐渐增强,这种性质称为土的触变性。例如:在黏性土中打预制桩,桩周围土的结构受破坏,强度降低,使桩容易打入。

四　土的压实性

(一)概念

土的压实性是指采用人工或机械对土施以夯实、振动作用,使土在短时间内压实变密获得最佳结构,以改善和提高土的力学强度的性能,或者称为土的击实性。土的击实过程,既不是静荷载作用下排水固结过程,也不同于一般压缩过程,而是在不排水条件下迫使土的颗粒重新排列,固相密度增加,气相体积减小的过程。

在工程建设中,常常会遇到填土夯实的问题,如路堤、土坝、挡土墙、铺设管道、基础垫层以及回填土等等,都是以土作为材料,按一定要求和范围进行堆填而成。填土不同于天然土

层,它经过挖掘、搬运,原状结构已被破坏,含水率也发生变化,堆填时必然在土团之间留下许多大的孔隙。未经压实的土强度低,压缩性大而且不均匀,遇水易发生陷坍、崩解等现象。特别是像道路路堤这样的土工构筑物,在车辆频繁运行和反复动荷载作用下,可能出现不均匀或过大的沉陷或坍落甚至失稳滑动,从而恶化运营条件以及增加维修工作量。所以路堤、机场跑道等填土工程必须按一定标准压实,使之具有足够的密实度,以确保行车平顺和安全。

所谓"足够的密实度",是指通过在标准压实条件下获得压实填土的最大干密度和相应的最佳含水率。但是,由于天然土层的基本性质复杂多变,不同土类对外界因素作用的反应当然也不同,因此,同一压实功能对于不同状态土的压实效果也就完全不同。为了技术上可靠、经济上合理,可在室内模拟现场施工条件,将采集的土样用标准击实试验的方法,即可获得该土最理想的密实度数据。

在此还应指出,土的压实性与土的压缩性,不仅因荷载性质决定了概念上的差异,而且两者在试验的目的、要求和方法以及所要获取的指标数据等方面也是不同的,这里只讲土的压实性(击实性)。

(二) 击实试验

击实试验是在室内研究土的压实性能的基本方法。在击实过程中,由于土样受到机械功能瞬时而多次重复地锤击,土中气体有所排出,而土中含水率基本不变,因此,一般可用人为调制成的 6 个不同含水率的土样进行击实,就可求得其最大干密度和最佳含水率。

试验时,将调制好的 6 个不同含水率土样编号,逐个分层盛入击实筒中(图 2-2-13),按一定功能进行击实,使土加密到略高于击实筒,取去上套刮平余土,脱去卡环,称土样重(m)并除以击实筒的体积(v),即得到该号土样的湿密度(ρ);然后按测定含水率的方法测

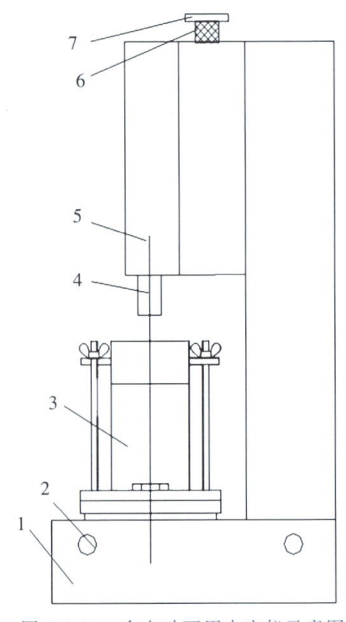

图 2-2-13 全自动两用击实仪示意图
1—床身;2—把手;3—击实筒;4—击实锤;5—前门;6—调整螺母;7—定位杆

出该号土样的含水率 w;按公式 $\rho_d = \dfrac{\rho}{1+w}$,求出该号土样的干密度 ρ_d。

逐次对 6 个不同含水率的土样,如法进行试验,即可得到 6 个点所相应的 ρ_d 和 w;再将其相应的坐标值点绘在以 ρ_d 为纵坐标,以 w % 为横坐标的直角坐标系上,然后将 6 个点连成曲线,即为击实曲线。

(三) 击实曲线

击实曲线是研究土的压实性的基本关系图。从图 2-2-14 中可见,击实曲线上有一峰值点,此点的干密度最大,称为最大干密度。与之对应的制备土样含水率则称为最佳含水率 w_{oP}。峰值点表明,在一定的击实功作用下,只有当压实土样为最佳含水率时,压实效果最好,土才能被击实至最大干密度,达到最为密实的填土密度。而含水率小于或大于最佳含水

率时,所得干密度均小于最大值。

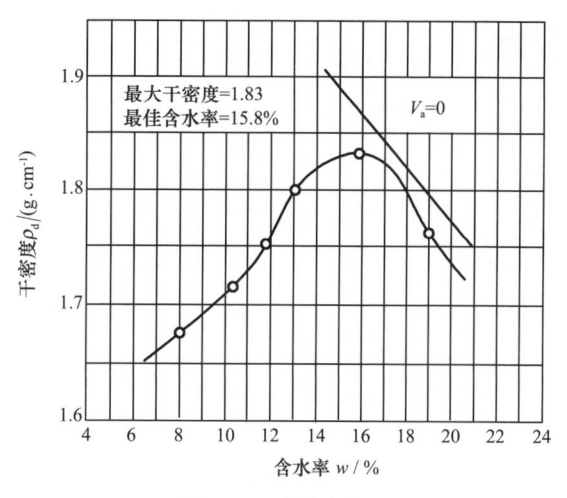

图 2-2-14 曲线击实图

由击实曲线所导出的最佳含水率 w_{0P} 和最大干密度 ρ_{dmax} 这两个指标,对于路基设计和施工都是很重要的依据。最佳含水率 w_{0P} 与塑限含水率 w_P,在击实试验时可取 $w_{0P}=w_P$,或 $w_{0P}=w_P+2$,也可用经验公式:$w_{0P}=(0.65-0.75)w_L$(此即最佳含水率与液限含水率的关系)等作为选择合适的制备土样含水率范围,在缺乏试验资料时参考采用。

表 2-2-10 给出了塑性指数 $I_P<22$ 的土的最佳含水率的经验数值。对一般黏性土来说,其最大干密度(峰值点)所对应的饱和度为 80% 以上。表 2-2-10 是我国一般黏性土的最大干密度和最佳含水率的经验值。

表 2-2-10　　　　塑性指数 $I_P<22$ 的土的最佳含水率经验数值表

塑性指数 I_P	最大密度 $\rho_d/(g \cdot cm^{-3})$	最佳含水率 $w_{0P}/\%$
<10	>1.85	<13
10~14	1.75~1.85	13~15
14~17	1.0~1.75	15~17
17~20	1.65~1.70	17~19
20~22	1.60~1.65	19~21

五　土的工程分类

(一)《土的工程分类标准》(GB/T 50145—2007)

1.基本规定

(1)土的分类应根据土颗粒组成及其特征、土的塑性指标(液限 w_L、塑限 w_P 和塑性指数 I_P)和土中有机质含量来确定。土的粒组根据表 2-2-1 规定的土颗粒粒径范围划分。

(2)土颗粒级配特征应根据土的不均匀系数C_u和曲率系数C_c确定,并应符合下列规定:
①不均匀系数C_u,应按下式计算

$$C_u = \frac{d_{60}}{d_{10}} \qquad (2\text{-}2\text{-}29)$$

②曲率系数C_c,应按下式计算

$$C_c = \frac{d_{30}^2}{d_{10} \times d_{60}} \qquad (2\text{-}2\text{-}30)$$

式中 d_{30}——土的粒径分布曲线上的某粒径,小于该粒径的粒质量为总土粒质量的30%。

③土按其不同粒组的相对含量可划分为巨粒类土、粗粒类土和细粒类土,并应符合下列规定:

a.巨粒类土应按粒组划分。

b.粗粒类土应按粒组、级配、细粒土含量划分。

c.细粒类土应按塑性图、所含粗粒类别以及有机质含量划分。

④细粒土应根据塑性图分类(图2-2-15)。

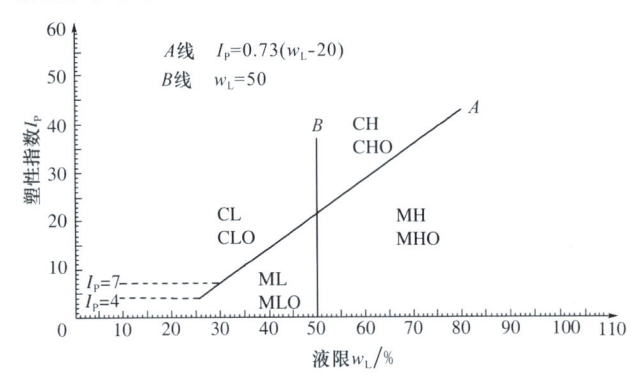

图2-2-15 塑性图

注:图中横坐标为土的液限w_L,纵坐标为塑性指数I_P。

图中的液限w_L为用碟式仪测定的液限含水率或用质量76 g、锥角为30°的液限仪锥尖入土深度17 mm对应的含水率。

图中虚线之间区域为黏土-粉土过渡区。

2.土的分类

(1)巨粒类土的分类应符合表2-2-11的规定。

表2-2-11 巨粒类土的分类

土类	粒组含量		土类代号	土类名称
巨粒土	巨粒含量>75%	漂石含量大于卵石含量	B	漂石(块石)
		漂石含量不大于卵石含量	Cb	卵石(碎石)
混合巨粒土	50%<巨粒含量≤75%	漂石含量大于卵石含量	BSl	混合土漂石(块石)
		漂石含量不大于卵石含量	CbSl	混合土卵石(块石)
巨粒混合土	15%<巨粒含量≤50%	漂石含量大于卵石含量	SlB	漂石(块石)混合土
		漂石含量不大于卵石含量	SlCb	卵石(碎石)混合土

注:巨粒混合土可根据所含粗粒或细粒的含量进行细分。

(2)试样中巨粒组含量不大于15%时,可扣除巨粒,按粗粒类土或细粒类土的相应规定分类;当巨粒对土的总体性状有影响时,可将巨粒计入砾粒组进行分类。

(3)试样中粗粒组含量大于50%的土称粗粒类,其分类应符合下列规定:

①砾粒组含量大于砂粒组含量的土称砾类土。

②砾粒组含量不大于砂粒组含量的土称砂类土。

(4)砾类土的分类应符合表2-2-12的规定。

表 2-2-12　　　　　　　　　　砾类土的分类

土类	粒组含量		土类代号	土类名称
砾	细粒含量<5%	级配 $C_u \geqslant 5$　$1 \leqslant C_c \leqslant 3$	GW	级配良好砾
		级配:不同时满足上述要求	GP	级配不良砾
含细粒土砾	5%≤细粒含量<15%		GF	含细粒土砾
细粒土质砾	15%≤细粒含量<50%	细粒组中粉粒含量不大于50%	GC	黏土质砾
		细粒组中粉粒含量大于50%	GM	粉土质砾

(5)砂类土的分类应符合表2-2-13的规定。

表 2-2-13　　　　　　　　　　砂类土的分类

土类	粒组含量		土类代号	土类名称
砂	细粒含量<5%	级配 $C_u \geqslant 5$　$1 \leqslant C_u \leqslant 3$	SW	级配良好砂
		级配:不同时满足上述要求	SP	级配不良砂
含细粒土砂	5%≤细粒含量<15%		SF	含细粒土砂
细粒土质砂	15%≤细粒含量<50%	细粒组中粉粒含量不大于50%	SC	黏土质砂
		细粒组中粉粒含量大于50%	SM	粉土质砂

(6)试样中细粒组含量不小于50%的土为细粒类土。

(7)细粒类土应按下列规定划分:

①粗粒组含量不大于25%的土称细粒土。

②粗粒组含量大于25%且不大于50%的土称含粗粒的细粒土。

③有机质含量小于10%且不小于5%的土称有机质土。

(8)细粒土的分类应符合表2-2-14的规定。

表 2-2-14　　　　　　　　　　细粒土的分类

土的塑性指标在塑性图中的位置		土类代号	土类名称
$I_P \geqslant 0.73(w_L-20)$ 和 $I_P \geqslant 7$	$w_L \geqslant 50\%$	CH	高液限黏土
	$w_L < 50\%$	CL	低液限黏土
$I_P < 0.73(w_L-20)$ 和 $I_P < 4$	$w_L \geqslant 50\%$	MH	高液限粉土
	$w_L < 50\%$	ML	低液限粉土

注:黏土~粉土过渡区(CL-ML)的土可按相邻土层的类别细分。

(9)含粗粒的细粒土应根据所含细粒土的塑性指标在塑性图中的位置及所含粗粒类别,按下列规定划分:

①粗粒中砾粒含量大于砂粒含量,称含砾细粒土,应在细粒土代号后加代号G。

②粗粒中砾粒含量不大于砂粒含量,称含砂细粒土,应在细粒土代号后加代号S。

(10)有机质土应按表2-2-14划分,在各相应土类代号之后应加代号O。

(11)土的含量或指标等于界限值时,可根据使用目的按偏于安全的原则分类。

(二)《公路土工试验规程》(JTG 3430—2020)中土的分类

《公路土工试验规程》(JTG E3430—2020)中关于土的分类原则与建设部类似,粒组的划分略有不同(表2-2-15),土类的名称和代码见表2-2-16。该规程结合国内外分类体系优点,提出了土质统一分类体系,如图2-2-16所示。根据该规程,各类土的详细分类见图2-2-17~图2-2-20,细粒土应根据塑性图分类(图2-2-14),特殊土的分类在本书学习情境三中要详细介绍,这里就不重复了。

表 2-2-15　　　　　　　　　粒组划分

巨粒组		粗粒组							细粒组	
漂石(块石)	卵石(小块石)	砾(角砾)			砂			粉粒	黏粒
		粗	中	细	粗	中	细		

粒径界限(mm):200　60　20　5　2　0.5　0.25　0.075　0.002

表 2-2-16　　　　　　土类的名称和代码

名称	代号	名称	代号	名称	代号
漂石	B	级配良好砂	SW	含砾低液限黏土	CLG
块石	B_a	级配不良砂	SP	含砂高液限黏土	CHS
卵石	C_b	粉土质砂	SM	含砂低液限黏土	CLS
小块石	Cb_a	黏土质砂	SC	有机质高液限黏土	CHO
漂石夹土	SBl	高液限粉土	MH	有机质低液限黏土	CLO
卵石夹土	CbSl	低液限粉土	ML	有机质高液限粉土	MHO
漂石质土	SlB	含砾高液限粉土	MHG	有机质低液限粉土	MLO
卵石质土	SlCb	含砾低液限粉土	MLG	黄土(低液限黏土)	CLY
级配良好砾	GW	含砂高液限粉土	MHS	膨胀土(高液限黏土)	CHE
级配不良砾	GP	含砂低液限粉土	MLS	红土(高液限粉土)	MHR
细粒质砾	GF	高液限黏土	CH	红黏土	R
粉土质砾	GM	低液限黏土	CL	盐渍土	St
黏土质砾	GC	含砾高液限黏土	CHG	冻土	Ft

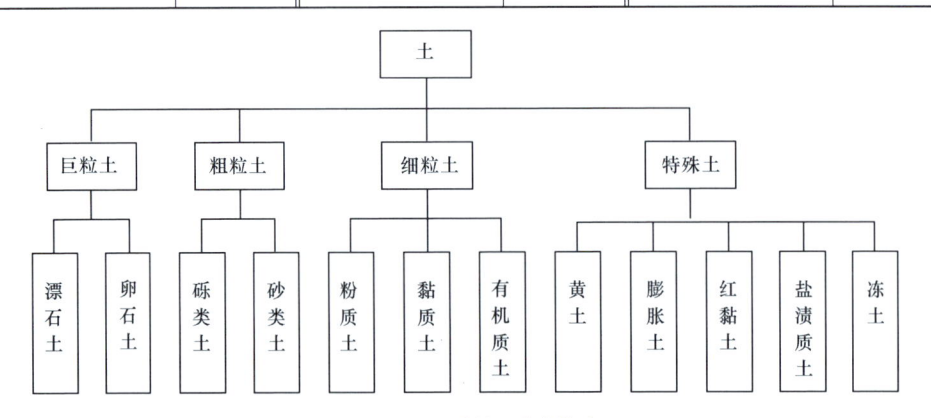

```
                              土
        ┌──────────┬──────────┼──────────┬──────────┐
      巨粒土      粗粒土      细粒土              特殊土
    ┌───┴───┐  ┌───┴───┐  ┌───┬───┬───┐  ┌────┬────┬────┬────┬────┐
  漂石土 卵石土 砾类土 砂类土 粉质土 黏质土 有机质土 黄土 膨胀土 红黏土 盐渍质土 冻土
```

图 2-2-16　土质统一分类体系

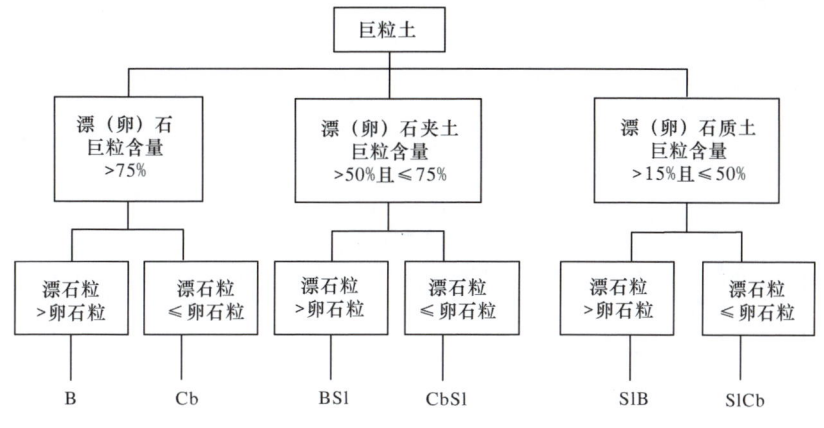

图 2-2-17 巨粒土分类体系

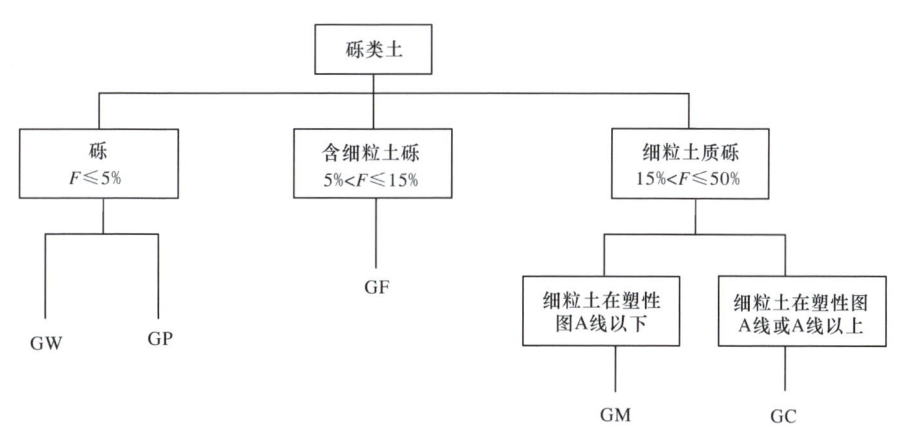

图 2-2-18 砾类土分类体系

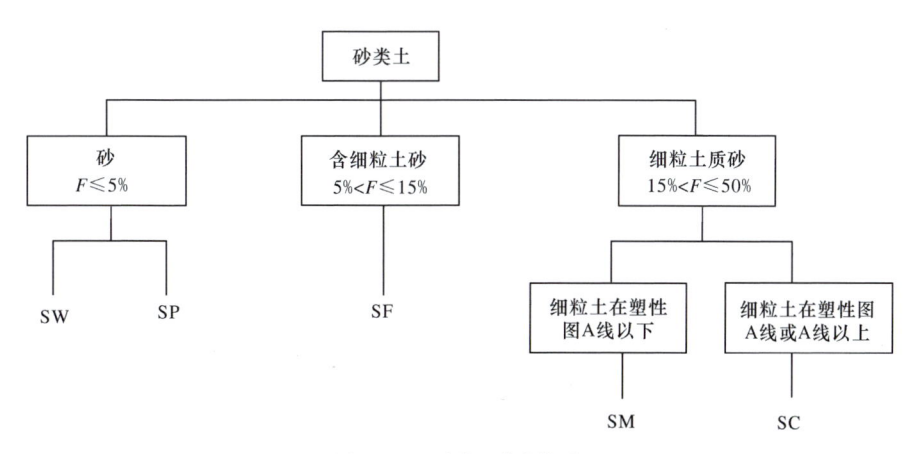

图 2-2-19 砂类土分类体系

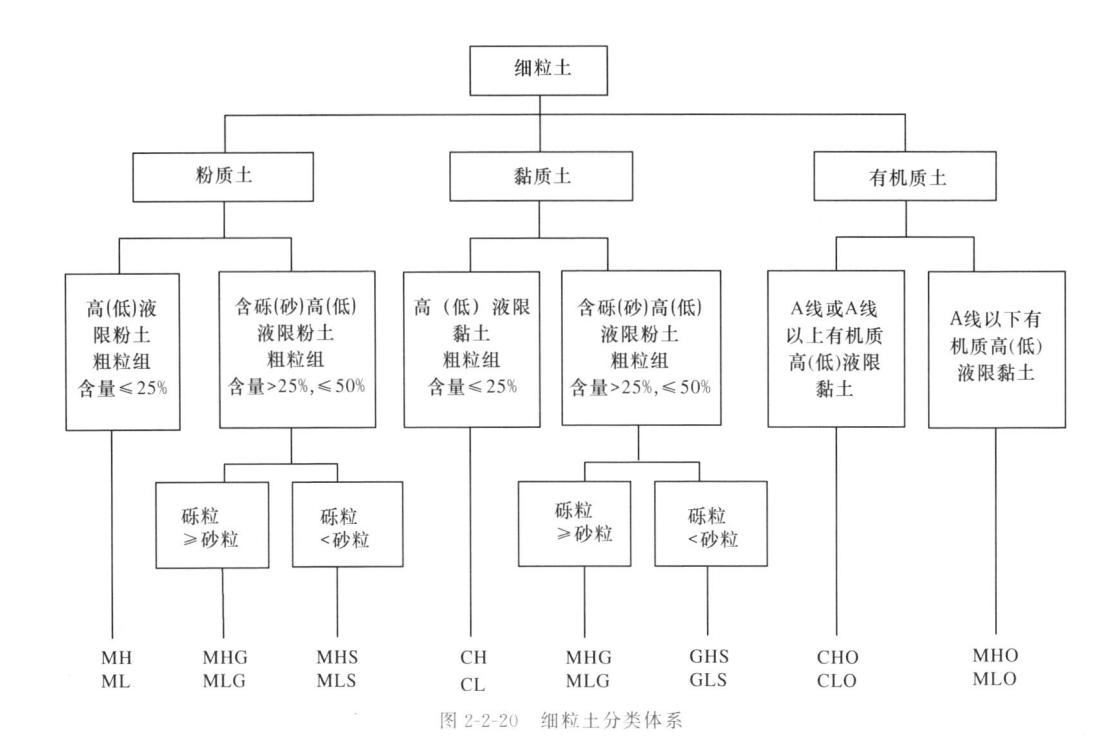

```
                          细粒土
                             │
         ┌───────────────────┼───────────────────┐
       粉质土              黏质土              有机质土
         │                   │                   │
    ┌────┴────┐         ┌────┴────┐         ┌────┴────┐
 高(低)液   含砾(砂)   高(低)液   含砾(砂)   A线或A线  A线以下有
 限粉土    高(低)     限黏土    高(低)     以上有机质 机质高(低)
 粗粒组    液限粉土   粗粒组    液限粉土   高(低)液限  液限黏土
 含量≤25%  粗粒组     含量≤25%  粗粒组     黏土
           含量>25%,≤50%       含量>25%,≤50%
      │        │                  │
      │    ┌───┴───┐          ┌───┴───┐
      │  砾粒    砾粒        砾粒    砾粒
      │  ≥砂粒   <砂粒       ≥砂粒   <砂粒
      │    │       │           │       │         │         │
     MH   MHG    MHS          MHG    GHS        CHO       MHO
     ML   MLG    MLS   CH     MLG    GLS        CLO       MLO
                       CL
```

图 2-2-20　细粒土分类体系

模块三 识读工程地质图

一 地质图

地质图是反映各种地质现象和地质条件的图件,它是由野外地质勘探的实际资料编制而成,是地质勘测工作的主要成果之一。

地质图是指以一定的符号、颜色和花纹将某一地区各种地质体和地质现象(如各种地层、岩体、构造等的产状、分布、形成时代及相互关系)按一定比例尺综合概括地投影到地形图上的一种图件。

除了综合表示各基本地质现象的地质图外,还有着重表示某一方面地质现象的专门地质图件。如反映第四纪地层的成因类型、岩性和生成时代以及地貌成因类型和形状特征的地貌及第四纪地质图;反映地下水的类型、埋藏深度和含水层厚度、渗流方向等的水文地质图,以及综合表示各种工程地质条件的工程地质图等。

工程建设的规划、设计、施工阶段,都需要以地质勘测资料作为依据,而地质图件是可直接利用且使用方便的主要图表资料。因此,学会编制、分析、阅读地质图件的基本方法是很重要的。

(一) 地质图的规格

一幅正规的地质图应该有图名、比例尺、方位、图例和责任表(包括编图单位、负责人员、编图日期及资料来源等),在图的左侧为综合地层柱状图,有时还在图的下方附剖面图。

(1)图名

表明图幅所在的地区和图的类型。一般以图区内主要城镇、居民点或主要山岭、河流等命名。

(2)比例尺

用以表明图幅反映实际地质情况的详细程度。地质图的比例尺与地形图或地图的比例尺一样,有数字比例尺和线条比例尺。比例尺一般注于图框外上方、图名之下或下方正中位置。比例尺的大小反映图的精度,比例尺越大,图的精度越高,对地质条件的反映越详细。比例尺的大小取决于地质条件的复杂程度和建筑工程的类型、规模及设计阶段。

(3)图例

是一张地质图不可缺少的部分。不同类型的地质图各有其表示地质内容的图例。普通地质图的图例用各种规定的颜色和符号来表明地层、岩体的时代和性质。图例通常是放在图框外的右边或下边,也可放在图框内足够安排图例的空白处。图例要按一定顺序排列,一般按地层、岩石和构造这样的顺序排列。

①地层图例的安排是从上到下由新到老;如果放在图的下方,一般是由左向右从新到老排列。图例方格内标的颜色和符号与地质图上同层位的颜色和符号相同,并在方格外适当位置注明地层时代和主要岩性。已确定时代的喷出岩、变质岩要按其时代排列在地层图例的相应位置上。

②构造符号的图例放在地层、岩石图例之后,一般的排列顺序是:地质界线、断层、节理等。凡图内表示出的地层、岩石、构造及其他地质现象都应有图例,断层线应用红色线表示。

(4)责任表

图框外右上侧写明编图日期;左下侧注明编图单位、技术负责人及编图人;右下侧注明引用资料(如图件)的单位、编制者及编制日期。也可将上述内容列绘成"责任表"放在图框外右下方。

(二)地质图的内容

一幅完整的地质图应包括平面图、剖面图和柱状图。

平面图是反映地表地质条件的图,是最基本的图件,如图 2-3-1(b)所示。

剖面图是配合平面图,反映一些重要部位的地质条件,它对地层层序和地质构造现象的反映比平面图更清晰、更直观。正规地质图常附有一幅或数幅切过图区主要构造的剖面图,置于图的下方。在平面图标注出切图位置,剖面图所用地层符号、色谱应与地质平面图一致,如图 2-3-1(c)所示。

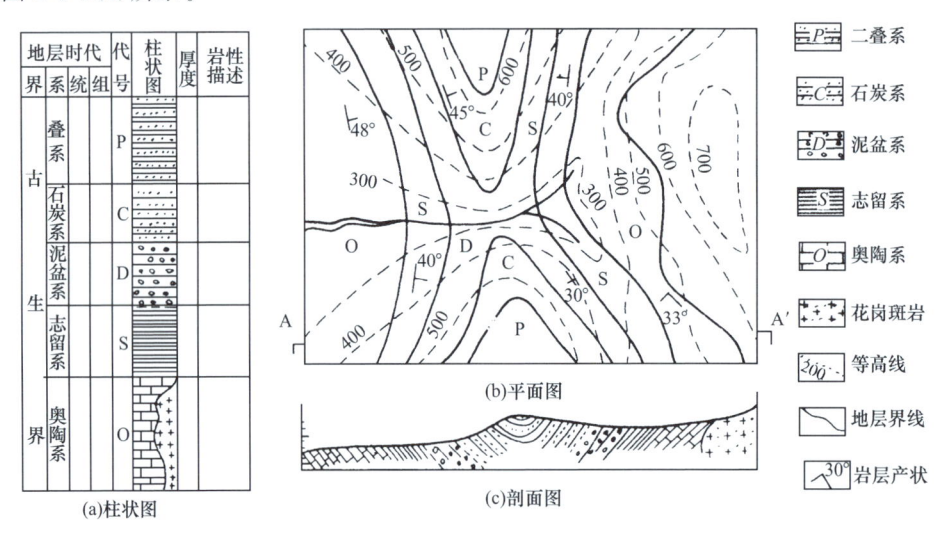

图 2-3-1 综合地质图

正式的地质图或地质报告中常附有工作区的综合地层柱状图,简称柱状图。柱状图可以附在地质图的左边,也可以单独绘制,如图 2-3-1(a)所示。比例尺可根据反映地层详细程度的要求和地层总厚度而定。图名书写于图的上方,一般标为"××地区综合地层柱状图"。综合地层柱状图是按工作区所有涉及的地层的新老叠置关系恢复成原始水平状态切出的一个具有代表性的柱形。在柱状图中表示出各地层单位、岩性、厚度、时代和地层间的接触关系等。

(三)地质图上反映的地质条件

(1)不同产状岩层界线的分布特征

①水平岩层:岩层界线与地形等高线平行或重合,如图 2-3-2 所示。

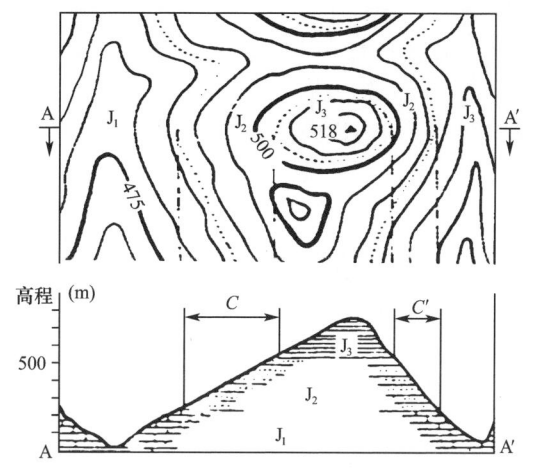

图 2-3-2　水平岩层在地质图上的分布特征(上:平面图;下:剖面图)

②倾斜岩层:倾斜岩层的分界线在地质图上是一条与地形等高线相交的"V"字形曲线。当岩层倾向与地面倾斜的方向相反时,在山脊处"V"字形的尖端指向山麓,在沟谷处"V"字形的尖端指向沟谷上游,但岩层界线的弯曲程度比地形等高线的弯曲程度要小,如图 2-3-3

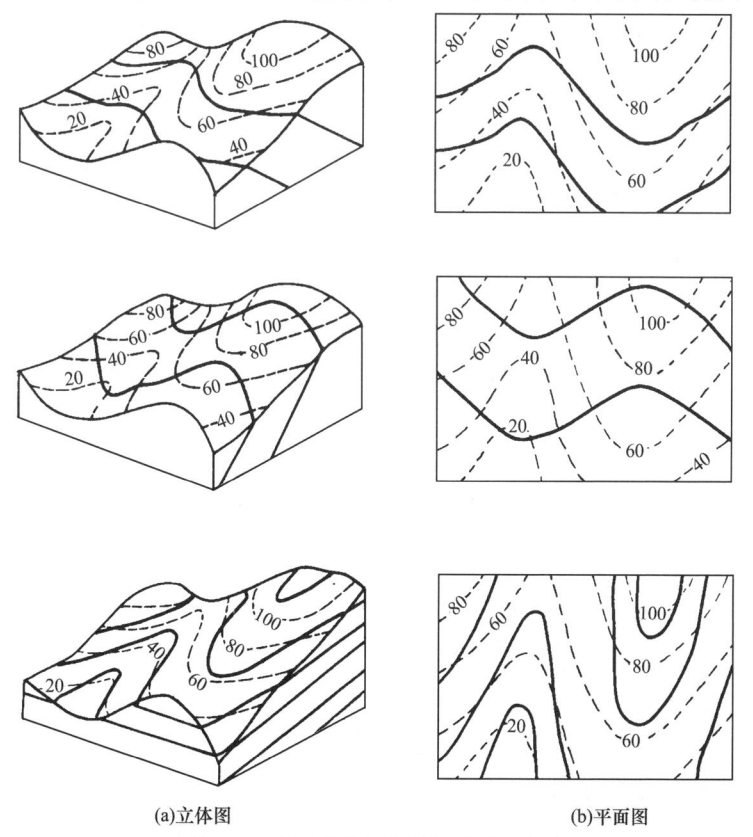

(a)立体图　　　　　　　　　(b)平面图

图 2-3-3　倾斜岩层在地质图上的分布特征

所示;当岩层倾向与地形坡向一致时,若岩层倾角大于地形坡角,则岩层分界线的弯曲方向和地形等高线的弯曲方向相反,如图 2-3-3 所示;当岩层倾向与地形坡向一致时,若岩层倾角小于地形坡角,则岩层分界线弯曲方向和等高线相同,但岩层界线的弯曲度大于地形等高线的弯曲度,如图 2-3-3 所示。

③直立岩层:岩层界线不受地形等高线影响,沿走向呈直线延伸,如图 2-3-4 所示。

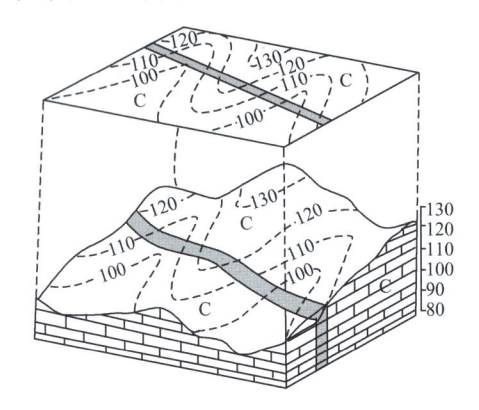

图 2-3-4　直立岩层在地质图上的分布特征

(2)褶皱

一般根据图例符号识别褶皱,若没有图例符号,则需根据岩层的新、老对称分布关系确定,如图 2-3-5 所示。

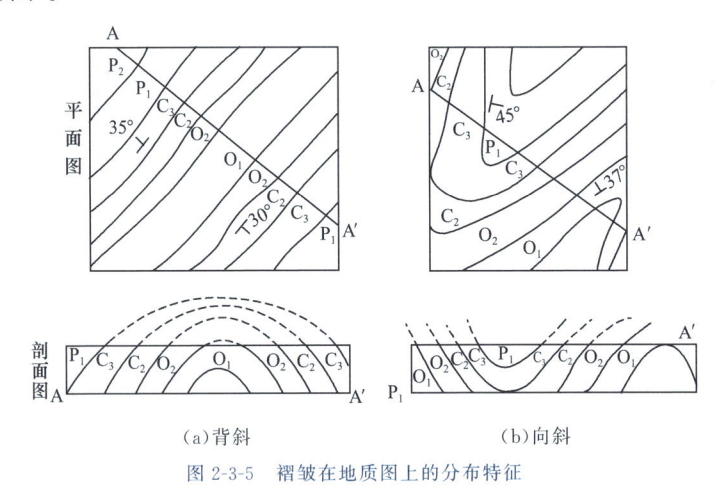

(a)背斜　　　　　　　　　　(b)向斜

图 2-3-5　褶皱在地质图上的分布特征

(3)断层

一般也是根据图例符号识别断层,若无图例符号,则根据岩层分布、重复、缺失、中断、宽窄变化或错动等现象识别。一般有两种情况:

①当断层走向大致平行岩层走向时,断层线两侧出露老岩层的为上升盘,出露新岩层的为下降盘,如图 2-3-6 所示,F_3 为一逆断层。

②当断层与褶皱轴垂直或相交时:对于背斜而言,变宽的是上升盘;对于向斜而言,变宽的是下降盘,如图 2-3-7 所示,F_2 为一正断层。

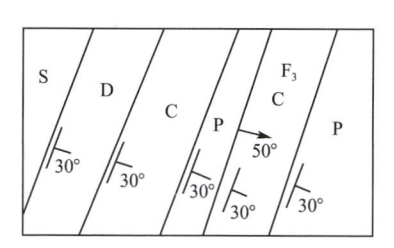

图 2-3-6　断层在地质图上的分布特征

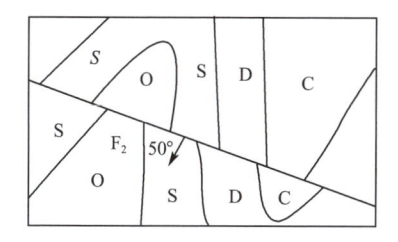

图 2-3-7　断层与褶皱轴垂直或相交时在地质图上的分布特征

(4) 地层接触关系

整合和平行不整合在地质图上的表现是相邻岩层的界线弯曲特征一致,只是前者相邻岩层时代连续,而后者则不连续;角度不整合在地质图上的特征是新岩层的分界线中断了老岩层的分界线;侵入接触使沉积岩层界线在侵入体出露处中断,但在侵入体两侧无错动;沉积接触表现出侵入体被沉积岩层覆盖中断。

(四) 地质图的阅读分析

1. 读图步骤与要求

一幅地质图反映了该地区各方面的地质情况。在一定的地形图和地图知识的基础上,应该按照图名、比例尺和图例的顺序读地质图,综合分析各种地质现象之间的关系及规律性。

从图名和图幅代号、经纬度,了解图幅的地理位置和图的类型;从比例尺可以了解图上线段长度、面积大小和地质体大小及反映详略程度;图幅编绘出版年月和资料来源,便于查明工作区研究史。

在比例尺较大(大于 1∶5 000)的地形地质图上,从等高线形态和水系可了解地形特点。在中小比例尺(1∶10 万~1∶50 万)地质图上,一般无等高线,可根据水系分布、山峰标高的分布变化,认识地形的特点。通过图例可以了解图示地区出露哪些岩层及其新老关系。看比例尺可以知道缩小的程度。

熟悉图例是读图的基础。首先要熟悉图幅所使用的各种地质符号,从图例可以了解到图区出露的地层及其时代、顺序,地层间有无间断以及岩石类型、时代等。读图例时,最好与图幅地区的综合地层柱状图结合起来读,了解地层时代顺序和它们之间的接触关系(整合或不整合)。有的地质平面图往往绘有等高线,可以据此分析山脉的延伸方向、分水岭所在、最高点、最低点、相对高差等。如不带等高线,可以根据水系的分布来分析地形特点,一般河流总是从地势高处流向地势低处,根据河流流向可判断出地势的高低起伏状态。

上述内容仅仅是阅读地质图的一般步骤和方法,至于如何具体分析,必须通过实践来逐步掌握。

2. 普通地质图阅读方法

【案例】以某地区地质图(图 2-3-8、图 2-3-9)为例,介绍阅读地质图的方法。

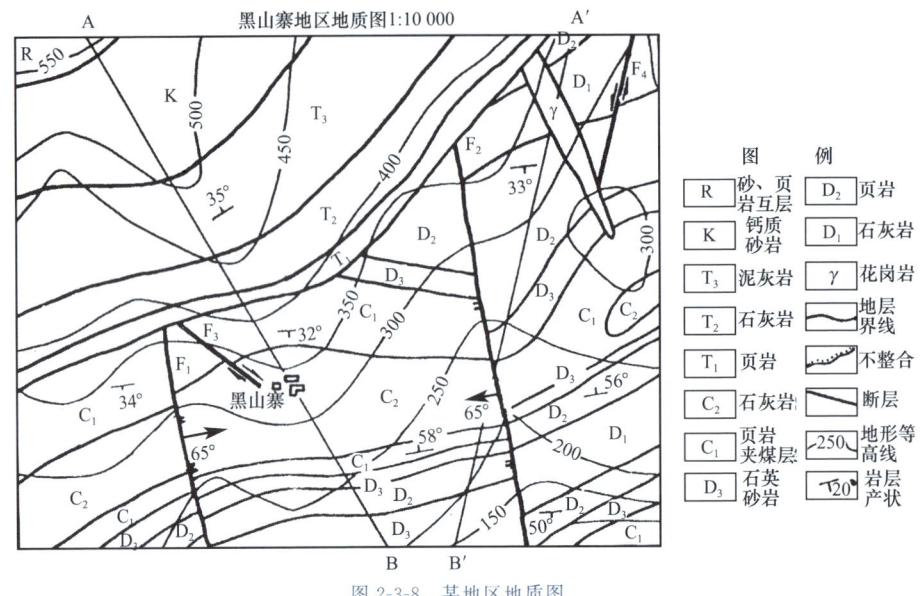

图 2-3-8　某地区地质图

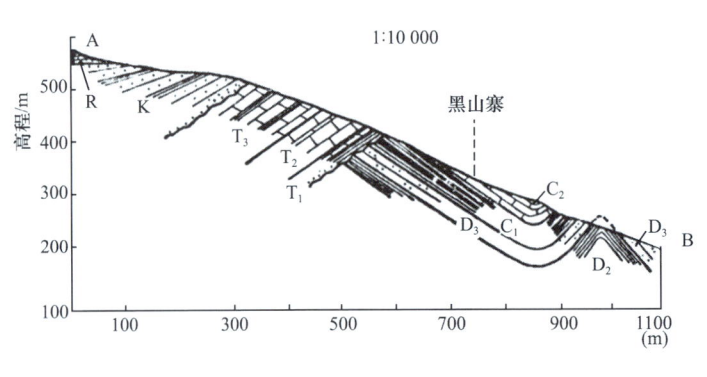

图 2-3-9　某地区地质剖面图

(1) 比例尺

该地质图比例尺为 1∶10 000,即图上 1 cm 代表实地距离 100 m。

(2) 地形地貌

本地区西北部最高,高程约为 570 m;东南较低,约 100 m;相对高差约为 470 m。东部有一山冈,高程为 300 多米。顺地形坡向有两条北北西向沟谷。

(3) 地层岩性

本区出露地层从老到新有:古生界——下泥盆统(D_1)石灰岩、中泥盆统(D_2)页岩、上泥盆统(D_3)石英砂岩;下石炭统(C_1)页岩夹煤层、中石炭统(C_2)石灰岩。中生界——下三叠统(T_1)页岩、中三叠统(T_2)石灰岩、上三叠统(T_3)泥灰岩;白垩系(K)钙质砂岩。新生界——第三系(R)砂、页岩互层、古生界地层分布面积较大。中生界、新生界地层出露在北、西北部。

除沉积岩层外，还有花岗岩脉侵入，出露在东北部。侵入在三叠系以前的地层中，属海西运动时期的产物。

(4)地质构造

岩层产状：R为水平岩层；T、K为单斜岩层，产状330°∠35°；D、C地层大致近东西或北东东向延伸。

褶皱：古生界地层从D_1至C_2由北部到南部形成三个褶皱，依次为背斜、向斜、背斜。褶皱轴向为NE75°~80°。

①东北部背斜：背斜核部较老地层为D_1，北翼为D_2，产状345°∠33°；南翼由老到新为D_2、D_3、C_1、C_2，岩层产状165°∠36°；两翼岩层产状，为直立褶皱。

②中部向斜：向斜核部较新地层为C_2，北翼即上述背斜南翼；南翼出露地层为C_1、D_3、D_2、D_1，产状345°∠56°~58°；由于两翼岩层倾角不同，故为倾斜向斜。

③南部背斜：核部为D_1，两翼对称分布D_2、D_3、C_1，为倾斜背斜。

这三个褶皱发生在中石炭世(C_2)之后，下三叠世(T_1)以前。因为从D_1至C、D_2、D_3、C_1的地层全部经过褶皱变动，而T_1以后的地层没有受此褶皱影响，但T_1~T_3及K地层是单斜构造，产状与D、C地层不同，它可能是另一个向斜或背斜的一翼，是另一次构造运动所形成，发生在K以后，R以前。

断层：本区有F_1、F_2两条较大断层，因岩层沿走向延伸方向不连续，断层走向345°，断层面倾角较陡，F_1为75°∠65°，F_2为225°∠65°，两断层都是横切向斜轴和背斜轴的正断层。另外从断层同侧向外核部C_2地层出露宽度分析，也可说明断层间的岩层相对下移，所以两断层的组合关系为地堑。

此外尚有F_3、F_4两条断层，F_3走向300°，F_4走向30°，为规模较小的平移断层。断层也形成于中石炭世(C_2)之后，下三叠世(T_1)以前，因为断层没有错断T_1以后的岩层。

从该区褶皱和断层分布时间和空间来分析，它们是处于同一构造应力场，受到同一构造运动所形成。压应力主要来自北北西向，故褶皱轴向为北东东。F_1、F_2两断层为受张应力作用形成的正断层，故断层走向大致与压应力方向平行，而F_3、F_4则为剪应力所形成的扭性断层。

(5)接触关系

第三系(R)与其下伏白垩系(K)产状不同，为角度不整合接触。

白垩系(K)与下伏上三叠统(T_3)之间，缺失侏罗系(J)，但产状大致平行，故为平行不整合接触。T_3、T_2、T_1之间为整合接触。

下三叠统(T_1)与下伏石炭系(C_1、C_2)及泥盆系(D)直接接触，中间缺失二叠系(P)及上石炭统(C_3)，且产状呈角度相交，故为角度不整合接触。由C_2至D_1各层之间均为整合接触。

花岗岩脉(γ)切穿泥盆系(D)及下石炭统(C_1)地层并侵入其中，故为侵入接触。因未切穿上覆下三叠统(T_1)地层，故γ与T_1为沉积接触，说明花岗岩脉(γ)形成于下石炭世(C_1)以后、下三叠世(T_1)以前，但规模较小，产状呈北北西—南南东分布直立岩墙。

二　工程地质图

工程地质图是按比例尺表示工程地质条件在一定区域或建筑区内的空间分布及其相互关系的图件，是结合地质工程建筑需要的指标测制或编绘的地图。通常包括工程地质平面图、剖面图、地层柱状图和某些专门性图件，有时还有立体投影图。它以工程地质测绘所得图件为基础，并充实以必要的勘探、试验和长期观测所获得的资料编绘而成。它同工程地质勘察报告书一起作为工程地质勘察的综合性文件，是建筑物的规划、设计和施工的重要基础资料之一。

(一) 工程地质图的特点与分类

工程地质图是工程地质图测绘、勘探、试验等项工作的综合总结性成果。它不像地质图或地貌图那样主要是通过测绘"制"成的，而是以这些图件为基础图，再把通过勘探对地下地质的了解，以及通过试验取得的资料等综合起来"编"成的。根据图的比例尺以及工程的特点和要求，还可以编绘一些其他的图作为附件。工程地质图可按其内容和用途进行分类。

(1) 按内容分类

按图的内容可分为工程地质条件图、工程地质分区图和综合工程地质图等。

①工程地质条件图：只反映图区内主要工程地质条件的分布与相互关系。

②工程地质分区图：按照工程地质条件相似程度，把制图范围内划分成为若干个区，并可作几级划分。这种图的图面上只有分区界和各区的代号，但没有表示工程地质条件的实际资料。常列表说明各区的工程地质特征，作出评价。

③综合分区图：图上既综合表现工程地质条件的有关资料，又有分区，并对各区的建筑适宜性作出评价。一般所指的工程地质图即属此类，是生产实际中最常用的图式。

(2) 按用途分类

按图的用途可分为专用图和通用图两类。

①通用图：通用图适用于各建设部门、系规划用的小比例尺图，主要反映工程地质条件区域性变化规律。它是以区域地质测量完成的1：20万地质图为基础，参阅区内已有的各种专用图件，在室内编制而成。例如我国1965年出版的《中华人民共和国自然地图集》中的1：10000000《中国工程地质图》即属此类。

②专用图：专用图只适用于某一建设部门，所反映的工程地质条件和作出的评价均与某种工程的要求紧密结合。如为公路建筑编制的工程地质图只需了解地表以下10~15 m深度内的工程地质条件；渠道建筑所需的工程地质图则必须反映土石的渗透性能；为一般工业民用建筑而编制的工程地质图，则还需反映土石的承载能力等。中国以往的工程地质图，大多是各建设部门为各类工程建筑物的设计和施工的需要，经大比例尺工程地质测绘而编制的专用图。这种图适用于各种比例尺，但更多地用于大中比例尺。

(二) 工程地质图表示的内容

一般来说，正式的工程地质图（一般为综合分区图）上，都有工程地质条件的综合表现，并进行分区、作出工程地质评价。因此工程地质条件表示的内容主要为：

(1)地形地貌

图上表示有地形起伏,沟谷割切的密度、宽度和深度,斜坡的坡度、山地、河谷结构、阶地、夷平面及等级、岩溶地貌形态等。

(2)岩土类型单元、性质、厚度变化

图上应有基岩中的软弱夹层、松软土的厚度等。

(3)地质结构

基岩产状、褶皱及断裂,应在图上用产状符号、褶皱轴线、断层线(在大比例尺上按其实际宽度)加以表示。

(4)水文地质条件

应表示出地下水位、井泉位置,隔水层和透水层的分布,岩土含水性及富水性,地下水的化学成分及侵蚀性等。

(5)不良地质现象

一般表示有各种不良地质现象,如滑坡、岩溶、岩堆、泥石流、地震烈度及其分区、风化壳厚度等。

(三)工程地质图的附件

工程地质图是由一套图组成的,前面所说的是其中的主图,其余的图件则为附图。有了附图就能使主图的内容更易理解,更加明晰,而且共同充分反映场区工程地质条件,说明分区特征。主要附图如下:

(1)岩土单元综合柱状图

与地质图上的地层综合柱状图基本相同,所不同的是这里不是按地层划分,而是工程地质单元划分。对软弱夹层、透水性强烈的单元体还有专门说明。

(2)工程地质剖面图

根据地质剖面图、勘探资料试验成果,编制工程地质剖面图,以揭示一定深度范围内的垂向地质结构。

(3)立体投影图

包含 X、Y、Z 三轴线的投影图,这种图能够清楚地表示出建筑地的地质结构,对选择建筑物的地点和预测地基稳定性有帮助。

(4)平切面图

用以表示地下某一高程的地质结构的平面图,主要用于重大建筑物的基础底面,拱坝坝肩部位工程地质条件较复杂的情况。这种图主要是根据勘探和测试资料绘制的。

三 公路工程地质图

公路工程地质图是公路工程专用的地质图,是在普通地质图的基础上,反映一个地区工程地质条件的地质图。根据具体工程项目又可细分为路线工程地质图、桥梁工程地质图、隧道工程地质图,但一般比例尺较大。

模块四

公路工程地质勘察报告书的内容与编制

工程地质勘察报告书是工程地质勘察的文字成果，为工程建设的规划、设计和施工提供参考应用。

一　工程地质勘察报告书的内容

工程地质勘察的最终成果是以《工程地质勘察报告书》的形式提交的，封面一般如图2-4-1所示，目录如图 2-4-2 所示。报告书中包含了直接或间接得到的各种工程地质资料；还包含了勘察单位对这些资料的检查校对、分析整理和归纳总结过程、有关场地工程地质条件的评价结论及相关分析评价依据。报告以简要明确的文字和图表两种形式编写而成，具体内容除应满足《岩土工程勘察规范》的相关内容外，还和勘察阶段、勘察任务要求和场地及工程的特点等有关。单项工程的勘察报告书一般包括两项内容：文字部分和图表部分。

```
施工图设计阶段
沪瑞国道主干线贵州省镇宁至胜境关公路
第三合同段

坝陵河大桥施工图设计
工程地质勘察报告

贵州省地矿局第二工程勘察院
中央公路规划设计院
二〇一六年十二月
```

图 2-4-1　工程地质勘察报告书封面示例

1. 文字部分

文字部分主要为以下内容：

(1) 工程概况、勘察任务、勘察基本要求、勘察技术要求及勘察工作简况。

(2) 场地位置、地形地貌、地质构造、不良地质现象及地震设防烈度等。

(3) 场地的岩土类型、地层分布、岩土结构构造或风化程度、场地土的均匀性、岩土的物

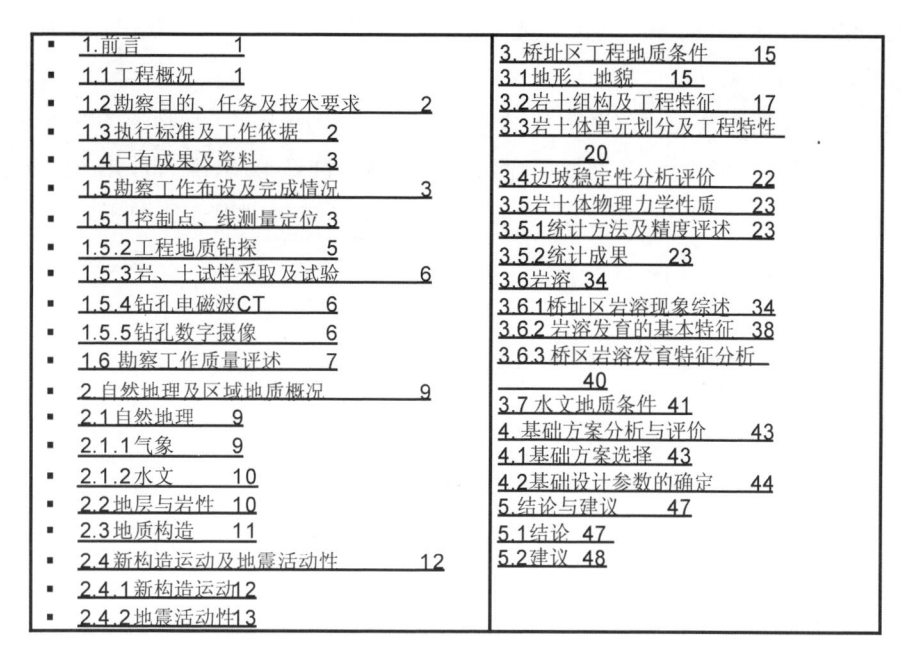

▪ 1.前言　　　　　　　　　　1 ▪ 1.1 工程概况　　　　　　　1 ▪ 1.2 勘察目的、任务及技术要求　2 ▪ 1.3 执行标准及工作依据　　2 ▪ 1.4 已有成果及资料　　　　3 ▪ 1.5 勘察工作布设及完成情况　3 ▪ 1.5.1 控制点、线测量定位 3 ▪ 1.5.2 工程地质钻探　　　　5 ▪ 1.5.3 岩、土试样采取及试验　6 ▪ 1.5.4 钻孔电磁波CT　　　　6 ▪ 1.5.5 钻孔数字摄像　　　　6 ▪ 1.6 勘察工作质量评述　　　7 ▪ 2.自然地理及区域地质概况　9 ▪ 2.1 自然地理　9 ▪ 2.1.1 气象　　9 ▪ 2.1.2 水文　　10 ▪ 2.2 地层与岩性　10 ▪ 2.3 地质构造　　11 ▪ 2.4 新构造运动及地震活动性　12 ▪ 2.4.1 新构造运动12 ▪ 2.4.2 地震活动性13	▪ 3.桥址区工程地质条件　　　15 ▪ 3.1 地形、地貌　15 ▪ 3.2 岩土组构及工程特征　　17 ▪ 3.3 岩土体单元划分及工程特性 　　20 ▪ 3.4 边坡稳定性分析评价　　22 ▪ 3.5 岩土体物理力学性质　　23 ▪ 3.5.1 统计方法及精度评述　23 ▪ 3.5.2 统计成果　23 ▪ 3.6 岩溶　34 ▪ 3.6.1 桥址区岩溶现象综述　34 ▪ 3.6.2 岩溶发育的基本特征　38 ▪ 3.6.3 桥区岩溶发育特征分析 　　40 ▪ 3.7 水文地质条件 41 ▪ 4.基础方案分析与评价　　　43 ▪ 4.1 基础方案选择　43 ▪ 4.2 基础设计参数的确定　　44 ▪ 5.结论与建议　47 ▪ 5.1 结论　47 ▪ 5.2 建议　48

图 2-4-2　工程地质勘察报告书目录示例

理力学性质、地基承载力以及变形和动力等其他设计计算参数或指标。

（4）地下水的埋藏条件、分布变化规律、含水层的性质类型、其他水文地质参数、场地土或地下水的腐蚀性以及地层的冻结深度。

（5）关于建筑场地及地基的综合工程地质评价以及场地的稳定性和适宜性等结论。

（6）针对工程建设中可能出现或存在的问题的措施和施工建议。

2.图表部分

图表主要包括勘察点（线）的平面位置图及场地位置示意图、钻孔柱状图、工程地质剖面图、综合地质柱状图、土工试验成果总表和其他测试成果图表（如现场载荷试验、标准贯入试验、静力触探试验等原位测试成果图表），其附图目录如图 2-4-3 所示。

```
附图目录

附图1    坝陵河大桥施工图设计阶段工程勘察地质图    1:5000
附图2    坝陵河大桥东岸工程地质图            1:2000
附图3    坝陵河大桥西岸工程地质图            1:2000
附图4    坝陵河大桥施工图设计阶段工程勘察地质纵剖面图1:2000
附图5    坝陵河大桥施工图设计阶段工程勘察地质横断面图1:500
附图6    坝陵河大桥施工图设计阶段工程勘察钻孔地质柱状图
         1:300~1:400

附表目录

坝陵河大桥施工图设计阶段工程勘察岩石试验成果表
```

图 2-4-3　工程地质勘察报告书附图目录示例

上述报告书的内容并不是每一份勘察报告都必须全部具备的,具体编写时可视工程要求和实际情况酌情简化。

勘探点平面布置图及场地位置示意图是在勘察任务书所附的场地地形图的基础上绘制的,图中应注明建筑物的位置,各类勘探、测试点的编号、位置(力求准确),并用图例表将各勘探、测试点及其地面标高和探测深度表示出来。图例还应对剖面连线和所用其他符号加以说明。

二 工程地质勘察报告书的编制

工程地质勘察报告书的编制是在综合分析各项勘察工作所取得的成果基础上进行的,必须结合建筑类型和勘察阶段规定其内容和格式。各类勘察规范中虽然载有编写工程地质勘察报告书的提纲,但也要根据实际情况适当灵活,不可受其拘束、强求统一。

1. 工程地质勘察报告书文字部分的编写

报告书的任务在于阐明工作地区的工程地质条件,分析存在的工程地质问题,从而对建筑地区作出工程地质评价,得出结论,适应任务的要求。报告书在内容结构上一般分为结论、通论、专论和结论几个部分。每一部分的内容虽各有侧重,但各部分是紧密联系着的。

(1)绪论的内容主要是说明勘察工作的任务、勘察阶段和需要解决的问题、采用的勘察方法及其工作量,以及取得的成果,附以实际材料图。为了明确勘察的任务和意义,应先说明建筑的类型和规模,以及它的国民经济意义。

(2)通论是阐明工作地区的工程地质条件、区域地质地理环境和各种自然因素,如大地构造、地势、气候等,对该区工程地质条件形成的意义。因而通论一般可分为区域自然地理概述、区域地质、地貌、水文地质概述以及建筑地区工程地质条件概述等,其内容应当既能阐明当地工程地质条件的特征及其变化规律,又需紧密联系工程目的。

(3)专论是工程地质勘察报告书的中心内容。因为它既是结论的依据,又是结论内容选择的标准。专论的内容是对建设中可能遇到的工程地质问题进行分析,并回答设计方面提出的地质问题与要求,对建筑地区作出定性的以及定量的工程地质评价;作为选定建筑物位置、结构形式和规模的地质依据,并在明确不利的地质条件的基础上,考虑合适的处理措施。专论部分的内容与勘察阶段的关系特别密切,勘察阶段不同,专论涉及的深度和定量评价的精度也有差别。

(4)结论的内容是在专论的基础上对各种具体问题作出简要明确的回答。态度要明朗,措辞要简练,评价要具体,对问题不要含糊其辞,模棱两可。

以下是《×××公路工程地质勘察报告》中的"结论与建议"部分,简单介绍如下:

第九章 结论与建议

一、结论

1. 桥涵基础类型及埋置深度

段内覆土及基岩全强风化层普遍较薄,桥涵的墩台建议多采用明挖基础,个别桥址区覆土较厚,可采用桩基。基础均应置于基岩的弱风化带(W2)一定深度内;施工时注意加强基坑排水和临时支护,河谷地段基坑施工应预防涌泥涌砂,到持力层以后及时清底和下基封闭,严禁长期暴晒和浸泡,以免降低持力层强度。

2. 隧道工程

段内隧道进出口普遍存在风化土层,岩层节理发育,围岩类别低,施工时应加强进出口临时支护和地表的排水工作,洞内施工时加强通风和监测工作。

3. 路基工程

段内路基填方地段,覆土一般无软弱土及液化土,地基土一般不会产生不均匀沉降问题;局部丘间洼地、河谷平原、水田地段和浸水湿地及陡坡地段设计施工时应考虑对表层软土和杂草的清除,必要时对较厚软土层进行清除换填或碎石桩等加固处理;施工时需分层夯实填筑并控制填筑速度,做好排水工作。

段内挖方地段,地层岩性为砂岩、花岗岩类及泥质粉砂岩、砾、页岩。花岗岩区段风化层较厚,节理发育,岩体破碎,边坡不宜过陡,应分级预留平台。同时加强高边坡的挡护和绿化,做好天沟和边沟的排水工作。

段内分布的一些土质浅层滑坡和崩塌,一般规模较小,对构筑物影响小或无影响,个别路线附近滑坡可采用挖方清除、抗滑及排水等措施处理。

二、存在的问题

由于本阶段勘探和勘测同时进行,路线方案根据工程数量不断优化,致使部分钻孔偏离路线中心,个别工点无钻探孔控制,工点地质资料只能参考附近钻探孔填绘。

三、下阶段应注意事项

1. 进一步采用综合勘察手段,查明段内覆土、浅层软土分布范围、厚度及埋深等。以便为工程设计和处理供可靠的地质依据。

2. 加强地下水、地表水水质复查,取样密度应加大。

(5)案例

我们用几个实例来看看勘察报告的文字部分内容,具体如下:

【实例1】×××场地岩土工程勘察报告。

目　录

一　前言
　1. 委托单位
　2. 场地地理位置
　3. 工程简况
　4. 勘察目的任务(要求)
　5. 勘察工作日期
二　勘察方法及工作布置
　1. 勘察技术依据
　2. 勘察工作布置
三　场地岩土工程件
　1. 地形地貌
　2. 气象与水文
　3. 地层结构及岩土特征
　4. 岩土物理力学性质
　5. 地下水
　6. 不良地质现象
四　场地工程地质评价
　1. 场地稳定性评价
　2. 场地地震效应评价(场地类别、抗震设计参数)
　3. 边坡稳定性评价(分析方法、定性分析与评价、定量分析与评价)
　4. 场地岩土物理力学性质评价
　5. 地基均匀性评价
五　地基基础设计方案论证
　1. 天然地基
　2. 其他地基
　3. 论证分析结果
　4. 边坡治理方案及论证结论

附录:图表及其他资料
　1. 工程勘察平面布置图
　2. 综合工程地质或工程地质分区图
　3. 工程地质剖面图
　4. 地质柱状图或综合地质柱状图
　5. 有关测试图表
　6. 有关编录描述及照片或影像资料

【实例 2】×××公路桥梁检测工程勘察报告。

<table>
<tr><th colspan="2">目　录</th><th>附图(表)</th></tr>
<tr><td>第一章</td><td>勘察概况 ……………………………………</td><td>1.图例与符号</td></tr>
<tr><td>第一节</td><td>工程概况 ……………………………………</td><td>2.全线工程地质综合平面图</td></tr>
<tr><td>第二节</td><td>勘察目的与要求 ……………………………</td><td>3.工程地质纵断面图</td></tr>
<tr><td>第三节</td><td>勘察工作执行及参照的技术规范、规程 ………</td><td>4.工程地质柱状图</td></tr>
<tr><td>第四节</td><td>工作概况及完成的工作量 …………………</td><td>5.十字板剪切试验成果图表</td></tr>
<tr><td>第五节</td><td>勘察手段与方法 ……………………………</td><td>6.全线工作量及勘探点数据一览表附表 1</td></tr>
<tr><td>第六节</td><td>利用资料 ……………………………………</td><td>7.全线各岩土层厚度、埋深、标高统计表附表 2</td></tr>
<tr><td>第二章</td><td>区域工程地质条件 …………………………</td><td>8.全线各岩土层标准贯入试验成果统计表附表 3</td></tr>
<tr><td>第一节</td><td>气象、水文 …………………………………</td><td>9.全线各岩土层土工试验统计表附表 4</td></tr>
<tr><td>第二节</td><td>地形、地貌 …………………………………</td><td>10.全线软土三轴剪切试验统计表附表 5</td></tr>
<tr><td>第三节</td><td>水文地质条件 ………………………………</td><td>11.全线岩石抗压强度试验统计表附表 6</td></tr>
<tr><td>第四节</td><td>地层岩性 ……………………………………</td><td>12.沿线不良地质与特殊性岩土一览附表 8</td></tr>
<tr><td>第五节</td><td>地质构造与地震 ……………………………</td><td>13.土工试验报告</td></tr>
<tr><td>第三章</td><td>线路工程地质特征 …………………………</td><td>14.岩石抗压强度试验报告</td></tr>
<tr><td>第一节</td><td>岩土分层及其特征 …………………………</td><td>15.水质分析报告</td></tr>
<tr><td>第二节</td><td>沿线不良地质、特殊性岩土及其评价 ……</td><td>16.三轴剪切试验</td></tr>
<tr><td>第三节</td><td>岩土物理力学性质统计指标及参数建议 ………</td><td>17.固结试验成果</td></tr>
<tr><td>第四章</td><td>环境工程地质 ………………………………</td><td>18.颗粒分析试验</td></tr>
<tr><td>第五章</td><td>基础类型及参数 ……………………………</td><td>19.无侧限抗压强度试验</td></tr>
<tr><td>第六章</td><td>原勘察资料与本次勘察差异 ………………</td><td>20.岩芯彩色照片</td></tr>
<tr><td>第七章</td><td>结论与建议 …………………………………</td><td></td></tr>
</table>

【实例 3】×××路线工程地质勘察报告。

目　　录	图　表　资　料
1.0 序　言	工程地质图例
1.1 工程概况	综合地层柱状图
1.2 勘察工作目的、依据、起讫时间、完成的工作量	路线工程地质平面图 1∶2 000
1.3 勘察工作的主要方法	路线工程地质纵断面图　横 1∶2 000　竖 1∶500
2.0 自然地理	工程地质横断面图 1∶400～1∶1 000
2.1 地形、地貌	路基工程地质条件分段说明表
2.2 交通、气候	小桥、涵洞工程地质条件表
2.3 水文及河流	公路交叉地质条件表
3.0 工程地质条件	不良地质地段表
3.1 地层岩性	沿线筑路材料料场表
3.2 地质构造与地震烈度	高边坡(挖、填方)稳定性评价表
3.3 水文地质特征	各类测试成果资料表
3.4 不良地质和特殊岩土	勘探成果资料汇总表
4.0 岩土主要物理力学指标	
5.0 筑路材料	
5.1 储量、质量及运输条件	
6.0 工程地质评价	工程地质照片
6.1 公路工程地质条件及主要问题与处理建议	
6.2 桥、隧主要场地工程地质评价	
6.3 填、挖方高边坡稳定性评价	

从以上三个实例可以看出，工程地质勘察报告书常常是按勘察规范中编写工程地质勘察报告书的提纲进行编写。但建筑类型和勘察阶段不同，其报告书的内容也有所不同。我们要根据实际情况，在综合分析各项勘察中所取得的成果基础上进行编写。

总的说来，报告书应当简明扼要，切合主题。内容安排应当合乎逻辑顺序前后连贯，成为一个严密的整体；所提出的论点应有充分的实际资料为依据，并附有必要的插图，能起到节省文字，加强对比的作用。但对问题来说，文字说明仍应作为主要形式。因而，以"表格化"代替报告书是不可取的。

2.工程地质勘察报告书的图表编录

工程地质勘察报告必须与工程地质图一致，互相映照，互为补充，以达到为工程服务的目的。

(1)钻孔柱状图是根据钻孔的现场记录整理出来的，记录中除了注明钻进所用的工具、方法和具体事项外，其主要内容是关于地层的分布和各层岩土特征和性质的描述。在绘制柱状图之前，应根据室内土工试验成果及保存的土样对分层的情况和野外鉴别记录加以认真的校核。当现场测试和室内试验成果与野外鉴别不一致时，一般应以测试试验成果为准；只有当样本太少且缺乏代表性时，才以野外鉴别为难；存在疑虑较大时，应通过补充勘察重新确定。绘制柱状图时，应自下而上对地层进行编号和描述，并按公认的勘察规范所认定的图例和符号以一定比例绘制。在柱状图上还应同时标出取土深度、标准贯入试验等原位测试位置，地下水位等资料。柱状图只能反映场地某个勘探点的地层竖向分布情况，而不能说明地层的空间分布情况，也不能完全说明整个场地地层在竖向的分布情况。

(2)工程地质剖面图是通过彼此相邻的数个钻孔柱状图得来，它能反映某一勘探线上地层竖向和水平向的分布情况(空间分布状态)。剖面图的垂直距离和水平距离可采用不同的比例尺。由于勘探线的布置常与主要地貌单元或地质构造轴线相垂直,或与建筑物的轴线相一致,故工程地质剖面图是勘察报告的最基本图件之一。

(3)绘制工程地质剖面图时,应首先将勘探线的地形剖面线画出,并标出钻孔编号;然后绘出勘探线上各钻孔中的地层层面,并在钻孔符号的两侧分别标出各土层层面的高程和深度;再将相邻钻孔中相同的土层分界点以直线相连。当某地层在邻近钻孔中缺失时,该层可假定于相邻两孔中间消失。剖面图中还应标出原状土样的取样位置、原位测试位置及地下水的深度。

(4)综合工程地质剖面图是通过场地所有钻孔柱状图而得,比例为 1∶50～1∶200,须清楚表示场地的地层层次,图上应注明层厚和地质年代,并对各层岩土的主要特征和性质进行概括描述,以方便设计单位进行参数选取和图纸设计。

(5)土工试验成果总表和其他测试成果图表是设计工程师最为关心的勘察成果资料,是地基基础方案选择的重要依据。因此,应将室内土工试验和现场原位测试的直接成果详细列出。必要时,还应附以分析成果图(例如静力载荷试验 $p\sim s$ 曲线、触探成果曲线等)。

下面列举了公路中常见的地质图表资料。

【实例 4】工程地质图例。

凡是图内出现的地层、岩性、土、构造、不良地质界线、不良地质、钻孔、岩层产状及其他地质现象都应在图例中表示出来,如图 2-4-4 所示。

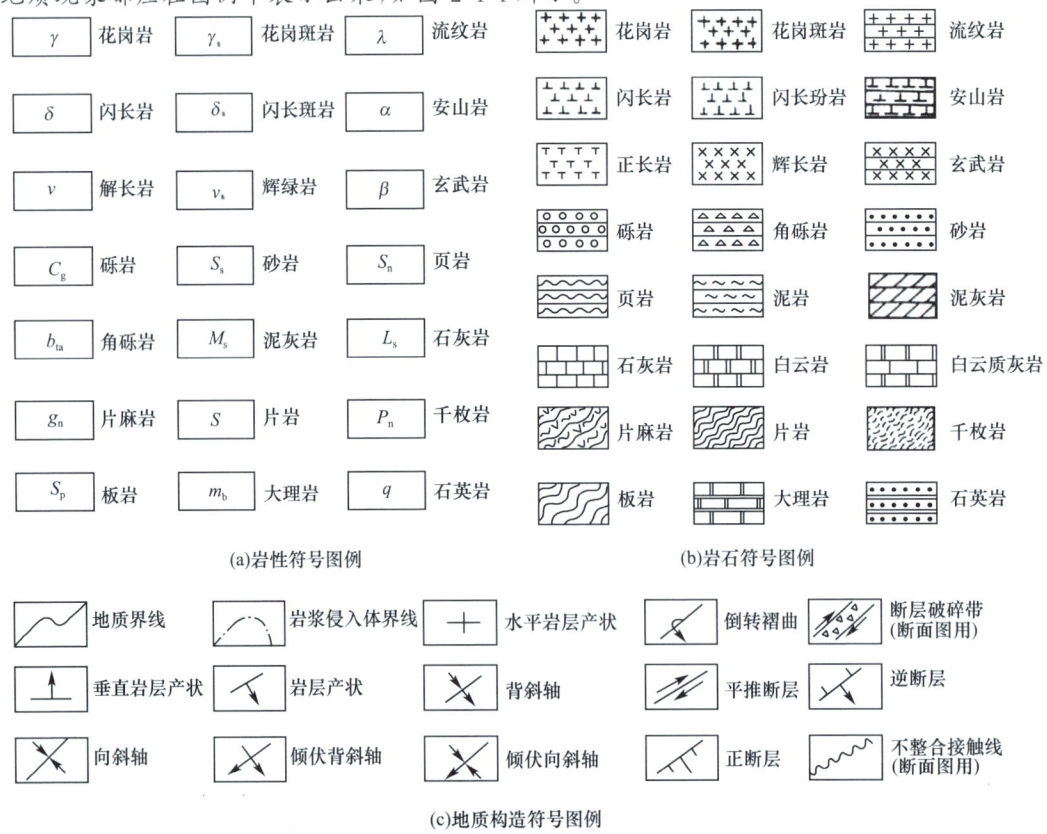

(a)岩性符号图例

(b)岩石符号图例

(c)地质构造符号图例

图 2-4-4 工程地质图例

【实例 5】综合地层柱状图。

柱状图中从地面往下不同深度要有厚度标注,对应有岩性描述和工程地质特性描述,如图 2-4-5 所示。

斜深 /m	垂深 /m	层厚 /m	柱状 /m	RQD值 /%	岩 性 描 述
7.5	2.57	2.57		20	泥岩:灰黑色、细密含砂质,沿节理发生破裂
8.0	2.74	0.17		46	18煤:黑色、块状
12.0	4.10	1.36		11	泥岩:灰黑色,含粉砂,断面呈贝壳状,含结核。在底部11~12 m白色粘土岩,较软,有粘性,呈碎块状胶结。
12.7	4.37	0.24		27 62	中砂岩:白色,中细粒结构,断面不规则,断面含黑色物质。
14.0	4.79	0.45		28 3	泥质砂岩:灰黑-灰白色,碎块状胶结,有结核。含植物化石,含砂质。在13.5~14 m为白色粘土质砂岩有较多砂质。沿层面破裂。
16.8	5.75	0.96		24	细砂岩:黑色,不规则断面,较硬,似沿层理破裂。
43.5	14.88	9.13			泥岩:灰黑色,断口呈贝壳状,含粉砂,较细密,沿层理面发生破裂。
44.0	15.05	0.17		23	19煤:黑色、块状
49.5	16.91	1.86			泥岩:灰黑色,含粉砂质,下部渐变为细砂岩。沿层面破裂。
71.0	24.28	7.37		4	十三、十四灰岩:浅色(肉红色),含石英,质硬,有裂隙填充方解石,岩体沿裂隙破裂。有水,约4~5m³/h。
85.5 (终孔)	29.24	4.96		0	杂色泥岩:灰色、白色等混杂较破碎有的呈散砂状。终孔水压1.5 MPa,水量6 m³/h。

图 2-4-5 综合地层柱状图

【实例 6】路线工程地质平面图。

在路线工程地质平面图中,沿公路路线两侧应标明岩性、地层年代、覆盖层情况、岩层产状、钻孔位置及不良地质等,如图 2-4-6 所示。

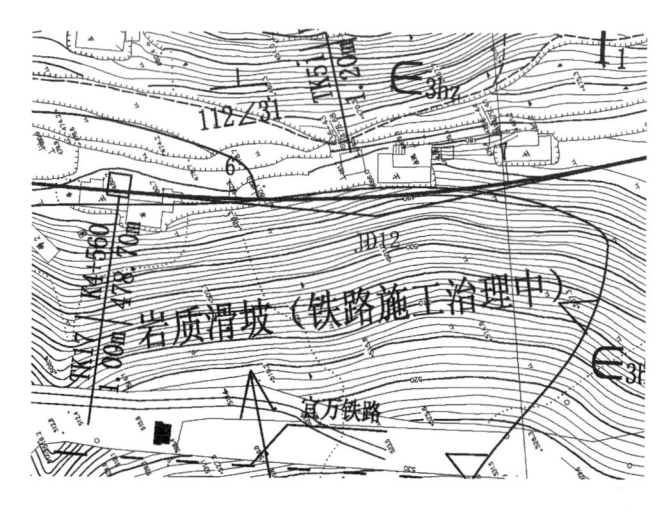

图 2-4-6 某高速公路路线工程地质平面图局部

【实例 7】路线工程地质纵断面图。

在路线工程地质纵断面图中,同样应标明岩性、地层年代、覆盖层情况、岩层产状、钻孔位置及不良地质等,并且在断面图下方还应有地质概况说明,如图 2-4-7 所示。

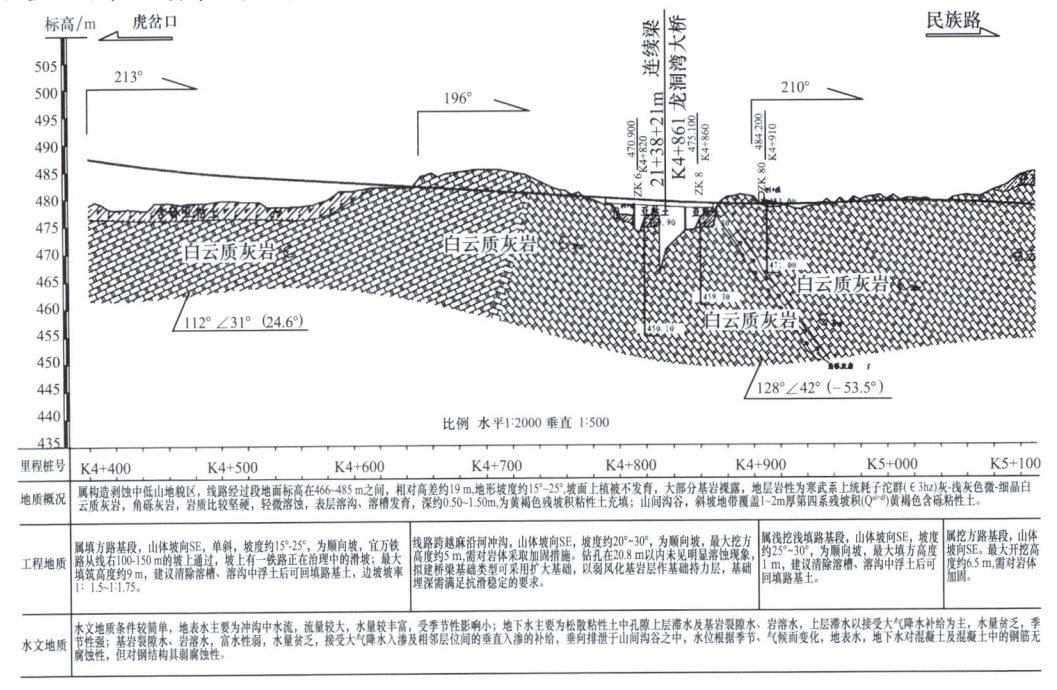

图 2-4-7　某高速公路路线工程地质纵断面

【实例 8】工程地质剖面图。

工程地质剖面图是配合路线工程地质平面图,反映一些重要部位的地质条件,它对地层层序和地质构造现象的反映比平面图更清晰、更直观,如图 2-4-8 所示。

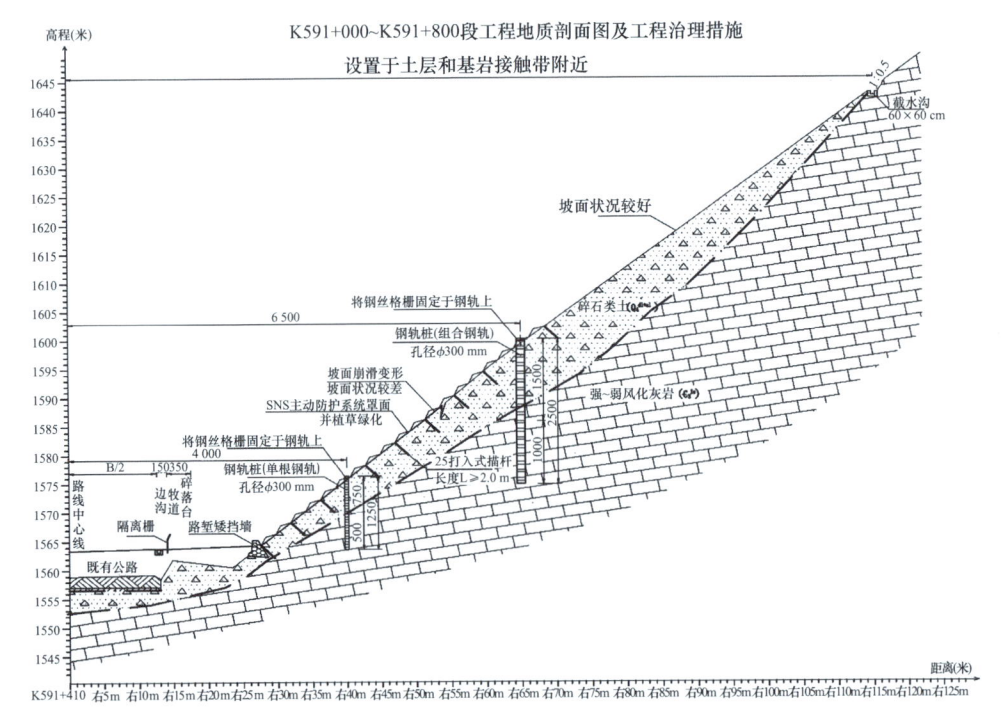

图 2-4-8　某高速公路不良地质段工程地质剖面及工程治理措施

【实例 9】不良地质地段表。

不良地质地段表需要根据野外勘察调查的资料填写不同的起讫桩号所对应的长度(m)/位置、不良地质类型、不良状况描述和处理措施,如表 2-4-1 所示。

表 2-4-1 　　　　　　　　　　不良地质地段表

起讫桩号	长度(m)/位置	类型	不良状况	处理措施
K44+620～K44+740	120/右侧	汇水岩溶洼地	山间溶蚀洼地,其地形为四周相对高,成为汇集坡面雨水的洼地,排水不畅。雨季洼地常常集水,集水深度 1 米左右,并通过洼地底部岩溶裂隙和落水洞缓慢排泄,排泄时间 3~4 天,对填方路基稳定性不利	①清除洼地黏土覆盖层;②路堤底部填石;③设置排水沟将坡面汇水排至 K44+600 右侧垭口排除

【实例 10】沿线筑路材料料场表。

沿线筑路材料料场表需要根据野外勘察调查的资料填写不同的筑路材料名称所对应的料场编号、位置桩号、上路桩号、上路距离(km)、材料及料场、储量(km³)、覆盖层厚度(m)、成料率(%)、开采方式、运输方式、便道(km)、便桥(km),如表 2-4-2 所示。

表 2-4-2 　　　　　　　　　　沿线筑路材料料场表
贵州省板坝(桂黔界)至江底(黔滇界)高速公路第 T11 合同段

材料名称	料场编号	位置桩号	上路桩号	上路距离/km	材料及料场	储量/km³	覆盖层厚度/m	成料率/%	开采方式	运输方式	便道/km
块片石、碎石、砂	L-1	K43+590 中心	K43+590	0.0	利用 K43+500～K43+680 挖余石方作料场,岩石为中一厚层状灰白色一深灰色白云岩灰岩,风化轻微,石质强度高可开采块片石,机器加工碎石、砂	32	0	85	人工爆破	机运	

【实例 11】勘探成果资料汇总表。

勘探成果资料汇总表是根据实际钻孔勘探资料进行填写,内容有:不同钻孔位置所对应的深度、构造物类型、地层岩性。

【实例 12】高边坡(挖、填方)稳定性评价表。

高边坡(挖、填方)稳定性评价表是根据设计计算作出的评价,具体内容为:起讫桩号所对应的工程概况与工程地质条件以及工程地质评价与处理措施,如表 2-4-3 所示。

表 2-4-3　　　　　　　　　　高边坡(挖、填方)稳定性评价表

贵州省板坝(桂黔界)至江底(黔滇界)高速公路第 T11 合同段

起讫桩号	工程概况与工程地质条件	工程地质评价与处理措施
K45+520～K45+620	1.工程概况:该段位于 K45+520～K45+620 左侧,坡长 100 米,路基设计标高 1218.416～1217.576 米,左侧挖方边坡最大高度 43 米,设计坡率 1∶0.5; 2.地形、地貌:属岩溶化山原峰丛洼地地貌,路堑斜穿一高山地,相对高差 10～60 米,山坡地面横坡下缓上陡,坡度 15°～30°,为圆顶山,坡面植被较发育,分布灌木及林木; 3.地质条件:山体坡面分布 0～1.5 米褐黄色亚黏土,基岩为灰～灰白色,弱～微风化中厚层状白云质灰岩,岩质坚硬,呈层状,局部大块状构造,溶蚀沟、槽发育,基岩大部出露,全、强风化层厚度小于 2 米,岩层主导层理产状:185°∠19°;路堑所在山体水文地质条件简单,地下水类型为基岩风化裂隙水,受地形条件控制,地下水富水性弱,来源为季节性大气降水补给,通过坡面径流,就近坡脚排泄	边坡整体稳定性较好,但边坡高度较大,受开挖坡面、层理面、裂隙面影响,坡面可能产生小规模掉块、落石现象。采取主动防护网防止落石及种植藤蔓植物绿化

【实例 13】工程地质照片。

工程地质照片是地质工作人员在野外勘察阶段对沿线地质情况拍摄的相片,如图 2-4-9 所示。

图 2-4-9　野外工程地质照片

学习情境三
公路施工和运营阶段地质

模块一　常见公路地质病害的防治
模块二　常见公路不良土质的处治

模块一
常见公路地质病害的防治

一 崩 塌

崩塌是指陡峻斜坡上的岩土体在重力作用下，脱离母岩，突然而猛烈的由高处崩落下来，堆积在坡脚（或沟谷）的地质现象。崩塌物下坠的速度很快，一般为 5~200 m/s，有的可达自由落体的速度。

崩塌是山区公路常见的一种突发性的病害现象，如图 3-1-1、图 3-1-2 所示。小的崩塌对行车安全及路基养护工作影响较大；大的崩塌不仅会破坏公路、桥梁，击毁行车，有时崩积物堵塞河道，引起路基水毁，严重影响着交通营运及安全，甚至会迫使放弃已成公路的使用。

图 3-1-1 岩体崩塌　　　　图 3-1-2 土体崩塌

（一）崩塌的形成条件
1. 坡面条件

江、河、湖（水库）、沟的岸坡及各种山坡，铁路、公路边坡等各类人工边坡都是有利崩塌产生的地貌部位，一般临空面高度大于 30 m 的陡崖、坡度大于 50°的高陡斜坡、孤立山嘴或凸形陡坡及阶梯形山坡均为崩塌形成的有利地形，如图 3-1-3 所示。

图 3-1-3　高陡斜坡易形成崩塌

2.岩土条件

岩、土是产生崩塌的物质条件,通常岩性坚硬的岩浆岩、变质岩及沉积岩中的石灰岩、砂岩等形成规模较大的崩塌。在软硬互层的悬崖上,因差异风化,硬质岩层常形成突出的悬崖,软质岩层易风化形成凹崖坡,使其上部硬质岩失去支撑而引起较大的崩塌。黄土由于垂直节理发育,加之具有湿陷性,在黄土陡坡段,容易发生崩塌。

3.构造条件

各种构造面,如裂隙面、岩层面、断层面、软弱夹层及软硬互层的坡面对坡体的切割、分离,为崩塌的形成提供了脱离母体(山体)的边界条件。当其软弱结构面倾向于临空面且倾角较大时,易于发生崩塌或者坡面上两组呈楔形相交的结构面,当其组合交线倾向临空面时,也会发生崩塌,如图 3-1-4 所示。

图 3-1-4　切割严重的岩体易形成崩塌

坡面条件、岩土条件和构造条件,又统称为地质条件,是形成崩塌的基本条件,崩塌形成示意图如图 3-1-5 所示。

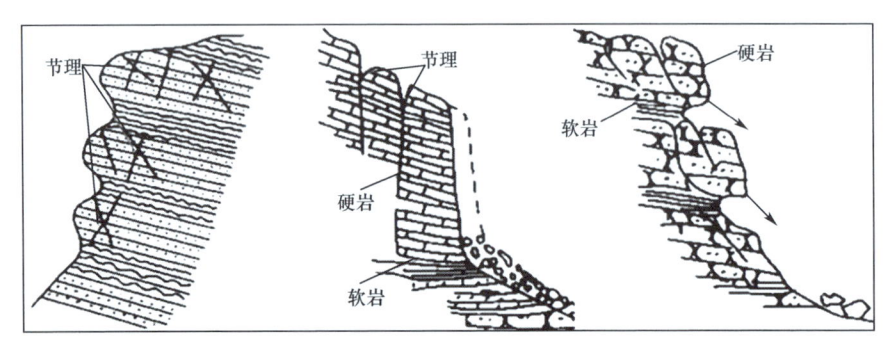

图 3-1-5　崩塌形成示意图

4.诱发崩塌的外界因素

崩塌的诱发因素见表 3-1-1。

表 3-1-1　　　　　　　　　　　　崩塌的诱发因素

诱发因素	描　　述
地震	使土石松动,引起大规模的崩塌;一般烈度在七度以上的地震都会诱发大量崩塌的发生
融雪、降雨	特别是大雨、暴雨和长时间的连续降雨,使地表水渗入坡体,软化岩、土体及其中软弱结构面,增加了岩体的重量,从而诱发崩塌的发生
地表水的冲刷、浸泡	河流等地表水体不断地冲刷坡脚或浸泡坡脚,削弱坡体支撑或软化岩、土,降低坡体强度,也能诱发崩塌的发生
地下水	岩、土中的地下水,对潜在崩塌体产生静水压力和动水压力,或产生向上的浮托力;岩体和充填物由于水的浸泡,抗剪强度大大降低;充满裂隙的水使不稳定岩体和稳定岩体之间的侧向摩擦力减小
风化作用	强烈的物理风化作用如剥离、冰胀、植物根压等都能促使斜坡上岩体发生崩塌
人为因素	边坡设计过高过陡,不适宜的采用大爆破、强夯法施工,施工程序不当等导致崩塌发生

(二)确定崩塌体的边界

崩塌体的边界特征决定崩塌体的规模大小。崩塌体边界的确定主要依据坡体地质结构。

首先,应查明坡体中所发育的裂隙面、岩层面、断层面等结构面的延伸方向、倾向和倾角大小及规模、发育密度等,即构造面的发育特征。通常,平行斜坡延伸方向的陡倾构造面,易构成崩塌体的后部边界;垂直坡体延伸方向的陡倾构造面或临空面常形成崩塌体的两侧边界,崩塌体的底面常由倾向坡外的构造层或软弱带组成,也可由岩、土体自身断裂形成。

其次,调查各种构造面的相互关系、组合形式、交切特点、贯通情况及它们能否将或已将坡体切割,并与母体(山体)分离。

最后,综合分析调查结果,那些相互交切、组合,可能或已经将坡体切割与其母体分离的构造面就是崩塌体的边界面。其中,靠外侧、贯通(水平及垂直方向上)性较好的构造面所围的崩塌体的危险性最大。

例如,1980 年 6 月 3 日发生在湖北省远安县盐池河磷矿区的大型岩石崩塌体,它的边界面就是由后部垂直裂缝、底部白云岩层理面及其他两个方向的临空面组成的,如图 3-1-6 所示。黄土高原地区常见的黄土崩塌体的边界面多由 90°交角的不同方向的垂直节理面、临空面及底面黄土与其他相异岩性的分界面组成。此外,明显地受断层面控制的崩塌体也是非常多见的。

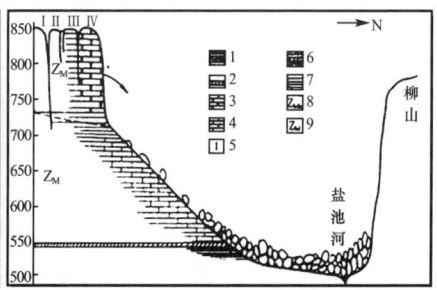

图 3-1-6　湖北远安盐池河磷矿山体崩塌(左图为照片、右图为工程地质剖面图)

(三)崩塌的防治

1.防治原则

由于崩塌发生得突然而猛烈,治理比较困难而且十分复杂,所以一般应采取以防为主的原则。

在选线时,应根据斜坡的具体条件,认真分析发生崩塌的可能性及其规模。对有可能发生大、中型崩塌的地段,应尽量避开。若完全避开有困难,可调整路线位置,离开崩塌影响范围一定距离,尽量减少防治工程;或考虑其他通过方案(如隧道、明洞等),确保行车安全。对可能发生小型崩塌或落石的地段,应视地形条件,进行经济比较,确定绕避还是设置防护工程。

在设计和施工中,避免使用不合理的高陡边坡,避免大挖大切,以维持山体平衡稳定。在岩体松散或构造破碎地段,不宜使用大爆破施工,避免因工程技术上的失误而引起崩塌。

2.防治措施

(1)排水

在有水活动的地段,布置排水构筑物,以进行拦截疏导,防止水流渗入岩土体而加剧斜坡的失稳。排除地面水可修建截水沟、排水沟;排除地下水可修建纵、横盲沟、渗沟等,如图 3-1-7 所示。

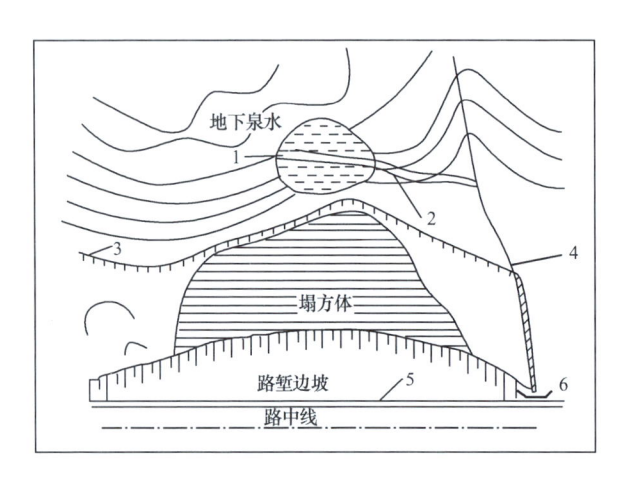

图 3-1-7 边坡塌方路段综合排水图示

1—渗沟;2—排水沟;3—截水沟;4—自然沟;5—边沟;6—涵洞

(2)刷坡清除

山坡或边坡坡面崩塌岩块的体积及数量不大、岩石的破碎程度不严重,可采用全部清除并放缓边坡。若斜坡上有较大的危石应一并清除,如图 3-1-8、图 3-1-9 所示。

(3)坡面加固

边坡或自然坡面比较平整、岩石表面风化易形成小块岩石呈零星坠落时,宜进行灌浆、勾缝等坡面防护,以阻止风化发展,防止零星坠落。易引起崩塌的高边坡,宜采用边坡加固工程,必要地段修建挡墙、边坡锚杆、多级护墙和护面,如图 3-1-10、图 3-1-11 所示。

学习情境三 公路施工和运营阶段地质 165

图 3-1-8 刷坡

图 3-1-9 清除危岩

图 3-1-10 公路坡面喷锚支护

图 3-1-11 长江三峡链子崖危岩体喷锚支护

(4)拦截防御

岩体严重破碎,经常发生落石路段,宜采用柔性防护系统或拦石墙与落石槽等拦截构造物。拦石墙与落石槽宜配合使用,设置位置可根据地形合理布置,落石槽的槽深和底宽通过现场调查或试验确定。拦石墙墙背应设缓冲层,并按公路挡土墙设计,墙背压力应考虑崩塌冲击荷载的影响,如图 3-1-12、图 3-1-13、图 3-1-14 所示。

图 3-1-12 拦石网

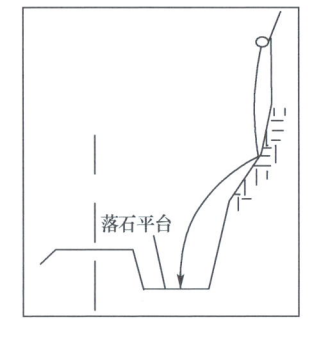

图 3-1-13 拦石格栅

图 3-1-14 落石平台(槽)

(5)支顶工程

对在边坡上局部悬空的岩石,但是岩体仍较完整,有可能成为危岩体,可视具体情况采用钢筋混凝土立柱、浆砌片石支顶、支撑等支挡结构物加固,如图 3-1-15 所示。

图 3-1-15 危岩支顶

(6)遮挡工程

当崩塌体较大、发生频繁且距离路线较近而设拦截构造物有困难时,可采用明洞、棚洞等遮挡构造物处理,如图 3-1-16 所示。

3.防治案例

(1)崩塌概况

象山位于镇江焦山长江夹江南侧,与焦山隔江相望,山体呈东北—西南走向,约 1 000 m,高 48 m。地貌特征为长江侵蚀及剥蚀的孤残山丘,地貌单元由残山、阶地组成,北侧临江,

图 3-1-16 防落石的明洞、棚洞

一面边坡陡峭,坡度为 70°~80°,风化剥蚀严重。南坡较缓,为第四系下蜀黏土所覆盖。2003 年 11 月 26 日深夜,象山北侧发生危岩崩塌,面积约 560 m,封堵住公园内通往轮渡码头的主干道,威胁和影响公园以及游客的安全。

(2)灾害发生原因

象山受火成岩侵入及地壳运动的影响,地质构造较为复杂。山体上部出露基岩为震旦系陡山陀组石英粉砂岩及白云质灰岩,岩性坚硬,下部出露的火成岩主要为石英二长斑岩及粗面岩,属岩脉性质,成不规则穿插于基岩岩体中,中、强风化,节理发育。崩塌部位的山体陡峭,坡度为 70°~80°,岩石节理纵横交错,崩塌岩体最下一道崩塌面与公路面成 45°夹角,并与崩塌岩体背面近乎垂直的节理面相交,在外力诱发下极易失稳。该处的诱发因素为强降雨水渗透至已经发育的张拉裂隙内,引起裂隙内的孔隙压力和张力增大,再加上该处孤立山嘴形式的地形,从而产生了崩塌地质灾害的发生。边坡剖面如图 3-1-17 所示。运用北京理正岩土软件进行电脑计算,该边坡的安全系数为 1.224,处于不稳定状态。事实上,该边坡已经沿着坡面裂隙带下滑,崩塌面积约 560 m,崩塌厚度最大约为 2.5 m,崩塌体积约 950 m。

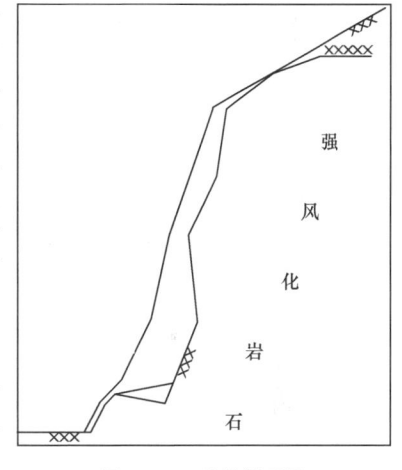

图 3-1-17 边坡剖面图

(3)崩塌治理思路

首先要确定崩塌体的边界特征,其边界特征对崩塌体的规模大小起着重要的作用。崩塌体边界的确定主要依据坡体的地质结构。那些相互交切、组合或可能已经将坡体切割与其母体分离的构造面就是崩塌体的边界面。其中,靠外侧、贯通(水平及垂直方向上)性较好的构造面所围的崩塌体的危险性最大。

其次就是要确定该处的治理方案。该处采用锚塑法进行综合治理,即锚杆加固坡体,如图 3-1-18 所示,外表采用假山石重塑的方法。工程于 2004 年 12 月 15 日正式开工,2005 年 4 月 8 日全面竣工,共完成 229 根锚杆,钻进尺度为 2 404.5 m,浇注混凝土 691.18 m³,塑假山石 906.54 m,投资造价为 147.24 万元。

(4) 治理工程措施

该工程内部安全稳定结构采取锚杆固体,治理按照 1∶1.2 扩大面积原则布设,锚孔直径 130 mm,锚杆主筋 $\varnothing 32$ mm,倾角 $15°\sim 18°$,锚杆长度为 10.5 m (226 根),在坡脚右下角因岩石破碎,锚杆长度为 15 m (2 根),锚杆注浆强度为 M30,二次注浆压力为不小于 1.5 MPa;中部采取混凝土挡墙进行支挡坡面,平均厚度约 2 m,混凝土强度等级为 C25,外层用双向钢筋网片进行加固,规格为 $\varnothing 14@150$;外部采用假山石重塑的方法处理,以增加外部的美观。首先在预留的连接钢筋($\varnothing 14@800$)位置处加工网筋块石胎膜骨架,胎膜骨架钢筋为双向钢筋网($\varnothing 6.5@150$);第二步制作胎膜,采用 1∶1 水泥砂浆分两次进行粉膜,外部形成凹凸不平面,与周边山体形态一致;第三步外部喷制色浆,色浆进行多次配调,以期与原山体颜色大概一致。

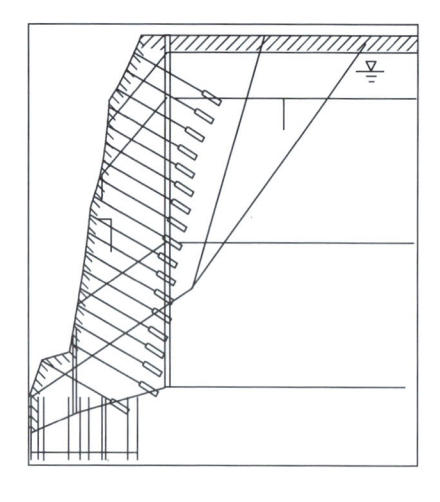

图 3-1-18 锚杆布置图

(5) 治理效果

运用北京理正岩土软件进行电脑计算,结果显示该边坡施加结构工程措施后的安全系数为 1.377,远大于边坡稳定安全要求的系数 1.25。这说明,由于锚杆的拉张力和锚固力的作用,使得在混凝土板墙断面内引起较高的内聚应力,利用锚固挡墙对该边坡进行加固整体是安全有效的。经过两个雨季的考验,该处边坡始终处于稳定状态,没有发现开裂变形等现象,且逼真的外塑表面效果受到国内外各界人士的认同。

会宁城区崩塌群治理工程案例

二 滑 坡

斜坡上岩体或土体在重力作用下沿一定的滑动面(或滑动带)整体地向下滑动的现象叫滑坡,俗称"走山""垮山""地滑"等,滑坡形式如图 3-1-19 所示。

滑坡

图 3-1-19 滑坡形成示意图

滑坡是山区公路的主要病害之一。由于山坡或路基边坡发生滑坡，常使交通中断，影响公路的正常运输。大规模的滑坡能堵塞河道、摧毁公路、破坏厂矿、掩埋村庄，对山区建设和交通设施危害很大，如图3-1-20、图3-1-21所示。我国山地面积比较大，是世界上受滑坡危害最严重的国家之一。西南地区为我国滑坡分布的主要地区，该地区滑坡类型多、规模大、发生频繁、分布广泛、危害严重，已经成为影响国民经济发展和人身安全的制约因素之一。西北黄土高原地区，以黄土滑坡广泛分布为其显著特征。东南、中南的山岭、丘陵地区滑坡、崩塌也较多。在青藏高原和兴安岭的多年冻土地区，也有不同类型的滑坡分布。

图3-1-20 滑坡危害（阻塞河谷和掩埋房屋）

图3-1-21 滑坡危害（摧毁交通设施）

（一）滑坡的形成条件

滑坡的发生，是斜坡岩土体平衡条件遭到破坏的结果。图3-1-22所示为容易引起滑坡的地质构造条件示意图，图3-1-23所示为汶川地震引起的滑坡。滑坡形成条件和影响因素见表3-1-2。

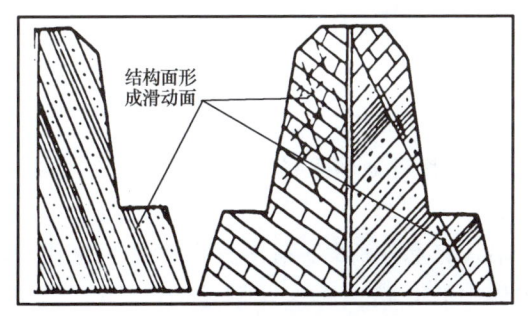

图3-1-22 容易引起滑坡的地质构造条件

图3-1-23 汶川地震引起的滑坡

表 3-1-2　　　　　　　　　　　滑坡的形成条件和影响因素

形成条件	岩土体	黏土：颗粒细而均匀，地表裂隙发育，遇水后呈软塑或流动状态，抗剪强度急剧降低 黄土：遇水不稳定，垂直节理发育，具有湿陷性 堆积层：坡积、洪积及其他重力堆积层，滑坡的产生往往与水有关，滑坡面一般是基岩顶面 岩石：软质岩石（页岩、泥岩）、软硬相间岩层或浅变质岩（千枚岩、片岩）
	地质构造	结构面形成滑动面：滑动面常发生在顺坡的层面、大节理面、不整合面、断层面（带）等软弱结构面上，因其抗剪强度较低，当斜坡受力情况突然改变时，都可能成为滑动面，如图 3-1-23 所示 结构面为降雨等进入斜坡提供了通道，当平行和垂直斜坡的陡倾构造面及顺坡缓倾的构造面发育时，易发生滑坡
	地形地貌	具备临空面和滑动面，多在丘陵、山坡和河谷地貌发生
影响因素	水	地表水：河流侧向侵蚀斜坡或掏空斜坡坡脚 大部分滑坡发生在久雨之后，俗有"大雨大滑、小雨小滑"之说 地下水：降低岩、土体强度；潜蚀岩、土；增大岩、土容重；对透水岩石产生浮托力等
	地震	地震产生的加速度使斜坡岩土体承受巨大的惯性力，并使地下水位发生强烈变化，在高山区极易诱发地震
	人为活动	如开挖坡脚、坡体堆载、爆破、水库蓄（泄）水、矿山开采等都可诱发滑坡

（二）滑坡的形态要素

发育完整的滑坡一般都有下列基本组成部分。

1.滑坡体

指滑坡的整个滑动部分，即依附于滑动面向下滑动的岩土体，简称滑体。滑体的规模大小不一，大者达几亿立方米到十几亿立方米，如图 3-1-24 所示。

图 3-1-24　滑坡体

2.滑动面

滑坡体沿着滑动的面称为滑动面。滑动带指平行滑动面受揉皱及剪切的破碎地带，简称滑带；滑动面（带）是表征滑坡内部结构的主要标志，它的位置、数量、形状和滑动面（带）土石的物理力学性质，对滑坡的推力计算和工程治理有重要意义。滑动面的形状，因地质条件而异。一般说来，发生在均质黏性土和软质岩体中的滑坡，一般多呈圆弧形，如图 3-1-25 所示；沿岩层层面或构造裂隙发育的滑坡，滑动面多呈直线形或折线形。滑坡床指滑体滑动时所依附的下伏不动体,简称滑床。

3. 滑坡后壁

滑坡发生后,滑坡体后缘和斜坡未动部分脱开的陡壁称为滑坡后壁,如图 3-1-26 所示。有时可见擦痕,以此识别滑动方向。滑坡后壁在平面上多呈圈椅状,后壁高度自几厘米到几十米,陡坡一般为 60°~80°。

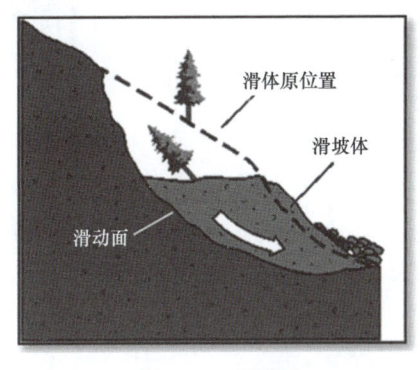

图 3-1-25　滑动面　　　　　图 3-1-26　滑坡后壁

4. 滑坡台阶

滑体滑动时由于各段土体滑动速度的差异,在滑坡体表面形成台阶状的错台,称为滑坡台阶,如图 3-1-27 所示。

5. 滑坡舌

滑坡舌指滑坡体前缘形如舌状的凸出部分,舌上常发育有因受阻力而隆起的小丘。

6. 滑坡裂隙

由于各部分移动的速度不等,在其内部及表面所形成的一系列裂隙。位于滑体上(后)部多呈弧形展布者称拉张裂隙;位于滑体中部两侧又常伴有羽毛状排列的裂隙称剪切裂隙;滑坡体前部因滑动受阻而隆起形成的张性裂隙称鼓张裂隙;位于滑坡体中前部、尤其滑舌部呈放射状展布者称扇状裂隙,如图 3-1-28 所示。

图 3-1-27　滑坡台阶　　　　　图 3-1-28　滑坡舌和滑坡裂缝

较老的滑坡由于风化、水流冲刷、坡积物覆盖,使原来的构造、形态特征往往遭到破坏,不易被观察。但是一般情况下,必须尽可能地将其形态特征识别出来,以便确定滑坡的性质和发展状况,为整治滑坡提供可靠的资料。图 3-1-29 为滑坡要素示意图。

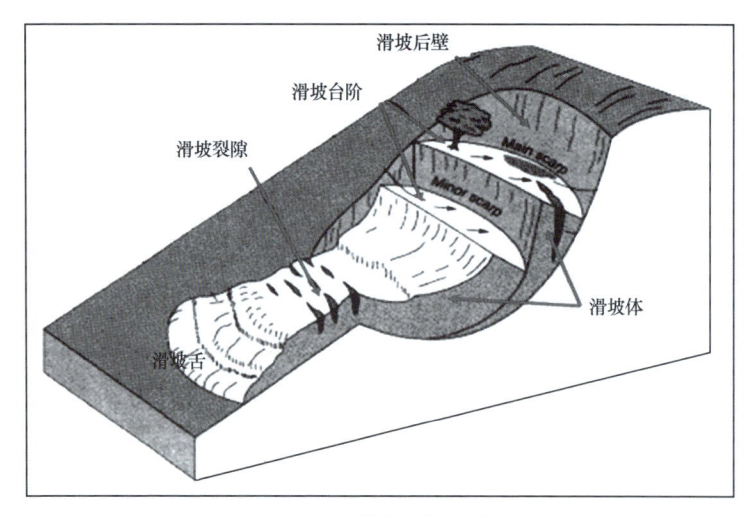

图 3-1-29　滑坡要素示意图

(三) 滑坡的类型

依滑坡体物质组成、力学条件、滑坡体厚度、滑坡体的规模，滑坡划分出下列几种类型，如表 3-1-3 所示。

表 3-1-3　　　　　　　　　　　滑坡分类表

分类依据	分类名称	特　征	典型实例
滑坡体的物质组成	黄土滑坡	河谷两岸高阶地的前缘斜坡上，成群出现，且大多为中、深层滑坡。一般滑动速度很快，破坏力强，是崩塌性滑坡，黄土高原普遍发育	1983 年 3 月 7 日甘肃东乡洒勒山滑坡，数十秒就使 3 个村庄荡然无存，死 237 人，伤 22 人，压死牲畜无数。滑下土体近 4 亿立方米，一水库被填，三千亩农田被毁
	黏土滑坡	雨后发生，多为中、浅层滑坡。分布于云贵高原、四川东部、广西及鄂西、湘西等地	1—黏土；2—砂砾层；3—页岩；4—滑落黏土
	堆积层滑坡	发生于斜坡或坡脚处的堆积体中，物质成分多为崩积、坡积土及碎块石，滑坡结构以土石混杂为主。公路工程中最常见，多出现在河谷缓坡地带，规模有大有小	1985 年 6 月 12 日凌晨发生于湖北秭归长江边，滑体约 2 千万立方米，为一巨型堆积层滑坡，对岸涌浪高达 54 m。预报及时，无一人伤亡

续表

分类依据	分类名称	特 征	典 型 实 例
岩层滑坡	顺层滑坡	顺层滑坡——发育在软弱岩层或具有软弱夹层的岩层中,滑动面为岩层的层面	意大利瓦仪昂特水库,库容10亿立方米,坝高267米,是当时世界上最高的双曲拱坝。1963年10月19日,2.6亿立方米的石灰岩以20 m/s以上的速度滑入水库。涌浪高250 m,库水泻向下游,摧毁了5个村庄,3 000人死亡
	切层滑坡	切层滑坡——发育在硬质岩层的陡倾面或结构面上	
力学条件	牵引式滑坡	由于斜坡坡脚处任意挖方、切坡或流水冲刷,下部失去原有岩土的支撑而丧失其平衡引起的滑坡	
	推移式滑坡	由于斜坡上方给以不恰当的加载(修建建筑物、填方、堆放重物等)使上部先滑动,挤压下部,因而使斜坡丧失平衡引起的滑坡	
滑坡体厚度	浅层滑坡	滑体厚度小于6 m	
	中层滑坡	滑体厚度在6~20 m	
	深层滑坡	滑体厚度大于20 m	
滑坡体的规模	小型滑坡	滑坡体积小于3万立方米	
	中型滑坡	滑坡体积为3~50万立方米	
	大型滑坡	滑坡体积为50~300万立方米	
	巨型滑坡	滑坡体积大于300万立方米	

(四)滑坡的野外识别和稳定性判断

在野外,从宏观角度观察滑坡体,可以根据一些外表迹象和特征,粗略地判断它的稳定性,见表3-1-4。

表 3-1-4　　　　　　　　　　　滑坡的野外识别

滑坡先兆现象识别	边坡变形特征	在滑坡体前缘土石零星掉落，坡脚附近土石被挤紧，并出现大量裂缝。这是滑坡向前推挤的明显迹象	
	水文地质特征	在滑坡前缘坡脚处，有堵塞多年的泉水复活现象，或者出现泉水（水井）突然干枯、井（钻孔）水位突变等类似的异常现象	
古滑坡外貌特征识别	地貌特征	圈椅状地形（见右图） 双沟同源（见右图） 河岸反向突出（见下图）	
	地物特征	马刀树 树木歪倒 醉汉林	
	水文地质特征	在滑体两侧坡面洼地和上部常有喜水植物茂盛生长	

需要指出，以上标志只是一般而论，较为准确的判断，尚需做出进一步观察和研究。

（五）滑坡的防治

1.防治原则

滑坡的防治，贯彻"以防为主，整治为辅"的原则。在选择防治措施前一定要查清滑坡的地形、地质和水文地质条件，认真研究和确定滑坡的性质及其所处的发展阶段，了解产生滑坡的原因，结合工程建筑的重要程度、施工条件及其他情况进行综合考虑。

由于大型滑坡的整治工程量大，技术上也很复杂。因此，在路线测设时应尽可能采用绕避方案。若建成后路基不稳定，是治理还是绕避需要周密分析其经济和安全两方面的得失。

对于中、小型滑坡的地段，一般情况下不必绕避，但是应注意调整路线平面位置以求得工程量小、施工方便、经济合理的路线方案。

路线通过古滑坡时，应对滑坡体的结构、性质、规模、成因等作详细勘察后，再对路线的平、纵、横做出合理布设。对施工中开挖、切坡、弃方、填土等都要作通盘考虑，稍有不慎即可能引起滑坡的复活。

图 3-1-30 为一路基通过滑坡地带的几种方案选择。

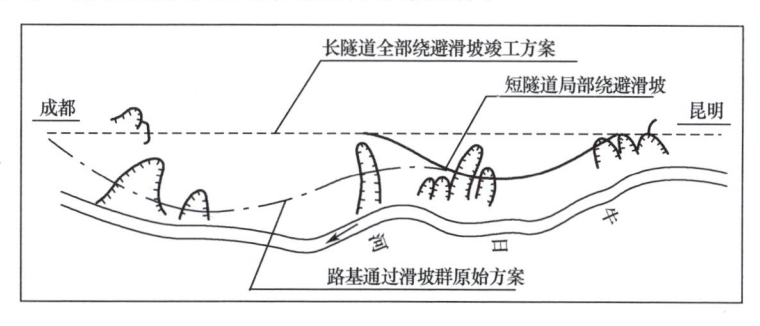

图 3-1-30　路基通过滑坡群方案选择

2.防治措施

滑坡的防治措施很多，归纳起来分为四类：一是排水；二是减重和反压；三是设置支挡工程；四是改善滑动带土石性质，见表 3-1-5。

表 3-1-5　　　　　　　　　　滑坡的防治措施

序号	种　类	措　施	适 用 条 件
1	排水	地表排水	地表径流较大的滑坡区
		地下排水	地下水比较发育的滑坡区
		冲刷防护	沿河滑坡区
2	减重和反压	减重	推移式滑坡
		反压	牵引式滑坡
3	设置支挡工程	抗滑桩	深层滑坡和各类非塑性流滑坡
		抗滑挡墙	滑坡中、下部有稳定的岩土锁口者
		锚索(杆)或锚索(杆)挡墙	规模较大的滑坡体
4	改善滑动带土石性质	焙烧法	含水率较大的土体滑坡
		浆砌护坡	地表径流较大的滑坡区
		化学加固	土体滑坡

(1) 消除或减轻水的危害——排水

①地表排水。排除地表水是整治滑坡中不可缺少的辅助措施,而且应是首先采取并长期运用的措施。其目的在于拦截、旁引滑坡外的地表水,避免地表水流入滑坡区;或将滑坡范围内的雨水及泉水尽快排除,阻止雨水、泉水进入滑坡体内。

主要工程措施有:在滑坡体周围修截水沟;滑坡体上设置干支排水系统汇集旁引坡面径流于滑坡体外排出,整平地表,填塞裂缝和夯实松动地面,筑隔渗层,减少地表水下渗并使其尽快汇入排水沟内,防止沟渠渗漏和溢流于沟外,如图 3-1-31 所示。

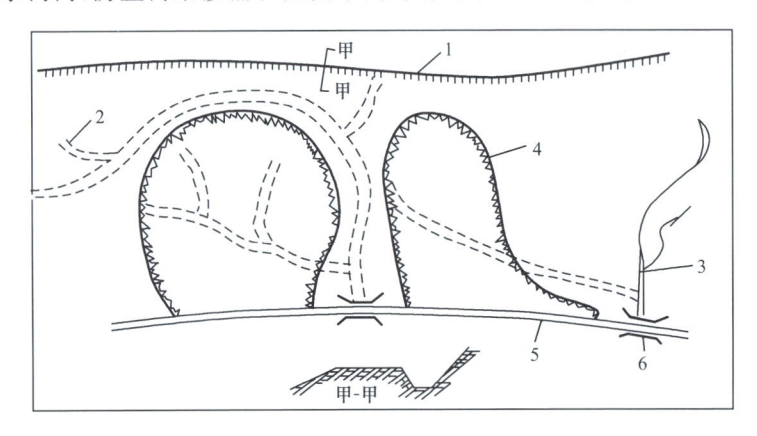

图 3-1-31　滑坡路段综合排水图示
1—截水沟;2—排水沟;3—自然沟;4—滑坡土体边界;5—路线;6—涵洞

②地下排水。对于地下水,可疏而不可堵。其主要工程措施有:截水盲沟、渗沟用于拦截和旁引滑坡外围的地下水,如图 3-1-32、图 3-1-33 所示;支撑盲沟——兼具排水和支撑作用;仰斜孔群用近于水平的钻孔把地下水引出。此外还有盲洞、渗管、渗井、垂直钻孔等排除滑体内地下水的工程措施。

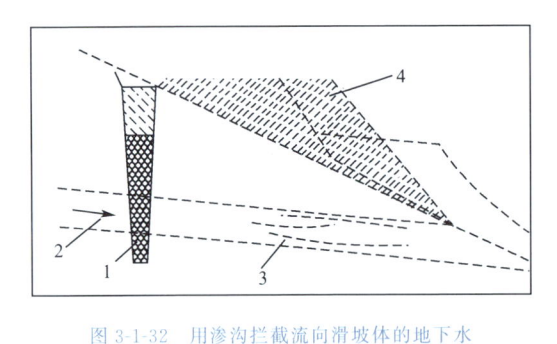

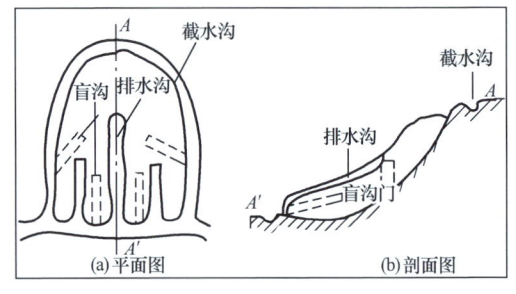

图 3-1-32　用渗沟拦截流向滑坡体的地下水
1—渗沟;2—地下水;3—自然沟;4—滑坡土体

图 3-1-33　排除滑坡地表水和地下水示意图

③冲刷防护。为了防止河水、库水对滑坡体坡脚的冲刷,可采用的主要工程措施有:护坡、护岸、护堤、在滑坡前缘抛石、铺设石笼等防护工程或导流构造物,如图 3-1-34、图 3-1-35 所示。

图 3-1-34　冲刷防护工程

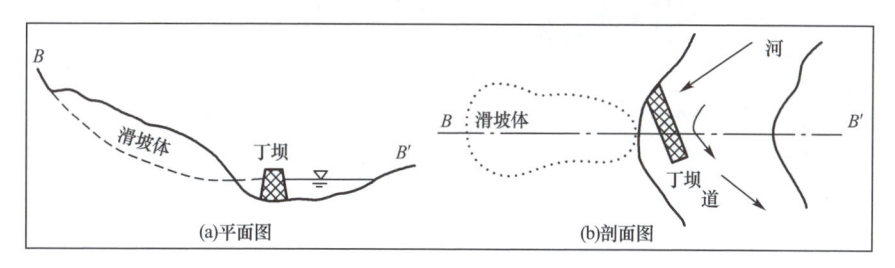

图 3-1-35　河岸防护堤示意图

(2) 减重和反压

对推移式的滑坡，在上部主滑地段减重，常起到根治的效果。对其他性质的滑坡，在主滑地段减重也能起到减小下滑力的作用。减重一般适用于滑坡床为上陡下缓、滑坡后壁及两侧有稳定的岩土体，不致因减重而引起滑坡向上和向两侧发展造成后患的情况。对于错落转变成的滑坡，采用减重使滑坡达到平衡，效果比较显著。对有些滑坡的滑带土或滑坡体，具有卸荷膨胀的特点，减重后使滑带土松弛膨胀，尤其是地下水浸湿后，其抗滑力减小，引起滑坡。因此具有这种特点的滑坡，不能采用减重法。另外减重后将增大暴露面，有利于地面水渗入坡体和使坡体岩石风化，这些不利因素应充分考虑。

在滑坡的抗滑段和滑坡体外前缘堆填土石加重，如做成堤、坝等，能增大抗滑力而稳定滑坡。但是必须注意只能在抗滑段加重反压，不能填于主滑地段。而且填方时，必须做好地下排水工程，不能因填土堵塞原有地下水出口，造成后患，如图 3-1-36 所示。

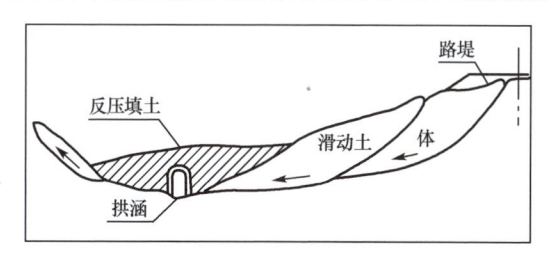

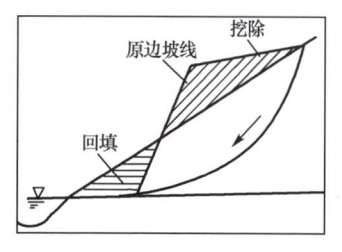

图 3-1-36　滑坡体上方减压和下方回填反压示意图

对于某些滑坡可根据设计计算后，确定需减少的下滑力大小，同时在其上部进行部分减重和下部反压。减重和反压后，应检验滑面从残存的滑体薄弱部位及反压体底面滑出的可能性。

(3)设置支挡工程

因失去支撑而引起滑动的滑坡,或滑坡床陡、滑动可能较快的滑坡,采用修筑支挡工程的办法,可增加滑坡的重力平衡条件,使滑体迅速恢复稳定。

支挡建筑物有抗滑桩、抗滑挡墙、锚索(杆)或锚索(杆)挡墙等。

抗滑挡墙:一般是重力式挡墙,也有轻型挡土墙,如图 3-1-37 所示。挡墙的设置位置一般位于滑体的前缘;滑坡中、下部有稳定的岩土锁口者,设置于锁口处;如滑坡为多级滑动,当推力太大,在坡脚一级支挡施工量较大时,可设分级抗滑挡墙,如图 3-1-38 所示。

图 3-1-37　抗滑挡墙

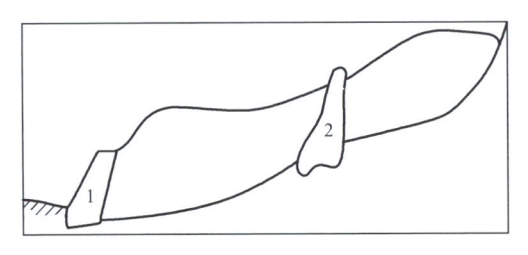

图 3-1-38　分级抗滑挡墙示意图(1、2 代表两级挡土墙)

抗滑桩:适用于深层滑坡和各类非塑性流滑坡,对缺乏石料地区和处理正在活动的滑坡,更为适宜,如图 3-1-39 所示。其特点是设桩位置灵活,施工简单,开挖面积小。抗滑桩布置取决于滑体密实程度、滑坡推力大小及施工条件。在山区岩石边坡上,经常采用预应力锚索(杆)抗滑,如图 3-1-40 所示。

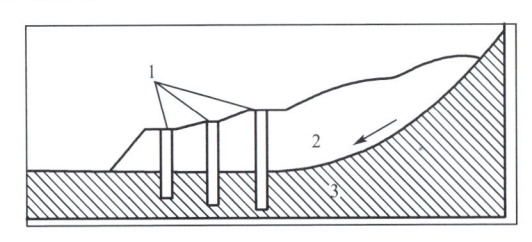

图 3-1-39　抗滑桩示意图
1—抗滑桩;2—滑坡体;3—稳定土体

锚索(杆)或锚索(杆)挡墙:这是近 20 年来发展起来的新型支挡结构。它可节约材料,成功地代替了庞大的混凝土挡墙。对于岩质边坡,可通过预应力锚索(杆)将危岩体和稳定的岩体连在一起,如图 3-1-41 所示。对于规模较大的非岩质边坡,可采用锚索(杆)挡墙。锚(杆)索挡墙,由锚杆、肋柱和挡板三部分组成。滑坡推力作用在挡板上,由挡板将滑坡推

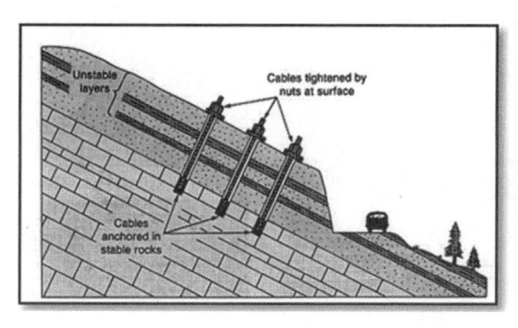

图 3-1-40　预应力锚索抗滑

力传于肋柱,再由肋柱传至锚杆上,最后通过锚索(杆)传到滑动面以下的稳定地层中,通过锚索(杆)的锚固来维持整个结构的稳定,如图 3-1-41 所示。

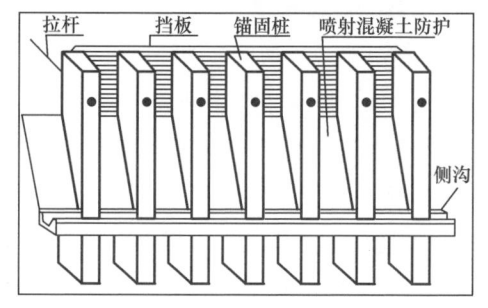

图 3-1-41　锚索(杆)抗滑挡土墙

(4)改善滑动带土石性质

一般采用焙烧法(大于 800 ℃)、压浆及化学加固等物理化学方法对滑坡进行整治,如图 3-1-42、图 3-1-43、图 3-1-44 所示。

图 3-1-42　坡面防护

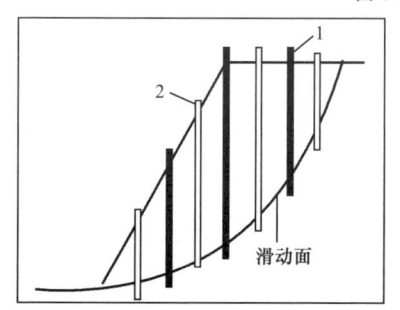

图 3-1-43　化学加固法
1—铁棒;2—铁管

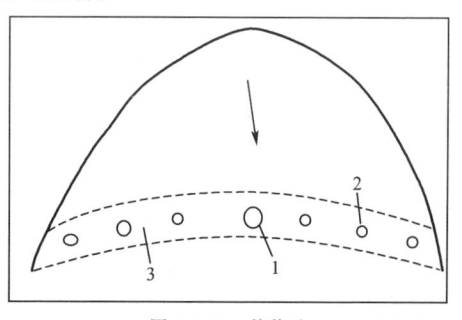

图 3-1-44　焙烧法
1—中心烟道;2—垂直风道;3—焙烧导洞

由于滑坡成因复杂、影响因素多,因此常常需要上述几种方法同时使用、综合治理,方能达到目的。如图 3-1-45 展现的三峡库区黄蜡石滑坡防治工程,其中采用了地表排水沟、截水沟、地下排水仰斜孔群、锚固桩、化学加固等多种治理方法,该滑坡治理效果很好。

图 3-1-45　黄蜡石滑坡防治工程

3. 防治案例

(1) 滑坡概况

内宜高速 K40+300～K40+398 段滑坡分布于公路右车道边坡上,滑坡相对高差 15.32～16.04 m,长 98 m,宽 22～23 m,面积 $2.1×10^3$ m²。滑坡后壁高 7～9 m,坡角 50°～60°,滑坡处地层主要为侏罗系上统蓬莱镇组(J,P)和第四系(Q)。第四系主要为填土层,厚 0～1.5 m;侏罗系地层岩性近地表主要为薄层泥岩,风化强烈,破碎。路壁下部为三级平台,一般 8～10 m,长约 110 m。三级平台中部为农灌渠,渠底为粉砂岩,发育有三组裂隙,透水性强。农灌渠未作防渗处理,渠水和雨水透过土层与渠底石缝渗入边坡岩体裂隙和边坡护层内壁填土,降低了岩土抗剪强度,诱发了边坡变形。2007 年 9 月 8 日发生护面滑塌,堵塞路边排水沟,牵引拉裂了内宜高速 K40+300～K40+398 段坡面三级平台。滑坡一旦失稳整体下滑,不仅会威胁高速公路边的农灌渠、渠边拦护网等构筑物,而且会威胁高速路右车道的行车安全及三级平台上卤水管道的正常运行。

该区降水充沛,是地下水主要补给来源之一。地下水为孔隙水和裂隙水,该地岩石透水性较强,据注水实验资料,其渗透系数 $k = 4.5×10^{-4}$ m/s。

(2) 滑坡治理方案

根据滑坡的成因、类型、规模和发展趋势,提出滑坡治理方案:

①右车道边坡脚布置重力式挡土墙;

②在一级平台下边沟至三级平台边布置锚索和钢筋混凝土格构梁;

③格构梁 4(长)×3(宽) m 格子中铺砌空心砖并植草;

④对三级平台和农灌渠布置防渗帷幕。滑坡治理施工应在滑坡范围内进行,必须保证高速公路畅通,保证当地村民的正常通行。滑坡治理后,能保证当地村民的生产安全,在公路设计使用年限内,滑坡不再发生滑移、蠕动变形等情况。经分析论证,确定该滑坡采用如下综合治理措施。

a. 防水、排水。渗入滑坡体的雨水和滑坡体内的地下水会加重滑坡体的重力,恶化滑动面的力学性质,因此防止雨水渗入和排泄滑坡体内地下水对治理滑坡具有重要意义。具体措施为:所有直观看到已滑下来的滑坡体,采用挖掘机清理,当格构梁浇注后,格构梁需要补充土石方时,再用挖掘机回填,回填的土石方要进行密实夯实;在治理滑坡前,对滑坡体后缘农灌渠进行改造;坡脚布置重力式挡墙,同时布置梅花形泄水孔,排出积存在滑坡体内的部分地下水,改善滑动面的物理力学状态。

b.支挡、加固。滑坡体暂时稳定只表明坡体处于极限平衡状态,雨季时大量雨水渗入,会打破旧的平衡引起坡体新的滑动,仅靠坡体自身稳定是不能保证滑坡长期稳定的,因此必须对滑坡进行加固。具体措施是:设 3 排预应力锚索+格构锁梁+铺砌空心砖及植草+农灌渠防渗处理,如图 3-1-46 所示。

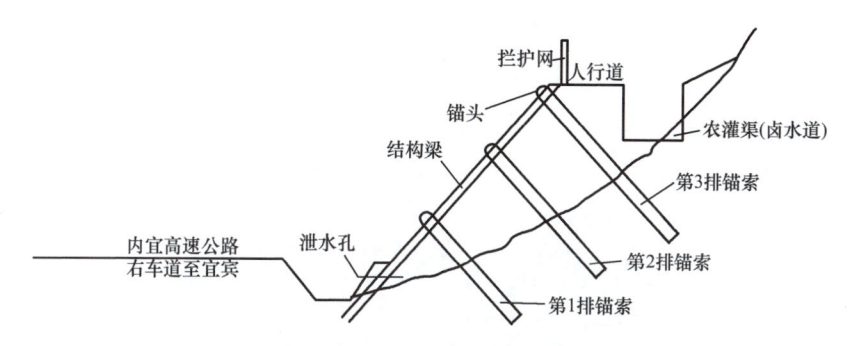

图 3-1-46　预应力锚索+格构锁梁+铺砌空心砖及植草+农灌渠防渗处理

c.治理效果。内宜高速 K40+300～K40+398 滑坡治理工程结束后,业主进行滑坡变形巡视检测,检验治理效果和工程质量。结果显示,采用重力式挡墙、锚索、格构梁浇注及植草、农灌渠防渗等工程形式,不仅投资少,而且工期短,治理效果佳。

三　泥石流

泥石流是山区特有的一种不良地质现象,它是山洪急流挟带大量泥沙、石块等固体物质突然以巨大的速度从沟谷上游奔腾而下,来势凶猛,历时短暂,具有强大的破坏力。

泥石流的地理分布广泛,据不完全统计,泥石流灾害遍及世界 70 多个国家和地区,主要分布在亚洲、欧洲和南、北美洲。我国的山地面积约占国土总面积的 2/3,自然地理和地质条件复杂,加上几千年人文活动的影响,目前是世界上泥石流灾害最严重的国家之一。泥石流在我国主要分布在西南、西北及华北地区,在东北西部和南部山区、华北部分山区及华南、台湾、海南岛等地也有零星分布。

通过大量调查观测,对统计资料分析发现,泥石流的发生具有一定的时空分布规律。时间上多发生在降雨集中的雨季或高山冰雪消融的季节。空间上多分布在新构造活动强烈的陡峻山区。我国泥石流在时空分布上构成了"南强北弱、西多东少、南早北晚、东先西后"的独特格局。

(一) 泥石流的主要危害方式

泥石流是一种水、泥、石的混合物,泥石流中所含固体体积一般超过15%,最高可达80%,其容重可达18 kN/m³。泥石流在一个地段上往往突然爆发,能量巨大,来势凶猛,历时短暂,复发频繁。泥石流的前锋是一股浓浊的洪流,固体含量很高,形成高达几米至十几米的"龙头"顺沟倾泻而下,冲刷、搬运、堆积十分迅速,可在很短的时间内运出几十万至数百万立方米固体物质和成百上千吨巨石,摧毁前进途中的一切,掩埋村镇、农田,堵塞江河,冲毁公路,造成巨大生命财产损失,如图3-1-47所示。

因此,"冲"和"淤"是泥石流的主要活动特征和主要危害方式。"冲"是以巨大的冲击力作用于建筑物而造成直接的破坏;"淤"是构造物被泥石流搬运停积下来的泥、砂、石淤埋。

"冲"的危害方式主要有冲刷、冲击、磨蚀、直进性爬高等多种危害形式。

"淤"的危害方式主要有堵塞、淤埋、堵河阻水、挤压河道,使河床剧烈淤高、冲刷对岸,使山体失稳,淤塞甬洞,掩埋公路,直接危害工程稳定和使用寿命。

图 3-1-47 泥石流的危害

甘肃省东乡县城滑坡治理工程案例

(二) 泥石流的形成条件

泥石流的形成必须同时具备以下三个条件:陡峻的便于集水、集物的地形地貌;丰富的松散物质;短时间内有大量的水源。

1. 地形地貌条件

在地形上具备山高沟深、地势陡峻、沟床纵坡降大、流域形态有利于汇集周围山坡上的水流和固体物质。在地貌上,泥石流的地貌一般可分为形成区、流通区和堆积区三部分,如图3-1-48所示。上游形成区的地形多为三面环山、一面出口的瓢状或漏斗状,山体破碎、植被生长不良,这样的地形有利于水和碎屑物质的集中;中游流通区的地形多为狭窄陡深的峡谷,谷床纵坡降大,使上游汇集到此的泥石流形成迅猛直泻之势;下游堆积区为地势开阔平坦的山前平原,使倾泻下来的泥石流到此堆积起来。

2. 松散物质条件

泥石流常发生于地质构造复杂、断裂褶皱发育、新构造活动强烈、地震烈度较高的地区。

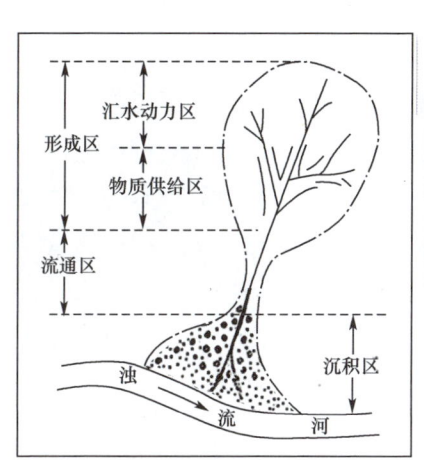

图 3-1-48　典型的泥石流沟

地表岩层破碎,滑坡、崩塌、错落等不良地质现象发育,为泥石流的形成提供了丰富的固体物质来源;另外,岩层结构疏松软弱、易于风化、节理发育,或软硬相间成层地区,因易受破坏,也能为泥石流提供丰富的碎屑物来源,如图 3-1-49 所示。

图 3-1-49　丰富的固体物质

3. 水文气象条件

水既是泥石流的重要组成部分,又是泥石流的重要激发条件和搬运介质(动力来源)。泥石流的水源有强度较大的暴雨、冰川积雪的强烈消融和水库突然溃决等。

4. 人为因素

滥伐乱垦会使植被消失、山坡失去保护、土体疏松、冲沟发育,大大加重水土流失,进而山坡稳定性破坏,滑坡、崩塌等不良地质现象发育,结果就很容易产生泥石流,甚至那些已退缩的泥石流又有重新发展的可能。修建铁路、公路、水渠以及其他建筑的不合理开挖,不合理的弃土、弃渣、采石等也可能形成泥石流。

(三)泥石流的类型

根据不同的分类方法,泥石流可以分为不同的类型,见表 3-1-6。

表 3-1-6　　　　　　　　　　　　泥石流的分类

分类依据	类型	特点	典型照片
物质成分	泥石流	由大量黏性土和粒径不等的砂粒、石块组成,西藏波密、四川西昌、云南东川和甘肃武都等地区的泥石流,均属于此类	
	泥流	以黏性土为主,含少量砂粒、石块,黏度大,呈稠泥状,这种泥流主要分布在我国西北黄土高原地区	
	水石流	由水和大小不等的砂粒、石块组成,是石灰岩、大理岩、白云岩和玄武岩分布地区常见的类型,如华山、太行山、北京西山等地区分布	
物质状态	黏性泥石流	含大量黏性土,黏性大,密度高,有阵流现象。固体物质占 40%～60%,最高达 80%。水不是搬运介质而是组成物质。稠度大,石块呈悬浮状态,爆发突然持续时间,短破坏力大	
	稀性泥石流	水为主要成分,黏土、粉土含量一般小于5%,固体物质占 10%～40%,有很大分散性。搬运介质为稀泥浆,砂粒、石块以滚动或跃移方式前进,具有强烈的下切作用	

续表

分类依据	类型	特点	典型照片
泥石流沟的状态	山坡型	沟小流短,沟坡与山坡基本一致,没有明显的流通区,形成区直接与堆积区相连。沉积物棱角尖锐、明显。冲击力大,淤积速度较快,规模较小	
	河谷型	流域呈狭长形,形成区分散在河谷的中、上游。沿河谷既有堆积,也有冲刷。沉积物棱角不明显。破坏力较强,周期较长,规模较大	

(四) 泥石流的防治

1. 防治原则

选线是泥石流地区公路设计的首要环节。选线恰当,可避免或减少泥石流危害;选线不当,可导致或增加泥石流危害。路线平面及纵面的布置,基本上决定了泥石流防治可能采取的措施。所以,防治泥石流首先要从选线考虑。一般情况下,泥石流发育区选线要遵从以下几个原则:

(1) 高等级公路最好避开泥石流地区。在无法避开时,也应按避重就轻的原则,尽量避开规模大、危害严重、治理困难的泥石流沟,而走危害较轻的一岸或在两岸迂回穿插,如图3-1-50中方案4。如过河绕避困难或不适合时,也可在沟底以隧道或明洞穿过,如图3-1-50中方案5。

(2) 当大河的河谷很开阔,洪积扇未达到河边时,可将公路线路选在洪积扇淤积范围之外通过。这时路线线型一般比较舒顺,纵坡也比较平缓,但可能存在以下问题:洪积扇逐年向下延伸淤埋路基;大河摆动,使路基遭受水毁,如图3-1-50中方案3。

(3) 路线跨越泥石流沟时,首先应考虑从流通区或沟床比较稳定、冲淤变化不大的堆积扇顶部用桥跨越。但应注意这里的泥石流搬运力及冲击力最强,还应注意这里有无转化为堆积区的趋势。因此,要预留足够的桥下排洪净空,如图3-1-50中方案1。

(4) 如泥石流的流量不大,在全面考虑的基础上,路线也可以在堆积扇中部以桥隧或过水路面通过。采用桥隧时,应充分考虑两端路基的安全措施。这种方案往往很难克服排导沟的逐年淤积问题。如图3-1-50中方案2。

(5) 通过散流发育并有相当固定沟槽的宽大堆积扇时,宜按天然沟床分散设桥,不宜改沟归并。如堆积扇比较窄小,散流不明显,则可集中设桥,一桥跨过。

2. 防治措施

对泥石流病害,应进行调查,通过访问、测绘、观测等获得第一手资料,掌握其活动规律,有针对性地采取预防为主、以避为宜、以治为辅,防、避、治相结合的方针。泥石流的治理要因势利导,顺其自然,就地论治,因害设防和就地取材,充分发挥排、挡、固防治技术特殊作用的有效联合。

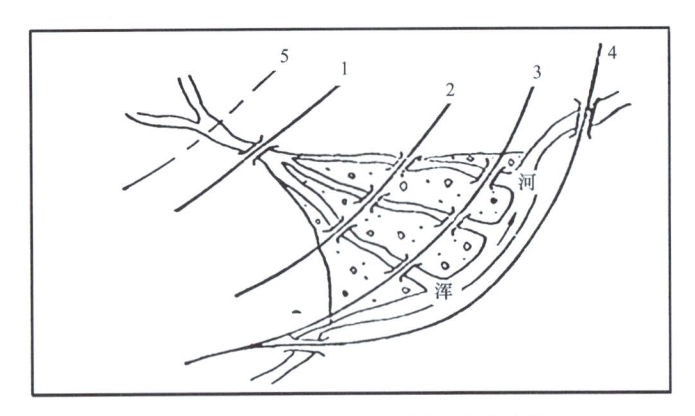

图 3-1-50　公路跨越泥石流沟位置方案选择
1—靠山做隧道方案或以桥通过沟口；2—通过堆积区；3—沿堆积区外缘通过；4—跨河绕避

(1) 水土保持工程

在形成区内，封山育林、植树造林、平整山坡、修筑梯田；修筑排水系统及山坡防护工程。水土保持虽是根治泥石流的一种方法，但需要一定的自然条件，收益时间也较长，一般应与其他措施配合进行。

(2) 拦挡工程

在中游流通段，用以控制泥石流的固体物质和地表径流，用于改变沟床坡降，降低泥石流速度，以减少泥石流对下游工程的冲刷、撞击和淤埋等危害的工程设施。拦挡措施有：格栅坝（图 3-1-51）、拦挡坝（图 3-1-52）、停淤场等。拦挡坝适用于沟谷的中上游或下游没有排

图 3-1-51　格栅坝

图 3-1-52　拦挡坝

沙或停淤的地形条件且必须控制上游产沙的河道，以及流域来沙量大、沟内崩塌、滑坡较多的河段。格栅坝适用于拦截流量较小、大石块含量少的小型泥石流。

(3)排导工程

在泥石流下游设置排导措施，使泥石流顺利排除。其作用是改善泥石流流势、增大桥梁等建筑物的泄洪能力，使泥石流按设计意图顺利排泄。排导工程包括渡槽、排导沟（图 3-1-53）、导流堤等。其中排导沟适用于有排沙地形条件的路段，其出口应与主河道衔接，出口标高应高出主河道 20 年一遇的洪水水位。渡槽适用于排泄量小于 30 m³/s 的泥石流，且地形条件应能满足渡槽设计纵坡及行车净空要求，路基下方用停淤场地等。

图 3-1-53　排导沟

(4)跨越工程

桥梁适用于跨越流通区的泥石流沟或洪积扇区的稳定自然沟槽；隧道适用于路线穿过规模大、危害严重的大型或多条泥石流沟，隧道方案应与其他方案作技术、经济比较后确定，泥石流地区不宜采用涵洞，在活跃的泥石流洪积扇上禁止使用涵洞。对于三、四级公路，当泥石流规模不大、固体物质含量低、不含有较大石块，并有顺直的沟槽时，方可采用涵洞；过水路面适用于穿过小型坡面泥石流沟的三、四级公路。

(5)防护工程

指对泥石流地区的桥梁、隧道、路基及其他重要工程设施，修建一定的防护建筑物，用以抵御或消除泥石流对主体建筑物的冲刷、冲击、侧蚀和淤埋等的危害。防护工程主要有护坡、挡墙、顺坝和丁坝等。

对于防治泥石流，常采取多种措施相结合比采用单一措施更为有效。

3.防治案例

(1)工程概述

该泥石流位于重庆市北碚区东阳镇的东侧 200 m 处。泥石流前缘距渝广公路及襄渝铁路 150～200 m，后缘距公路 876 m，前缘距公路高差 40 m，后缘高差 224 m。区内只有人行小道，交通不便，其设备材料全靠人力运输。该泥石流处于山地斜坡峡谷危岩地带，崩塌、滑坡、泥石流等地质灾害频繁发生并危及居民的生命财产安全。泥石流顶部有厚层的松散堆积物，其底部基岩为中－下侏罗统自流井组。地貌上呈圈椅状陡坡地形，有利于地表水地下水汇集，成为产生山坡型泥石流的有利因素。根据勘察资料分析，该泥石流为多期活动。

该泥石流发生于斜坡上一小冲沟内,流域汇水面积小于 0.1 km²,沟谷坡降为 20%～50%。泥石流后缘有巨厚层的崩滑堆积物及部分残坡积物,是泥石流丰富物质来源之处。雨季是泥石流多发期。

(2)泥石流的形成

泥石流从 1989 年开始,崩滑体前沿松动带滑移变形速度显著加快,至 1993 年雨季期从 6 月开始至 7 月下了 3 场大暴雨,8 场中、大雨,月降雨量 219.7 mm,大量的雨水和松散土体涌入沟内。7 月 31 日大雨后,8 月 1 日导致源头发生滑坡,并迅速转化为泥石流向流通区下泄,中途经缓停坪后再向下部流通区倾泻,并积于堆积区。由于堆积区是一小型洼地,原有厚 5.0 m 左右残坡积松散土体,起到了一定阻滞作用,形成一鼓丘,迫使流体呈扇形堆积。泥石流的物质由粉土、粉砂、砂砾石及大岩块组成,分选性差。泥石流不断地流动,特别是后缘及旁侧有大量被破坏的松散堆积体,规模有继续扩大的现象。在勘察时建立了 15 个监测点,13 号点流距为 34.0 m,平均速度 0.27 m/d,最小流距为 2 号点 1.24 m,平均速度 0.01 m/d。

(3)泥石流防治工程

①排水工程。泥石流主要是因为地表水地下水排泄不畅通而引起,因此工程由明渠、主盲沟及支盲沟组成。明渠修建在泥石流下部外围稳定地体,共完成明渠 1.8 m×2.0 m,长 31.0 m,沟底及沟壁用 0.5 m 厚浆砌片石构成。盲沟修建在泥石流通道内及附近,共完成盲沟 524.0 m,盲沟底部和侧壁用双层夹胶土工布隔离,防止水向下渗漏,中间堆填片石。

②帷幕灌浆工程(改土性工程)。该工程建在泥石流前缘堆积区,施工用 ⌀130 mm 钻孔 61 个,进入基岩 1.5 m,共 916.0 m。采用 32.5♯矿渣硅酸盐水泥,1∶1 的水灰比进行帷幕灌浆,灌浆压力 0.3～0.5 MPa。将水泥浆由底部逐步向上部进行,防止整个松散土体再发生流动,从而改变土体的性质,增强稳定性,利用这一鼓丘起到拦阻泥石流下滑的作用。

③碎石桩毛石重力坝工程(碎石坝支挡工程)。该工程位于泥石流中部,共施工 ⌀1200 mm 土工碎石桩 26 根,嵌入基岩 1.5 m,平均桩长 8.5 m,形成 20 m×12.5 m 的矩阵。其上为 C15 毛石混凝土承台,厚 1.5 m 以上,再在承台上筑毛石重力坝,上宽 2.0 m,下宽 8.0 m,厚 3.0 m。该坝将泥石流拦腰斩断,既阻挡上部下滑土体及当作沉沙池,又能通过碎石桩渗透地下水与盲沟相连,而形成综合排水系统。

④护坡桩支挡工程。该项工程在泥石流上段北岸滑塌区,总长 92.0 m,均采用 ⌀300 mm 钢筋混凝土抗滑桩 61 根,平均嵌岩深度 3.0 m,平均桩长 7.8 m,主要是阻挡坡体继续滑塌。

⑤桩、锚、梁工程(支挡工程)。此工程修建在泥石流前缘及后缘。前缘为拦挡作用,后缘主要起护坡作用,防止坡体继续扩展滑塌。

a.泥石流前缘整治工程,用 ⌀800 mm 抗滑桩 2 根,钢筋混凝土配筋为 21⌀22 mm。穿过泥石流堆积体,嵌入基岩 2.75 m 以上,上端与钢筋混凝土横梁 ⌀150 mm 的锚桩 29 根相连。锚桩嵌入基岩 7.8 m。该项工程用于阻挡堆积物及流通区土体继续滑移,又能防止泥石流冲向邻近的居民区和铁路及公路,构成一道坚固防线。

b.泥石流后缘构筑的桩锚梁支挡工程,用人工挖成的 1 200 mm×1 200 mm 方形抗滑桩 8 根,平均嵌入基岩 1.6 m 以上。上端与钢筋混凝土横梁相连,梁上有根 ∅150 mm 锚桩,嵌入基岩 7.1 m,横梁为 1 400 mm×1 400mm,长 26.0 m。该工程为防止源头正面土体下滑,切断泥石流的物质来源。整个防治工程如图 3-1-54 所示,分为两期进行治理。

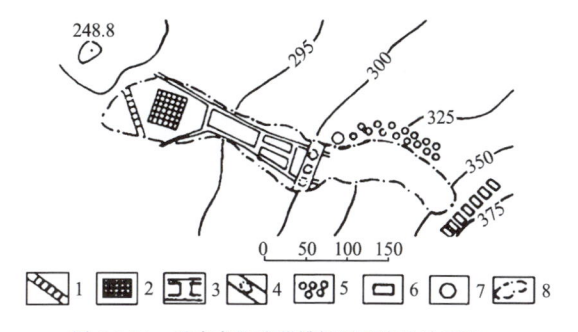

图 3-1-54　重庆市北碚醪糟坪泥石流防治工程

(4)治理工程监测

对竣工的各个工程进行为期 3 年多动态变形监测,监测结果表明,除碎石毛石重力坝工程有变形外,其他工程均未变形。毛石重力坝的承台与重力坝前沿顶面用 1∶2 水泥砂浆砌筑面勾的缝,变形缝宽大于 100 mm。主要因为泥石流后缘治理工程迟迟不到位,不能连续施工,加大了重力坝的负荷,使其上部出现明显的变形。为了控制变形加剧,在该坝前修建 3 条"X"形支撑排水盲沟,排出浅部地下水,使原湿地渐渐变为干地,变形得到控制。1999 年全面完工后,经受住了暴雨、大暴雨的多次考验。监测至今,结果表明,坝体与盲沟均未变形。

四　岩　溶

岩溶是水对可溶性岩石进行以溶蚀作用为主所形成的地表和地下形态的总称,又称岩溶地貌。它以溶蚀作用为主,还包括流水的冲蚀、潜蚀,以及塌陷等机械侵蚀过程,这种作用及其产生的现象统称为喀斯特。喀斯特是南斯拉夫西北部伊斯特拉半岛石灰岩高原的地名,当地称为 Karst,因那里是近代喀斯特研究发源地,故借用此名。

中国喀斯特地貌分布广、面积大,其中在桂、黔、滇、川东、川南、鄂西、湘西、粤北等地连片分布的就达 $5.5×10^5$ km³,尤以广西的桂林山水、云南的路南石林闻名于世。

岩溶与人类的生产和生活息息相关。人类的祖先——猿人,曾经栖居在岩溶洞穴中。许多岩溶地区,因地表缺水或积水成灾,对农业生产影响很大。许多矿产资源、矿泉和温泉与岩溶有关。

在岩溶地区,由于地上地下的岩溶形态复杂多变,给公路测设定位带来相当大的困难。对于现有的公路,会因地下水的涌出、地面水的落水洞被阻塞而导致路基水毁;或因溶洞的坍顶,引起地面路基坍陷下沉或开裂。但有时可利用某些形态,如利用"天生桥"跨越河道、沟谷、洼地；利用暗河、溶洞以扩建隧道。因此，在岩溶区修建公路，应认真勘察岩溶发育的程度和岩溶形态的空间分布规律，以便充分利用某些可利用的岩溶形态，避让或防治岩溶病害对路线布局和路基稳定造成不良影响。

(一) 岩溶的形成条件

1. 可溶性岩石

可溶性岩石是岩溶形成的物质基础。可溶性岩石有三类：碳酸盐类岩石（石灰岩、白云岩、泥灰岩等）；硫酸盐类岩石（石膏、硬石膏和芒硝）；卤盐类岩石（钾、钠、镁盐岩石等）。

2. 岩体的透水性

岩层透水性愈好，岩溶发育也愈强烈。岩层透水性主要取决于裂隙和孔洞的多少和连通情况。

3. 有溶解能力的水

水的溶解能力随着水中侵蚀性 CO_2 含量的增加而加强。

4. 影响岩溶发育的因素

影响岩溶发育的因素详见表 3-1-7。

表 3-1-7　　　影响岩溶发育的因素

影响因素	描述
气候	温暖、潮湿时岩溶发育 寒冷干燥时岩溶不发育
岩性及产状	岩性越纯，岩溶越发育 不同岩层接触时，隔水层上方岩溶发育 陡倾、直立岩层，顺岩层面岩溶发育
地质构造	背斜轴部拉张节理发育，岩溶发育 向斜轴部节理发育并汇水，岩溶发育 正断层破碎带及影响带岩溶发育 逆断层主动盘破碎带岩溶发育
地壳运动	稳定时期，水平溶洞发育 抬升时期，垂直落水洞发育

(二) 岩溶地貌类型

岩溶地貌在碳酸盐岩地层分布区最为发育。常见的地表岩溶地貌如图 3-1-55 所示，有石芽、石林、峰林等岩溶正地形，还有溶沟、落水洞、盲谷、干谷、岩溶洼地（包括漏斗、岩溶洼地）等岩溶负地形；地下岩溶地貌有溶洞、地下河、地下湖等；与地表和地下密切关联的岩溶地貌有竖井、天生桥等，见表 3-1-8。

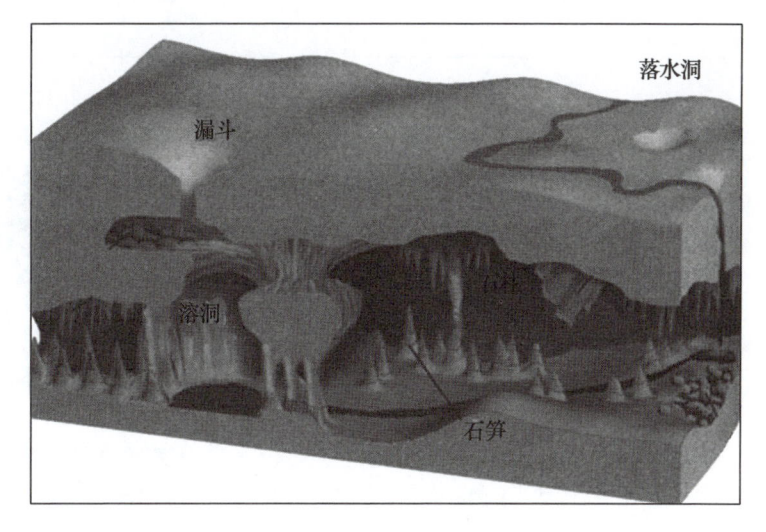

图 3-1-55　常见的地表岩溶地貌

表 3-1-8　岩溶地貌类型

岩溶地貌类型	形 成 过 程	图　示
石芽和溶沟	水沿可溶性岩石的节理、裂隙进行溶蚀和冲蚀所形成的沟槽间突起与沟槽形态，浅者为溶沟，深者为溶槽，沟槽间的凸起称石芽。其底部往往被土及碎石所充填。在质纯层厚的石灰岩地区，可形成巨大的貌似林立的石芽，称为石林，如云南路南石林，最高可达 50 m	
溶蚀漏斗	地面凹地汇集雨水，沿节理垂直下渗，并溶蚀扩展成漏斗状的注地。其直径一般几米至几十米，底部常有落水洞与地下溶洞相通	
溶蚀洼地	岩溶作用形成的小型封闭洼地。它的周围常分布陡峭的峰林，面积一般只有几平方公里到几十平方公里。底部有残积坡积物，且高低不平，常附生着漏斗	
落水洞	流水沿裂隙进行溶蚀、机械侵蚀以及塌陷形成的近于垂直的洞穴。它是地表水流入岩溶含水层和地下河的主要通道，其形态不一，深度可达十几米到几十米，甚至达百余米。落水洞进一步向下发育，形成井壁很陡、近于垂直的井状管道，称为竖井，又称天然井	

续表

岩溶地貌类型	形成过程	示例照片
干谷和盲谷	岩溶区地表水因渗漏或地壳抬升,使原河谷干涸无水而变为干谷。干谷底部较平坦,常覆盖有松散堆积物,漏斗、落水洞成群地作串球状分布。盲谷是一端封闭的河谷,河流前端常遇石灰岩陡壁阻挡,石灰岩陡壁下常发育落水洞,遂使地表水流转为地下暗河。这种向前没有通路的河谷称为盲谷,又称断尾河	
溶洞	溶洞的形成是石灰岩地区地下水长期溶蚀的结果。在洞内常发育有石笋、石钟乳和石柱等洞穴堆积。洞中这些碳酸钙沉积琳琅满目,形态万千。一些著名的溶洞,如北京房山区云水洞、桂林七星岩和芦笛岩等,均为游览胜地	
暗河	暗河是岩溶地区地下水汇集、排泄的主要通道,其中一部分暗河常与干谷伴随存在,通过干谷底部一系列的漏斗、落水洞,使两者相连通,可通过干谷大致判断地下暗河的流向	
天生桥	近地表的溶洞或暗河顶板塌陷,有时残留一段未塌陷的洞顶,横跨水流,呈桥状形态,故称为天生桥	

(三) 岩溶地区的工程地质问题

岩溶对建筑物稳定性和安全性有很大影响。

1. 被溶蚀的岩石强度大为降低

岩溶水在可溶岩层中溶蚀,使岩层产生孔洞。最常见的是岩层中有溶孔或小洞。遭受溶蚀后,岩石产生孔洞,结构松散,从而降低了岩石强度。

2. 造成基岩面不均匀起伏

因石芽、溶沟、溶槽的存在,使地表基岩参差不齐、起伏不均匀。如利用石芽或溶沟发育的场地作为地基,则必须做出处理。

3. 降低地基承载力

建筑物地基中若有岩溶洞穴,将大大降低地基岩体的承载力,容易引起洞穴顶板塌陷,使建筑物遭到破坏,如图 3-1-56 所示。

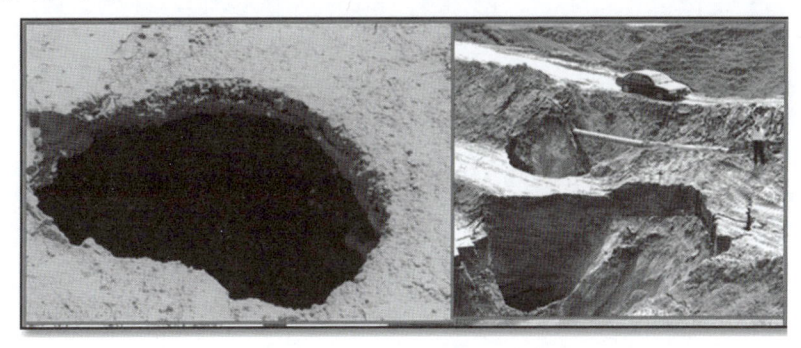

图 3-1-56　洞穴顶板塌陷

4.造成施工困难

在基坑开挖和隧道施工中,岩溶水可能突然大量涌出,给施工带来困难等。

(四)岩溶的防治

1.防治原则

在岩溶区选线,要想完全绕避是不可能的,尤其是在我国中南和西南岩溶分布十分普遍的地区,更不可能。因此,宜按"认真勘测、综合分析、全面比较、避重就轻、兴利防害"的原则选线。根据岩溶发育和分布规律,注意以下几点:

(1)在可溶性岩石分布区,路线应选择在难溶岩石分布区通过。

(2)路线方向不宜与岩层构造线方向平行,而应与之斜交或垂直通过。

(3)路线应尽量避开河流附近或较大断层破碎带,不可能时,宜垂直或斜交通过。

(4)路线应尽量避开可溶性与非可溶性岩或金属矿产的接触带,因为这些地带往往岩溶发育强烈,甚至岩溶泉成群出露。

(5)岩溶发育地区选线,应尽量在土层覆盖较厚的地段通过,因为一般覆盖层起到防止岩溶继续发展,增加溶洞顶板厚度和使上部荷载扩散的作用。但应注意覆盖土层内有无土洞的存在。

(6)桥位宜选在难溶岩层分布区或无深、大、密的溶洞地段。

(7)隧道位置应避开漏斗、落水洞和大溶洞,并避免与暗河平行。

2.防治措施

对岩溶和岩溶水的处理措施可以归纳为堵塞、疏导、跨越、加固等几个方面。

(1)堵塞

对基本停止发展的干涸的溶洞,一般以堵塞为宜。如用片石堵塞路堑边坡上的溶洞,表面以浆砌片石封闭。对路基或桥基下埋藏较深的溶洞,一般可通过钻孔向洞内灌注水泥砂浆、混凝土、沥青混合料等加以堵塞,提高其强度,如图 3-1-57 所示。

(2)疏导

对经常有水或季节性有水的孔洞,一般宜疏不

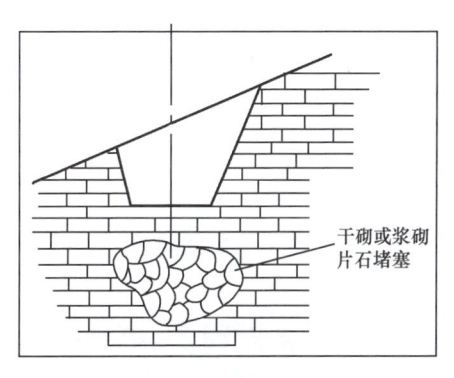

图 3-1-57　堵塞路基下的溶洞

宜堵。应采取因地制宜，因势利导的方法。路基上方的岩溶泉和冒水洞，宜采用排水沟将水截流至路基外。对于路基基底的岩溶泉和冒水洞，设置集水明沟或渗沟，将水排出路基。

（3）跨越

对位于路基基底的开口干溶洞，当洞的体积较大或深度较深时，可采用构造物跨越。对于有顶板但顶板强度不足的干溶洞，可炸除顶板后进行回填或设构造物跨越。

（4）加固

为防止基底溶洞的坍塌及岩溶水的渗漏，经常采用加固方法。

①洞径大，洞内施工条件好时，可采用浆砌片石支墙、支柱等加固。如需保持洞内水流畅通，可在支撑工程间设置涵管排水。

②深而小的溶洞不能使用洞内加固办法时，可采用石盖板或钢筋混凝土盖板跨越可能的破坏区。

③对洞径小、顶板薄或岩层破碎的溶洞可采用爆破顶板、用片石回填的办法。如溶洞较深或需保持排水者，可采用拱跨或板跨的办法。

④对于有充填物的溶洞，宜优先采用注浆法、旋喷法进行加固，不能满足设计要求时宜采用构造物跨越。

⑤如需保持洞内流水畅通时，应设置排水通道。

隧道工程中的岩溶处理较为复杂。隧道内常有岩溶水的活动，若水量很小，可在衬砌后压浆以阻塞渗透；对成股水流，宜设置管道引入隧道侧沟排除；水量大时，可另开横洞（泄水洞）；长隧道可利用平行导坑（在进水一侧），以截除涌水，如图3-1-58、图3-1-59所示。

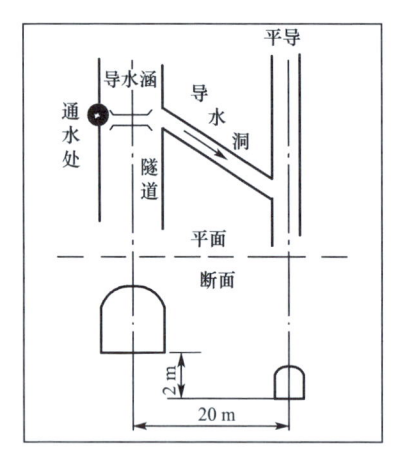

图3-1-58　利用平行导坑排水　　图3-1-59　天生桥隧道绕行

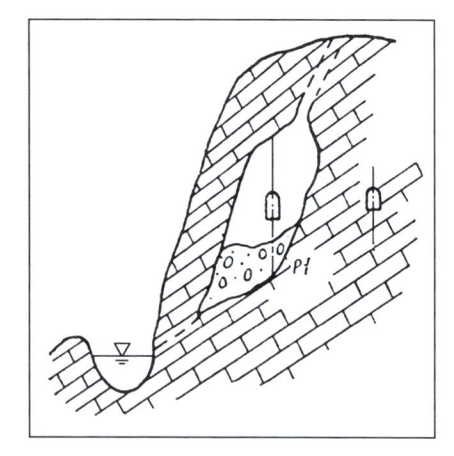

在建筑物使用期间，应经常观测岩溶发展的方向，以防岩溶作用继续发生。

3.防治案例

（1）工程概况及主要地质情况

朱家岩隧道位于湖北省长阳县境内，设计为分离式隧道，近东西向展布，全长2 600 m，是湖北沪蓉西高速公路长大隧道中头号关键性控制工程。隧道穿越干沟与渔泉溪水系的分水岭,通过地段岩溶发育,岩溶水文地质条件复杂。隧道左线 ZK52+499 处有一特大溶洞,从 ZK52+499~ZK52+461 段溶洞的初步测量来看,大溶洞长约 37 m,斜穿隧道,对隧道安全影响极大,使穿过隧道的岩层强度、围岩稳定性严重降低,施工中必须进一步加强隧道结构的设计,加强对溶洞的山体地表进行结构加固措施。发现溶洞后,施工中采用工字钢搭设便桥,上部填充洞碴通过。自 2006 年 1 月 17 日发现该溶洞以来,至今已有两年 8 个月,经历了春、夏、秋、冬四个季节。经过 2007 年雨季的持续观测,发现该溶洞仅在暴雨时洞内存在少量流水,平时无水。溶洞平面图如图 3-1-60 所示。

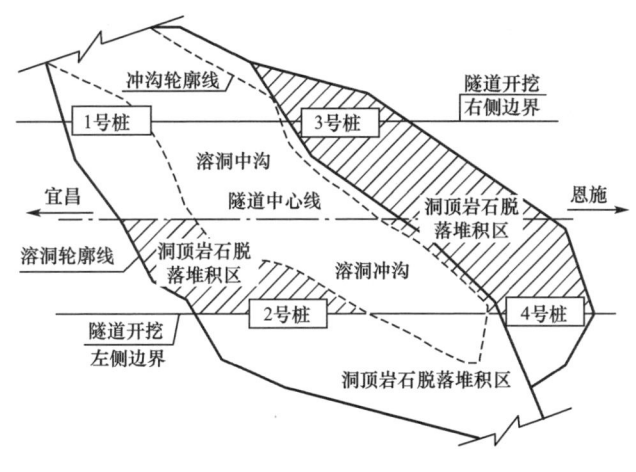

图 3-1-60 溶洞平面图

(2)处理方案

①岩壁处理。为了溶洞岩体有足够的稳定性,不再因发生塌方给隧道带来影响及隧道周边虚弱岩层产生侧移变形,在溶洞临空处垂直于岩壁布设 $\varnothing$22 mm 药卷锚杆。锚杆长 5.0~8.0 m,环、纵向间距 1 m 挂 $\varnothing$6@20 cm×20 cm 单层钢筋网,喷射 15 cm 厚 C20 混凝土。

②初期支护。加强初期支护,对于未漏空断面(紧贴岩壁处)采用Ⅰ20 工字钢支撑,纵向间距 0.6 m;拱墙设置系统锚杆,每根长 3.5 m,环、纵间距 0.8 m×0.6 m;挂 $\varnothing$8@20 cm×20 cm 单层钢筋网,喷射 25 cm 厚 C20 混凝土。

③二次衬砌。加强二次衬砌,考虑到山体岩质断夹层严重,岩体变化产生下沉或侧移增大压力、预防结构断裂,衬砌断面应有足够强度,还应有足够拉应力,将其原设计 30 cm 厚素混凝土衬砌改为 90 cm 厚 C30 防水钢筋混凝土衬砌。

④衬砌背后空腔处理。溶洞壁与衬砌外轮廓净距小于 1 m 的空腔,采用 C20 泵送混凝土填充密实;溶洞壁与衬砌外轮廓净距大于 1 m 且小于 3 m 的空腔,采用 M7.5 浆砌片石回填密实;溶洞壁与衬砌外轮廓净距大于 3 m 的空腔,采用 M7.5 浆砌片石码砌回填,厚度不得小于 3 m。

⑤防水设计。ZK52+494~ZK52+461 段衬砌后设置全环复合防水板,施工缝设置橡胶止水带及橡胶止水条。

⑥基础处理

a.ZK52+471~ZK52+459.5,ZK52+483.5~ZK52+494 一侧衬砌边墙落在围岩上,另

一侧落在托梁上。为尽可能避免两侧边墙不均匀沉降,落在围岩上的边墙基础必须做加固处理,使之基底承载力不得小于 600 kPa,否则应采用 C20 混凝土回填或采用吹砂注浆对基底进行加固。

b.ZK52+483~ZK52+494 段右侧衬砌和 ZK52+461~ZK52+480 段左侧衬砌的隧道基底应先清除洞顶岩石脱落堆积体,清理至基岩后采用 C20 混凝土现浇换填,周边附近空洞处应采用 M7.5 浆砌片石回填密实。

⑦跨越溶洞冲沟设计

a.初支、衬砌落脚处理。由于 ZK52+494~ZK52+461 段跨越溶洞冲沟,设计采用在该段两侧初支、衬砌边墙下设置桩基托梁的方式进行跨越。托梁截面尺寸:1.2 m×2.0 m(宽×高),托梁长为 24 m,桩基长为 24 m。桩基截面尺寸:2 m×1.5 m,桩长 13 m。

b.路面落脚处理。采用埋置式轻台,桩基础,桥梁上部采用 1×20 m 预应力混凝土宽幅空心板越过溶槽,如图 3-1-61 所示。

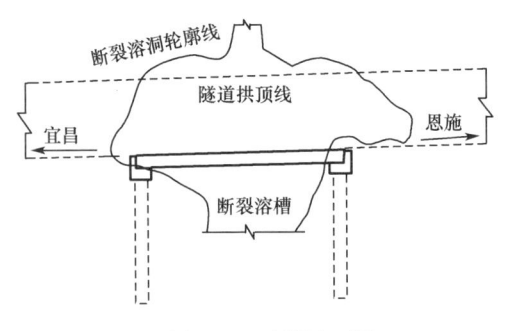

图 3-1-61 桥梁立面图

⑧沉降缝。基底处理段在 ZK52+463,ZK52+483,ZK52+496 处各设一道沉降缝,缝宽 20~30 mm;可结合施工缝的设置一并考虑。沉降缝的防水应满足《地下工程防水技术规范》(GB 50108—2008)相关要求。

⑨检修窗。考虑到左侧溶洞空间较大,在衬砌左右两侧各预留一个 2.5 m×2 m 检修窗,以利于运营期间的检测维护,同时可作为紧急通风的通风口。

⑩超前地质预报。在朱家岩隧道岩溶地段的施工中,集中了多种超前地质预报技术,其综合运用步骤如下:

第一步,采用 TSP202 地质预报系统对掌子面前方 150 m 围内的围岩地质状况(软硬、完整及破碎程度)进行宏观判断。

第二步,采用 50 m 长距离钻探,初步确认钻孔所经区域的地层岩性、岩层构造、岩体完整程度、溶洞大小、地下水及水压等情况。

第三步,采用地质雷达技术并结合短距离的多孔钻探对前两步物探结果进行验证,尽可能准确地掌握前方围岩结构面产状,岩溶发育形态、规模及岩溶充填物的性质,进行水压和涌水量测试判断岩溶涌水突泥的可能性及其危害程度,制定岩溶处理方案。

第四步,采用掌子面地质素描、开挖循环钻孔资料对前面几步进行验证、分析,以此作为制定和变更隧道开挖方法,加强或减弱支护结构,调整设计和指导施工的依据。

⑪量测监控。朱家岩隧道岩溶地段,拱顶下沉埋设6个测点,水平收敛设6个测点,暗河流量监测点2个。

五 地 震

地震是一种地球内部应力突然释放的表现形式,它是现今正在进行的地壳运动激发的表现。同台风、暴雨、洪水、雷电一样是一种自然现象,但地震是自然灾害之首恶。地球上每天都在发生地震,全世界每年大约发生500万次地震,绝大多数地震因震级小,人感觉不到。其中有感地震约5万多次,但是造成严重灾害损失的仅有10次左右。

一次强烈地震会造成种种灾害,一般我们将其分为直接灾害和次生灾害。直接灾害是指地震发生时直接造成的灾害损失,强烈地震产生的巨大震波,造成房屋、桥梁、水坝等各种建筑物崩塌,人畜伤亡、财产损失、生产中断,这种损失在大城市、大工矿等人口集中、建筑物密集的地区尤为突出。

(一)全球和我国的地震分布

1.全球的地震分布情况

地震的地理分布受一定的地质条件控制,具有一定的规律。地震大多分布在地壳不稳定的部位,如大陆板块和大洋板块的接触处及板块断裂破碎的地带,全球地震主要分布在两大区带上。一是环太平洋地震带,该带基本沿着南、北美洲西海岸,经堪察加半岛、千岛群岛、日本列岛,至我国的台湾和菲律宾群岛一直到新西兰,是地球上最活跃的地震带;二是地中海—喜马拉雅地震带,主要分布于欧亚大陆,又称欧亚地震带,大致从印尼西部、缅甸经我国横断山脉喜马拉雅山地区,经中亚细亚到地中海。我国处在世界两大地震带之间,是一个地震活动较多且强烈的地区。

2.我国的地震分布情况

我国地震主要分布在五大地震区上:

(1)青藏高原地震区。包括兴都库什山、西昆仑山、阿尔金山、祁连山、贺兰山—六盘山、龙门山(就是2008年5月12日发生的地震区域内)、喜马拉雅山及横断山脉东翼诸山系所围成的广大高原地域。涉及青海、西藏、新疆、甘肃、宁夏、四川、云南全部或部分地区。本地震区是我国最大的一个地震区,也是地震活动最强烈、大地震频繁发生的地区。据统计,这里8级以上地震发生过9次;7~7.9级地震发生过78次,均居全国之首。

(2)华北地震区。包括河北、河南、山东、内蒙古、山西、陕西、宁夏、江苏、安徽等省的全部或部分地区。在五个地震区中,它的地震强度和频度仅次于"青藏高原地震区",位居全国第二。

(3)新疆地震区。发生过8级以上地震。

(4)台湾地震区。台湾省的强震密度和平均震级在全国都名列前茅。

(5)华南地震区。东南沿海一带,这里历史上曾发生过1604年福建泉州8.0级地震和1605年广东琼山7.5级地震。但从那时起到现在的300多年间,无显著破坏性地震发生。

我国是世界上地震活动较多且强烈的地区,我国地震主要分布在:①东南部的台湾和福建广东沿海,台湾省的强震密度和平均震级都占全国首位;②华北地震带;③西藏—滇西地震带;④横贯中国的南北向地震带等。

(二)地震的成因类型

地震成因是地震学科中的一个重大课题。目前有如大陆漂移学说、海底扩张学说等。现在比较流行的是大家普遍认同的板块构造学说。1965年加拿大著名地球物理学家威尔逊首先提出"板块"概念,1968年法国人把全球岩石圈划分成六大板块,即欧亚、太平洋、美洲、印度洋、非洲和南极洲板块。板块与板块的交界处,是地壳活动比较活跃的地带,也是火山、地震较为集中的地带。板块学说是大陆漂移、海底扩张等学说的综合与延伸,它虽不能解决地壳运动的所有问题,却为地震成因的理论研究指出了一个方向,打开了新的思路。

地震按成因不同,一般可分为人工地震和天然地震两大类。由人类活动(如开山、开矿、爆破等)引起的地震属于人工地震,除此之外统称为天然地震。

1. 构造地震

地球在不停地运动变化,内部产生巨大的作用力称为地应力。在地应力长期缓慢的积累和作用下,地壳的岩层发生弯曲变形,当地应力超过岩石本身能承受的弧度时,岩层产生断裂错动,其巨大的能量突然释放,迅速传到地面,这就是构造地震,如图3-1-62所示。世界上90%以上的地震,都属于构造地震。强烈的构造地震破坏力很大,是人类预防地震灾害的主要对象。

2. 火山地震

由于火山活动时岩浆喷发冲击或热力作用而引起的地震叫火山地震,如图3-1-63所示。这种地震的震级一般较小,造成的破坏也极少,只占地震总数的7%左右。

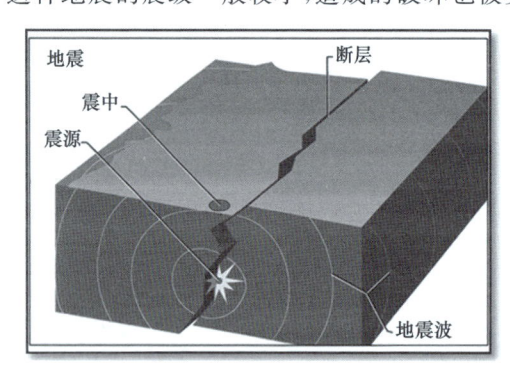

图 3-1-62　构造地震　　　　　　　　图 3-1-63　火山地震

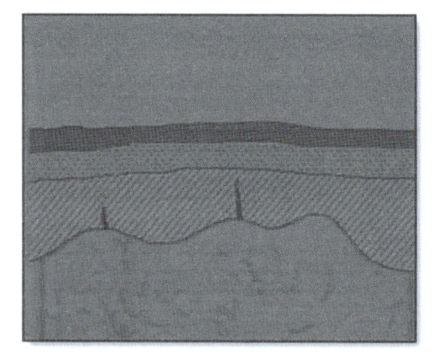

3. 陷落地震

由于地下水溶解了可溶性岩石,使岩石中出现孔洞并逐渐扩大或由于地下开采形成了巨大的孔洞,造成岩石顶部和土层崩塌陷落,引起地震,叫陷落地震,这类地震约占地震总数的3%左右,震级都很小。

4. 诱发地震(人工地震)

在特定的地区因某种地壳外界因素诱发引起的地震,叫诱发地震,也叫人工地震。如水库蓄水、地下核爆炸、油井灌水、深井注液、采矿等也可诱发地震,其中最常见的是水库地震,也是当前要严加关注的地震灾害之一。

(三)震级和烈度

地震发生后,必须首先定出衡量地震强度大小和地表破坏轻重程度的标准,这些标准就是地震震级和地震烈度。

1.震级

地震的震级是表示地震强度大小的度量,它与地震所释放的能量有关。震级是根据地震仪记录到的最大振幅,并考虑到地震波随着距离和深度的衰减情况而得来的。一次地震只有一个震级,小于3级的地震,人不易感觉到,只有仪器才能记录到,称为"微震";3~5级地震是"小震";5~7级地震是"中震",建筑物有不同程度的破坏;7级以上地震为"大震",会在大范围内造成极其严重的破坏。迄今记录到的地球上的最大地震为2011年3月11日日本发生的9.0级"东日本大地震"。震级每相差一级,其能量相差30多倍。可见,地震越大,震级越高,释放的能量越多。

2.烈度

通常把地震对某一地区的地面和各种建筑物遭受地震影响的强烈程度叫地震烈度。烈度根据受震物体的反应、房屋建筑物破坏程度和地形地貌改观等宏观现象来判定。地震烈度的大小,与地震大小、震源深浅、离震中远近、当地工程地质条件等因素有关。因此,一次地震,震级只有一个,但烈度却是根据各地遭受破坏的程度和人为感觉的不同而不同。一般说来,烈度大小与距震中的远近成反比,震中距越小,烈度越大,反之烈度愈小。我国地震烈度采用12度划分法,见表3-1-9。

表 3-1-9　　　　　　　　地震烈度划分标准表

烈度	名称	加速度 a / $(cm \cdot s^{-2})$	地震系数 k_c	地震情况
Ⅰ	无感震	<0.25	<1/4 000	人不能感觉,只有仪器可以记录到
Ⅱ	微震	0.26~0.5	1/4 000~1/2 000	少数在休息中极宁静的人能感觉到,住在楼上者更容易
Ⅲ	轻震	0.6~1.0	1/1 000~1/400	少数在室外的人感觉振动,不能即刻断定是地震,振动来自方向或持续时间有时约略可定
Ⅳ	弱震	1.1~2.5	1/400~1/200	少数在室外的人和绝大多数在室内的人都有感觉,家具等有些摇动,盘碗及窗户玻璃振动有声,屋梁天花板等格格作响,缸里的水或敞口皿中液体有些荡漾,个别情形惊醒睡觉的人
Ⅴ	次强震	2.6~5.0	1/2 000~1/1 000	差不多人人有感觉,树木摇晃,如有风吹动。房屋及室内物件全部振动,并格格作响。悬吊物如帘子、灯笼,电灯等来回摆动,挂钟停摆或乱打,盛满器皿中的水溅出。窗户玻璃出现裂纹、睡觉的人惊逃户外

续表

烈 度	名 称	加速度 a/(cm·s^{-2})	地震系数 k_c	地 震 情 况
VI	强震	5.1~10.0	1/200~1/100	人人有感觉,大部分惊逃户外,缸里的水剧烈荡漾,墙上挂图、架上书籍掉落,碗碟器皿打碎,家具移动位置或翻倒,墙上灰泥发生裂缝,坚固的庙堂房屋亦不免有些地方掉落一些灰泥,不好的房屋受相当损伤,但还是轻的
VII	损害震	10.1~25.0	1/100~1/40	室内陈设物品及家具损伤甚大。庙里的风铃叮当作响,池塘里腾起波浪并翻起浊泥,河岸砂碛处有崩滑,井泉水位有改变。房屋有裂缝,灰泥及雕塑装饰大量脱落,烟囱破裂,骨架建筑的隔墙亦有损伤,不好的房屋严重损伤
VIII	破坏震	25.1~50.0	1/40~1/20	树木发生摇摆,有时断折。重的家具物件移动很远或抛翻,纪念碑从座上扭转或倒下。较坚固的建筑房屋也被损害,墙壁裂缝或部分裂坏,骨架建筑隔墙倾脱。塔或工厂烟囱倒塌,建筑特别好的烟囱顶部亦遭损坏。陡坡或潮湿的地方发生小裂缝,有些地方涌出泥水
IX	毁坏震	50.1~100.0	1/20~1/10	坚固建筑物等损坏颇重,一般砖砌房屋严重破坏,有相当数量的倒塌,而且不能再住。骨架建筑根基移动,骨架歪斜,地上裂缝颇多
X	大毁坏震	100.1~250.0	1/10~1/4	大的庙宇、大的砖墙及骨架建筑连基础遭受破坏,坚固的砖墙发生危险裂缝,河堤、坝、桥梁、城垣均严重损伤,个别的被破坏。钢轨挠曲,地下输送管道破坏,马路及铺油街道起了裂缝与皱纹,松散软湿之地开裂,有相当宽而深长沟,且有局部崩滑。崖顶岩石有部分剥落,水边惊涛拍岸
XI	灾震	250.1~500.0	1/4~1/2	砖砌建筑全部倒塌,大的庙宇与骨架建筑只部分保存。坚固的大桥破坏,桥柱崩裂,钢梁弯曲(弹性大的大桥损坏较轻)。城墙开裂破坏,路基、堤坝断开,错离很远,钢轨弯曲且突起,地下输送管道完全破坏,不能使用。地面开裂甚大,沟道纵横错乱,到处地滑山崩,地下水夹泥从地下涌出
XII	大灾震	500.0~1 000.0	>1/2	一切人工建筑物无不毁坏。物体抛掷空中,山川风景变异,河流堵塞,造成瀑布,湖底升高,地崩山推,水道改变等

地震烈度又可分为基本烈度、场地烈度和设计烈度。

(1)基本烈度是指一个地区在今后一定时期内可能普遍遇到的最大地震烈度。

(2)场地烈度是指建筑场地内因地质、地貌和水文地质条件等的差异而引起基本烈度的降低或提高的烈度。场地烈度可根据建筑场地的具体条件,一般可比基本烈度提高或降低0.5~1.0度。

(3)设计烈度又称设防烈度,是指抗震设计所采用的烈度。它是根据建筑物的重要性、永久性、抗震性以及工程的经济性等条件对基本烈度进行适当调整后的烈度。

(四)公路震害

地震对公路设施的影响是巨大的,具体情况见表 3-1-10 和图 3-1-64～图 3-1-69。

表 3-1-10　　　　　　　　　　　　　公路震害分类

震害类型		震害表现
路基、路面震害	直接震害	断裂、错台、撕裂、隆起、沉降、塌陷
	间接震害	砸坏、坍塌、水毁、淹没、滑移、掩埋
边坡震害	岩质边坡	滑坡、崩塌、落石
	土质边坡	滑坡、表面溜坍、碎落
防护工程震害		砸坏、坍塌、开裂滑移
隧道震害		洞口仰坡坍塌、巨石砸坏、衬砌开裂、错断、坍塌、仰拱隆起、开裂、透水、瓦斯等
桥梁震害	直接震害	垮塌、落梁、移位、挡块破坏、墩身破坏、桥台破坏、地基破坏、支座破坏、伸缩缝破坏
	间接震害	砸坏、挤压横移

(a)路面断裂　　　(b)路基路面错台　　　(c)路面隆起

(d)路面沉降　　　(e)路面砸坏　　　(f)路面坍塌

图 3-1-64　地震导致路基路面破坏

(a)地震引发山体崩塌　　　(b)地震引发山体滑坡　　　(c)地震引发泥石流

图 3-1-65　地震的次生灾害

(a)挡土墙被掩埋　　　　　　(b)挡土墙被砸垮　　　　　　(c)挡土墙滑塌

图 3-1-66　防护工程震害

(a)隧道洞口被掩埋　　　　　(b)隧道二衬破坏　　　　　　(c)隧道渗水

图 3-1-67　隧道震害

(a)桥梁倾覆倒塌　　　　　　(b)桥梁错断　　　　　　　　(c)桥墩墩身破坏

图 3-1-68　桥梁震害

(a)桥台破坏　　　　　　　　(b)桥梁伸缩缝破坏　　　　　(c)桥梁支座破坏

图 3-1-69　桥梁震害

(五)公路防震原则

1. 平原地区路基防震原则

(1)尽量避免在地势低洼地带修筑路基。尽量避免沿河岸、水渠修筑路基,不得已时,也应尽量远离河、水渠。

(2)在软弱地基上修筑路基时,要注意鉴别地基中可液化砂土、易触变黏土的埋藏范围与厚度,并采取相应的加固措施。

(3)加强路基排水,避免路侧积水。

(4)严格控制路堤压实,特别是高路堤的分层压实。尽量使路肩与行车道部分具有相同的密实度。

(5)注意新老路基的结合。旧路加宽时,应在旧路基边坡上开挖台阶,并注意对新填土的压实。

(6)尽量采用黏性土做填筑路堤的材料,避免使用低塑性的粉土或砂土。

(7)加强桥头路堤的防护工程。

2.山岭地区路基防震原则

(1)沿河路线应尽量避开地震时可能发生大规模崩塌、滑坡的地段。在可能因发生崩塌、滑坡而堵河成湖时,应估计其可能淹没的范围和溃决的影响范围,合理确定路线方案和标高。

(2)尽量减少对山体自然平衡条件的破坏和自然植被的破坏,严格控制挖方边坡高度,并根据地震烈度适当放缓边坡坡度。在岩体严重松散地段和易崩塌、易滑坡的地段,应采取防护加固措施。在高烈度区岩体严重风化的地段,不宜采用大爆破施工。

(3)在山坡上宜尽可能避免或减少半填半挖路基,如不可能,则应采取适当加固措施。在横坡陡于1∶3的山坡上填筑路堤时,应采取措施保证填方部分与山坡的结合,同时应注意加强上侧山坡的排水和坡脚的支挡措施。在更陡的山坡上,应用挡土墙加固或以栈桥代替路基。

(4)在大于等于7度烈度区内,挡土墙应根据设计烈度进行抗震强度和稳定性的验算。干砌挡土墙应根据地震烈度限制墙的高度。浆砌挡土墙的砂浆标号,较一般地区适当提高。在软弱地基上修建挡土墙时,可视具体情况采取换土、加大基础面积、采用桩基等措施。同时要保证墙身砌筑、墙背填土夯实与排水设施的施工质量。

3.桥梁防震原则

(1)勘测时查明对桥梁抗震有利、不利和危险的地段,按照避重就轻的原则,充分利用有利地段选定桥位。

(2)在可能发生河岸液化滑坡的软弱地基上建桥时,可适当增加桥长、合理布置桥孔,避免将墩台布设在可能滑动的岸坡上和地形突变处。并适当增加基础的刚度和埋置深度,提高基础抵抗水平推力的能力。

(3)当桥梁基础置于软弱黏性土层或严重不均匀土层上时,应注意减轻荷载、加大基底面积、减少基底偏心、采用桩基础。当桥梁基础置于可液化土层时,基桩应穿过可液化土层,并在稳定土层中有足够的嵌入长度。

(4)尽量减轻桥梁的总重量,尽量采用比较轻型的上部构造,避免头重脚轻。对振动周期较长的高桥,应按动力理论进行设计。

(5)加强上部构造的纵横向联结,加强上部构造的整体性。选用抗震性能较好的支座,加强上、下部的联结。采取限制上部构造纵、横向位移或上抛的措施,防止落梁。

(6)多孔长桥宜分节建造,化长桥为短桥,使各分节能互不依存地变形。

(7)用砖、石、圬工和水泥混凝土等脆性材料修建的建筑物,抗拉、拉冲击能力弱,接缝处是弱点,易发生裂纹、位移、坍塌等病害,应尽量少用,并尽可能选用抗震性能好的钢材或钢筋混凝土。

4.公路防震抗震指导意见

"5·12"汶川大地震,对公路基础设施造成了严重破坏,抗震救灾工作对公路基础设施的抗震能力提出了更高要求。为总结经验,进一步提高公路基础设施防震抗震能力,2008年11月12日,中国交通运输部提出如下意见。

(1)提高抗震意识,增强防范能力建设

①公路是经济建设和社会发展的重要基础设施,更是抗震救灾的"生命线",其重要性在汶川抗震救灾中得到了进一步体现。为此,各级交通运输主管部门要坚持"以人为本"的科学发展观,充分认识全面加强和提高公路基础设施防震抗震能力建设的重要意义,增强忧患意识,始终将公路基础设施防震减灾工作放在重要的位置,认真做好,确保"生命线"的畅通和安全,为国家经济建设和人民群众安全出行服务。

②各级交通运输主管部门,特别是高烈度地震多发地区的交通运输主管部门,要从汶川抗震救灾工作中吸取经验和教训,增强公路基础设施防震抗灾的风险意识。要"居安思危"、"警钟长鸣",以对人民生命财产高度负责的精神,切实做到"有备无患"。要加大资金和技术力量投入,加强基础工作和科学研究,把公路基础设施防震抗震能力建设作为工程建设的重要内容抓紧抓好。公路基础设施建设、设计、施工等单位,要把提高公路基础设施防震抗震能力,作为确定工程建设方案、确保工程质量的重要内容。

(2)科学评估,合理确定设防标准

①公路基础设施防震抗震工作要坚持以防为主、防抗结合原则,各地交通运输主管部门要通过对当地地质情况的全面调查和分析,科学评估地震灾害对公路基础设施可能造成的损坏和影响。研究制定切实可行的修复重建工程措施,使公路基础设施在地震灾害发生后,能够迅速恢复原有的技术标准和使用功能,做到"小震不坏、中震可修、大震不倒"。

②提高公路基础设施抗震能力关键是科学合理地确定抗震设防标准。公路基础设施抗震设防标准,一般采用国家规定的抗震设防烈度区划标准或提高1度设防。对于有重要政治、经济、军事等功能的较低等级的公路基础设施,也可采用较高的抗震设防标准;对于特殊工程或地震后可能会产生严重次生灾害的公路基础设施,应通过地震安全性评价,确定抗震设防要求。

(3)加强基础工作,科学选择建设方案

①深入调查工程区域或沿线地质构造、水文、地形地貌、地震区划、地震历史等情况,重点路段要进行专门勘探,认真分析地震对公路基础设施可能造成的损害,通过合理选线或采

用隧道、棚洞、优化工程结构等避让方案和措施,以提高工程自身的抗震能力。

②路线布设应选择在无地震影响或地震影响小的地段,尽量绕避可能发生特大地震灾害的地段。当路线必须通过地震断裂带时,尽可能布设在断裂带较窄的部位;当路线必须平行于地震断裂带时,应布设在断裂的下盘上。

③路基断面形式应尽量与地形相适应,控制边坡坡率,最大限度减少路基工程对山体及自然植被的破坏。对于工程水文地质条件不良路段,其支挡设施要具有足够的抗滑能力,并加强排水措施的设置,以降低地震次生灾害对公路基础设施造成损坏。对于软土、液化土路基,应采取有效措施,加强路基的稳定性和构造物的整体性,以减少地震造成的地基不均匀沉陷。

④桥涵构造物要选用受力明确、自重轻、重心低、刚度和质量分布均匀的结构形式。多优先选用抗震性能好的装配式混凝土结构或钢结构以及连续式混凝土梁桥,并采取措施提高结构的整体性。对于桥梁上部结构的设计、设置,要有切实可行的防止梁体掉落的措施。要积极采用技术先进、经济合理、便于修复加固的抗震元件、材料和措施。

⑤隧道位置应选择在山坡稳定、地质条件较好地段。洞口应避免设在易发生滑坡、岩堆、泥石流等处,并控制路堑边坡和仰坡的开挖高度以防止坍塌等震害造成洞口损坏。对于悬崖陡壁下的洞口,要设置防落石设施,如采取明洞与洞口相接等措施;对于地震断裂带的隧道,要尽量采用柔性或容许变形的结构,以增强其抗震能力。

(4)总结经验,加强技术研究

①认真总结国内外公路基础设施抗震经验,进一步加强公路基础设施抗震防灾基础科学、抗震设防标准的研究力度,提高地震对公路基础设施破坏机理的认识,不断增强公路基础设施的抗震性能检测评价能力,以及高烈度地震区公路基础设施建设和恢复重建水平。

②加强与地震多发国家的公路基础设施抗震技术交流与合作,积极引进、学习先进抗震技术和经验,进一步完善我国公路基础设施抗震相关标准规范,全面提高我国公路基础设施抗震技术水平。

六 公路水毁

在危害公路的众多因素中,水是主要的自然因素之一,影响路基路面的水可分为地面水和地下水两类。来自不同水源的水对路基路面造成的破坏是不同的:暴雨径流直接冲毁路肩、边坡和路基;积水的渗透和毛细水的上升可导致路基湿软,强度降低,重者会引起路基冻胀、翻浆或边坡塌方,甚至整个路基沿倾斜基底滑动,进入结构层内的水分可以浸湿无机结合料处治的粒料层,导致基层强度下降,使沥青面层出现剥落和松散;水泥混凝土路面由于接缝多,从接缝中渗入的水分聚集在路面结构中,在重载的反复作用下,产生很大的动水压力,导致接缝附近的细颗粒集料软化,形成唧泥,产生错台、断裂等病害。总之,水的作用加剧了路基路面结构的破坏,加快了路面使用性能的变坏,缩短了路面的使用寿命。

(一)沿河路基水毁

1.水毁成因

沿河(溪)公路受洪水顶冲和淘刷,路基发生坍塌或缺断,影响行车安全,乃至中断交通。沿河路基水毁,常发生在弯曲河岸和半填半挖路段,如图 3-1-70 所示。主要成因有下列几种:

(1)路线与河道并行,一面傍山,一面临河,许多路基是半挖半填或全部为填方筑成。路基边坡多数未做防冲刷加固措施,路基因洪水顶冲与淘刷发生坍塌破坏,出现许多缺口,坍塌半个以上路基。

图 3-1-70 沿河路基水毁

(2)路基防护构筑物因基础处理不当或埋置深度不足而破坏,引起路基水毁。

(3)半填半挖路基地面排水不良,路面、边沟严重渗水,路基下边坡坡面渗流、普遍出露、局部管涌引起路基坍垮。

(4)洪水位骤降,在路基边坡内形成自路基向河道的反向渗流,产生渗透压力和孔隙水压力,造成边坡失稳。

(5)不良地质路段,山体滑坡或路基滑移。

(6)公路防洪标准低,路面设计洪水位标高不够,或涵洞孔径偏小,公路排水系统不完善,造成洪水漫溢路面,水洗路面甚至冲毁路基。

(7)原有公路施工质量不佳,挡墙砌筑砂浆强度达不到设计要求,砂浆砌筑不饱满,石料偏小,砌体整体强度不够。

(8)原有路基边坡坡度太陡,没有达到设计要求。

(9)较陡的山坡填筑路基,原地面未清除杂草或挖人工台阶,坡脚未进行必要支撑,填方在自重或荷载作用下,路基整体或局部下滑。

(10)填方填料不佳,压实不够,在水渗入后,容重增大,抗剪强度降低,造成路基失稳。

(11)植被破坏,水土流失在强降雨形成的地面径流冲击下,造成边坡塌方。

(12)公路养护工作跟不上,涵洞淤塞,导致排水不畅,造成水洗路面甚至冲毁路基。

2.水毁防治

防治沿河路基水毁的常用方法有:铺草皮、植树、抛石、石笼及浸水挡土墙等,详见表 3-1-11。

表 3-1-11　　　　　　　　　　　　沿河路基水毁防治措施

防治措施		适用条件	图示
植物防护	种草	土质路堤、路堑有利于草类生长的边坡,可以防止雨水冲刷坡面	
	铺草皮	当河床比较宽阔,铺设处只容许季节性浸水,流速小于 1.8 m/s,水流方向与路线近于平行条件下可以使用	
	植树	在路基斜坡上和沿河路堤之外漫水河滩上种植,直接加固了路基和河岸,并使水流速度降低,防止和减少水流对路基或河岸的冲刷	
砌石防护	干砌	用以防护边坡免受大气降水和地面径流的侵害,以及保护浸水路堤边坡免受水流冲刷作用,一般有单层铺砌、双层铺砌	
	浆砌	当水流流速较大(如 4~5 m/s),波浪作用较强,以及可能有流冰、流木等冲击作用时,宜采用浆砌片石护坡	
抛石防护		用于防护水下部分的边坡和坡脚,免受水流冲刷及淘蚀,也可用于防止河床冲刷,最适用于砾石河床、盛产石料之处	
石笼防护		使用范围比较广泛,可用于防护河岸或路基边坡、加固河床,防止淘刷	
浸水挡土墙		用来支撑天然边坡或人工边坡,以保证土体稳定的建筑物	

续表

防治措施	适用条件	图示
丁坝、顺坝	坝根与岸滩相接,坝头伸向河槽,坝身与水流方向成某一角度,能将水流挑离河岸的结构物,用来束水归槽、改善水流状态、保护河岸等	
综合排水	在地下渗水严重影响路基稳定地段,可采用纵横填石渗沟(盲沟),形成地下排水网,利用边沟将地面水汇集在一起,引到涵洞,排出路基范围以外	

3.防治案例

案例一:浆砌块石挡土墙＋基础护坦

某路段为山区峡谷河段,河湾圆心角 $\theta=45°$,河湾半径 $R=127$ m;弯顶处过水断面很小,最窄处河槽宽仅 18.8 m;弯顶上游河床比降很大, $i=17\%$,河床中有许多大漂石。由于该河段为峡谷河段,河槽狭窄,床面比降大,致使洪水暴发时水流流速很大,洪水淘刷弯顶下游的挡土墙墙脚,冲毁挡土墙后,导致路基严重毁坏,水毁路基总长度约为 50 m。水毁路段的修复,采用浆砌块石挡土墙,墙高约 4.5 m,基础采用护坦防护。护坦宽 0.7 m,护坦顶面低于平均河床面高程。经实践检验,治理效果良好。

案例二:浆砌挡土墙＋铁丝笼形式的护坦

该路段位于山区开阔段的河湾凹岸,河湾圆心角 $\theta=82°$,河湾半径 $R=123$ m,河床横向比降较大。水流由上游以较大的斜角进入弯道并流向凹岸,沿河湾凹岸流动至弯道出口。该路段的沿河路基挡土墙高约 8 m,采用护坦对挡土墙基脚进行防护;上游护坦较宽,下游较窄。发生洪水时,湾顶下游挡土墙基础被掏空,出现局部损坏,修复时采用挡土墙配合铁丝笼形式的护坦防护,治理效果良好。

(二)桥梁水毁

1.水毁成因

桥梁受洪水冲击,墩台基础冲空,危及安全或产生桥头引道断缺,乃至桥梁倒塌,称为桥梁水毁,如图 3-1-71 所示。其主要原因有下列两种:桥梁压缩河床,水流不顺,桥孔偏置时缺少必要的水流调治构造物;基础埋置深度浅又无防护措施。

图 3-1-71　桥梁水毁

2. 水毁防治

(1) 防治原则

树立"防重于抢"的意识,认真贯彻"预防为主,防治结合"的公路水毁治理方针。

①加强对新建桥梁的水毁预防工作。新改建桥梁必须满足其相应技术标准要求的设计洪水频率,进行水文调查和外业勘测。根据桥位河段的河道演变特征、水情及地貌特征,选择较好的桥位,推算设计洪水流量,确定合适的桥孔位置。进行桥孔长度、高度、桥梁调治构造物以及桥头引公路堤等的水力设计,以充分满足防治水毁的要求,避免把可能的水毁隐患留给养护部门。

②加强对现有桥梁的防治工作。各级公路养护部门应该把对现有公路桥梁的水毁防治工作作为提高公路通行能力、保障公路完好畅通的一项重要工作,切实抓紧抓好,有科学依据地进行水毁预防和修复工作。做到精心设计、精心施工,修一处、保一处,积累丰富的水毁修复工程的设计施工经验,提高投资效益,提高桥梁抗洪能力,减少水毁损失和防治费用。

③依靠科技进步,进行水毁治理。防治公路桥梁水毁,必须加强对有关科学技术的研究及其成果的推广应用工作。贯彻科研与生产实际相结合的原则,将已经通过鉴定的成果应用到水毁治理工作中,减少盲目性和主观臆断性。

(2) 防治措施

①正确进行桥位选择及桥孔设计。桥位选择不合理,洪水不能顺利宣泄,易导致桥梁水毁。以下是桥位选择中常出现的问题,应引起重视。桥位选择在易变迁的河段;桥位选择在河湾河段,或将桥位布置在洪水主流位置,使洪水主流偏离了桥孔中心;桥位上游(一般指 3~5 倍河槽宽度)的河段有支流汇入或流出;忽视桥位勘察,直接按选线确定的路线跨河位置确定桥位,导致桥位与河流斜交;桥位选择在泥石流易沉积的宽滩漫流河段,桥孔因泥石流淤塞导致水毁。

综上所述,桥位选择不合理将为桥梁水毁埋下隐患。因此,桥位选择必须经过详细的水文调查及工程地质勘察,选择滩槽稳定、河道顺直、桥位地质条件良好且有利于通畅泄洪的桥位河段。桥孔设计应准确把握桥位河流特性,河道历史最高洪水位、洪水比降、流域面积等水文要素,通过水力设计确定合理的桥孔长度;还要对桥孔大小、墩台基础埋深、桥头引道及桥梁调治构造物布设进行综合考虑,使桥孔不过多压缩河床,尽可能保持桥位水流的自然状态。

②确定合理的墩台结构形式及其埋置深度。墩台形式直接影响到墩台的局部冲刷深度。一般情况下,由于柱式墩台在抗冲刷方面较重力式墩台更优越,所以应优先选择钻孔灌注桩基础及柱式墩台。过去,低等级公路修建的桥梁多为浅基桥梁,因基础埋深不足发生水毁的频率较高;目前,新建大中型桥梁一般采用灌注桩基础,有效解决了墩台埋深不足使桥梁遭受水毁问题。因此,桥梁基础埋深应根据水文水力计算,并结合桥位工程地质,确定桥梁在通过设计洪水流量时的墩台基础安全埋置深度,保证桥梁在遭遇设计洪水时不发生水毁。

再者,在桥梁设计中应验算桥梁在可能遇到的最不利水力条件下的冲刷情况。漫水桥的冲刷试验表明,桥梁遇到的水力条件(墩台冲刷、动水压力及浮力等)在洪水位与桥面齐平时最不利。若洪水继续上涨淹没桥面,桥梁遭遇的水力条件一般不比水位与桥面齐平时更不利。因此,在桥梁设计中,如果将洪水与桥面齐平时的水力条件考虑进去,则桥梁在遭遇任何洪水条件下的安全问题都得到了保障。

③完善桥梁的调治与防护工程。桥梁的调治与防护工程具有稳定河岸、改善水流流态、减轻水流冲刷、保障桥梁安全的作用。特别是宽浅变迁性河流,应将桥梁的调治与防护工程视为桥梁设计的重要组成部分。否则,河道变迁使洪水主流斜向冲击墩台及锥坡基础,易造成桥梁水毁。

④桥梁水毁的预防性养护与治理

a.桥梁排洪能力检查。汛期应根据河道上游汇水面积大小及气象部门的汛情预报,做好降雨量及河道洪峰流量的预测,检验桥梁的排洪能力。若桥孔不能满足排洪需求,应采取分流、导流、清淤等工程措施进行治理,确保桥梁安全度汛。

b.桥梁及其防护设施的安全质量检查。汛期应对桥梁及其调治与防护设施进行雨前、雨中、雨后的"三雨"检查。即检验桥梁墩台是否沉陷、开裂;墩台外表是否风化剥落;锥坡及翼墙基础是否发生裂缝、倾斜;桥梁的其他调治与防护工程设施是否完好。如有破损应及时修补,防止桥梁因出现安全质量问题发生水毁。

c.墩台的防护与加固。汛期应检查桥梁墩台及桥址河床的冲刷情况。因为很多桥梁水毁是河床冲刷下切以及墩台局部冲刷加剧使桥梁基础埋深不足所致。因此,应及时采取措施进行防护与加固。

拦淤墙防冲刷:若河床持续冲刷下切,应在桥位下游 50~100 m 的河槽内修筑拦淤墙对桥梁墩台进行冲刷防护。拦淤墙基础埋深应根据冲刷情况确定,其顶面标高一般与现有河槽底面标高一致;若墩台埋深较浅,拦淤墙顶面可略高于主河槽底面标高,这样更有利于拦洪落淤。实践证明,拦淤墙能有效遏制河床冲刷下切而导致桥梁水毁。

河床铺砌加固:河床持续冲刷使桥梁墩台基础埋深不足。为防止河床冲刷下切,应对桥下河床进行铺砌加固。综合运用抛石防护、石笼截水墙、丁坝等。

桥墩局部冲刷防护:桥墩局部冲刷防护包括平面冲刷防护及立面冲刷防护。平面防护主要是按冲刷坑尺寸范围采用抛石防护、干砌或浆砌片石防护;立面防护是在冲刷坑内按冲刷坑深度要求设置防护围幕。上述防护措施均应将其顶面设置于最大自然冲刷水面以下。否则,若防护设施顶面凸出河床顶面会加剧墩台局部冲刷,引发更严重的桥梁水毁。

⑤生物防护与工程防护相结合。桥梁的生物防护为工程防护无法替代。在河两岸植树

能降低河水流速、拦洪落淤、稳固河岸,有效遏制河道变迁导致桥梁水毁。特别是将桥梁的生物防护与工程防护完美结合,能使二者的防护作用相互完善、相互融合。

a.桥位河湾的防护。洪水淘刷河岸易形成河湾,河湾引发洪水主流偏离桥孔中心,对桥孔通畅泄洪极为不利,应及时采取生物防护与工程防护相结合的综合措施进行治理。具体做法:在河湾凹岸布设丁坝、顺坝等导流构造物,待丁坝、顺坝间落淤稳定,再于其间配植树木进行生物防护;在易形成河湾的桥头引道两侧及导流堤与锥坡附近植防水林,这样随着树木成长,河湾区域会逐年淤积增高,并形成稳定的新河岸,能有效防止因河道变迁导致桥梁水毁。

b.桥位河段的防护。由于洪水泛滥,桥位河段往往是冲沟交错、滩石裸露,生态环境十分脆弱。解决这一矛盾的有效措施就是结合公路绿化对桥位河段实施生物防护,这样不仅能减少桥梁的防护工程规模,还能有效防护这类工程设施免遭水毁。

c.桥位流域的综合治理。桥梁水毁的综合防治是一项系统工程,公路部门应与农牧林水等部门相配合,搞好桥位上游流域的综合治理,改善生态环境,从根本上实现桥梁防灾减灾。

(3)防治案例

①原桥概况。内蒙古赤峰市山嘴桥建于1971年,位于国道305线K513+345处,下部为石砌重力式墩台,浆砌片石基础;上部为混凝土双铰板拱。该桥单孔跨径10 m,共7孔,全长85 m。桥梁设计荷载为汽-13级,拖-80级,桥面宽为净7+2×0.75 m人行道;设计洪水频率1/100,设计洪水流量145.4 m³/s;一般冲刷深0.45 m,局部冲刷深1.7 m;常水位0.3~0.5 m,最高洪水位2.4 m;墩台基础埋深4.0 m,基底承载力35 N/cm。建桥初期桥址河道平顺,主河槽为桥位中心且泄洪通畅。

近年,由于河床自然演变及人为因素作用(采砂、挖土)的影响,桥址河道变迁导致主河槽偏离桥位中心,局部冲刷加剧,使6号桥墩基础沉陷,导致墩身发生严重裂缝,裂缝大体呈横向分布,缝宽2~3 mm;6号桥墩帽混凝土在接近拱脚部位严重开裂并局部脱落,拱板沿拱脚下沉4~5 cm。

②水毁原因分析

a.桥址河道变迁使洪水集中冲刷河床,导致河床急骤冲刷下切(西侧3孔),而桥东侧(1~4孔)河床因淤积形成边滩。

b.洪水绕流凹岸并斜向冲刷桥梁墩台,加剧了局部冲刷。

c.6号墩身裂缝呈横向开裂的原因:墩身砌体分层处强度相对较低;桥墩基础在洪水淘刷冲蚀作用下发生不均匀沉陷;拱板下沉改变了墩身受力状态。正常状态下,桥墩帽两侧的水平推力大小相等,但拱板下沉使水平推力的大小及作用点位置发生变化,墩身因受弯发生裂缝,如图3-1-72所示。

③水毁治理及加固措施

a.河床加固。河床冲刷下切使5号桥墩基础埋深2.3 m,6号桥墩基础埋深2.0 m,若不及时进行加固防护,将导致桥墩基础冲刷过底。故将5号桥墩及6号桥墩的桥孔内及其外围以铁丝网围封片石进行铺砌防护(柔性护底)。护底宽出桥孔上游10 m、下游5m、厚0.4 m;护底上、下游两侧设石笼截水墙,墙高1.2 m、宽0.8 m。柔性护底的优点是适应冲刷变形,施工简单,且造价低。

(a) 6号墩破坏情况

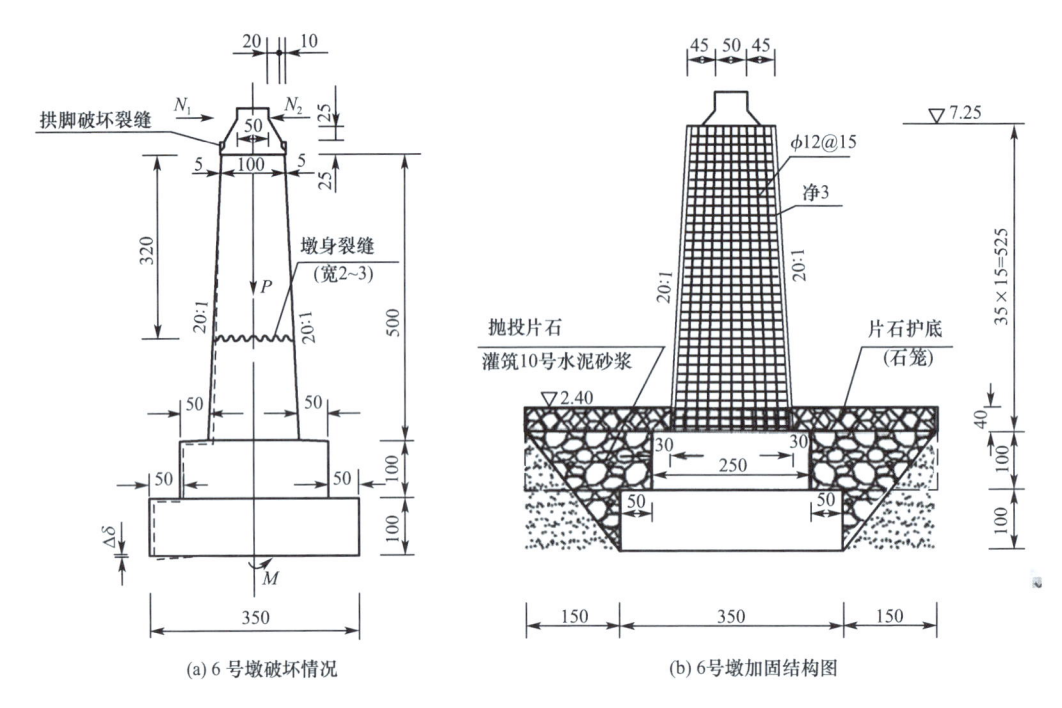

(b) 6号墩加固结构图

图 3-1-72　6号墩修复前后(单位:cm)

b.桥址凹岸防护及加固。桥址凹岸距桥台 37 m 及 45 m 处布设两道石笼丁坝,丁坝长分别为 35 m、10 m。石笼由上、下两层构成,下层断面尺寸为 2 m×2 m,上层断面尺寸为 1 m×1 m。石笼施工完毕,将河道开挖的弃土由推土机回填至二道丁坝间及其上、下游的凹岸,这样既使弃土得到合理利用,又加固了河岸与丁坝,使洪水主流重新导入桥位中心。

c.桥墩加固。5 号桥墩及 6 号桥墩基础外围的抛石缝隙以 10 号水泥砂浆进行灌注;凿除墩身风化的砂浆勾缝,并冲洗干净墩身表面;墩身裂缝以环氧树脂砂浆进行修补;按设计图纸要求绑扎 15 cm×15 cm、∅=12 mm 的钢筋网,钢筋网以嵌入墩身的膨胀螺栓焊接固定,要求钎钉嵌入墩身 13 cm、外伸 17 cm,钎钉孔呈梅花形布设;浇筑墩身围封混凝土,混凝土厚 20 cm,设计标号为 C30。

d.拱板(桥上部)顶推复位。填筑(夯实)土牛并以土牛做拱板顶推的主要支撑结构,用规格为 30 cm×30 cm 的枕木做千斤顶底座,将 4 个 50 t 的千斤顶均匀放置在枕木上,而后使千斤顶徐徐升压,将拱板顶推至设计高程。施工中注意使每个千斤顶升压一致,防止拱板因受力不均发生开裂。

山嘴桥水毁抢修加固工程于 2002 年 5 月 1 日开工,6 月 10 日完工,施工期 40 d,工程竣工造价 17 万元。2004 年汛期该桥遭遇洪水超过 2001 年水毁时洪水,桥孔泄洪通畅,桥址严重冲刷部位得到有效控制,桥梁加固部位未出现异常,桥梁安全度汛。

七　路基翻浆

(一)路基翻浆产生的原因

路基翻浆主要发生在季节性冰冻地区的春融时节,以及盐渍、沼泽等地区。因为地下水位高、排水不畅、路基土质不良、含水过多,经行车反复作用,路基会出现弹簧、裂缝、冒泥浆等现象。

1. 土基冻胀与翻浆的条件

土路基冻胀与翻浆的条件如表 3-1-12 所示。

表 3-1-12　　　土基冻胀与翻浆的发生条件

条 件	描　述
土质	粉性土具有最强的冻胀性,最容易形成翻浆,构成了冻胀与翻浆的内因。粉性土毛细水上升速度快,作用强,为水分向上聚集创造了条件。黏性土的毛细水上升虽高,但速度慢,只在水分供给充足且冻结速度缓慢的情况下,才能形成比较严重的冻胀与翻浆
水	冻胀与翻浆的过程,实质上就是水在路基中迁移、相变的过程。地面排水困难,路基填土高度不足,边沟积水或利用边沟做农田灌溉,路基靠近坑塘或地下水位较高的路段,为水分积聚提供了充足的水源
气候	多雨的秋天,暖和的冬天,骤热的晚春,春融期降雨等都是加剧湿度积聚和翻浆现象的不利气候
行车荷载	公路翻浆是通过荷载的作用最后形成和暴露出来的。通过过大的交通量或过重的汽车,能加速翻浆发生
养护	不及时排除积水,弥补裂缝会促成或加剧翻浆的出现

2. 翻浆形成与发生的过程

秋季是路基水的聚积时期。由于降水或灌溉的影响,地面水下渗,地下水位升高,使路基水分增多。

冬季,气温下降,路基上层的土开始冻结,路基下部土温仍较高。水分在土体内,由温度较高处向温度较低处移动,使路基上层水分增多,并冻结成冰,使路面冻裂成隆起,发生冻胀。

春季(有的地区延至夏季),气温逐渐回升,路基上层的土首先融化,土基强度很快降低,以至失去承载能力,在行车作用下形成翻浆。

天气渐暖,蒸发量增大,冻层化透,路基上层水分下渗,土变干,土基强度又能逐渐恢复,这就是翻浆发展的全过程。

图 3-1-73 所示为路基冻胀和翻浆图。

图 3-1-73　路基冻胀和翻浆

(二)路基翻浆的分类和分级

根据导致路基翻浆的水类来源不同,翻浆可分为五类,如表 3-1-13 所示。根据翻浆高峰期路基、路面的变形破坏程度,翻浆又可分为三个等级,如表 3-1-14 所示。

表 3-1-13　　　　　　　　　　　　　　翻浆分类

翻浆类型	导致翻浆的水类来源
地下水类	受地下水的影响,土基经常潮湿,导致翻浆。地下水包括上层滞水、潜水、层间水、裂隙水、泉水、管道漏水等。潜水多见于平原区,层间水、裂隙水、泉水多见于山区
地表水类	受地表水的影响,使土基潮湿,地表水主要指季节性积水,也包括路基、路面排水不良而造成的路旁积水和路旁渗水
土体水类	因施工遇雨或用过湿的土填筑路基,造成土基原始含水率过大,在低温作用下使上部含水率显著增加导致翻浆
气态水类	在冬季强烈的温差作用下,土中水主要以气态形式向上运动,聚集于土基顶部和路面结构层内,导致翻浆
混合水类	受地下水、地表水、土体水和气态水等两种以上水类综合作用产生的翻浆。此类翻浆需要根据水源主次定名

表 3-1-14　　　　　　　　　　　　　　翻浆分级

翻浆等级	路面变形破坏程度
轻型	路面龟裂、湿润,车辆行驶时有轻微弹簧现象
中型	大片裂纹、路面松散、局部鼓包、车辙较浅
重型	严重变形、翻浆冒泥、车辙很深

(三)路基翻浆防治

1.防治原则

①翻浆地区的路基设计,要贯彻以防为主、防治结合的原则。路线应尽量设置在干燥地段,当路线必须通过水文及水文地质条件不良地段时,就要采取措施,预防翻浆。

②防治翻浆应根据地区特点、翻浆类型和程度,按照因地制宜、就地取材和路基路面综合设计的原则,提出合理防治方案。

③翻浆地区路基设计,在一般情况下,应注意对地下水及地面水的处理,并注意满足路基最小填土高度的要求。

④对于高级和次高级路面,除按强度进行结构层设计外,还需允许按照冻胀的要求进行复核。

2.防治措施

(1)做好路基排水

良好的路基排水可防止地面水或地下水浸入路基,使土基保持干燥,减少冻结过程中水分聚留的来源。

路基范围内的地面水、地下水都应通过顺畅的途径迅速引离路基,以防水分停滞及浸湿路基。为此应重视排水沟渠的设计,注意沟渠排水纵坡和出水口的设计;在一个路段内重视排水系统的设计,使排水沟渠与桥涵组成一个通畅的排水系统。

为降低路基附近的地下水位,设置盲沟以降低地下水位,截断地下水潜流,使路基保持干燥。

(2)提高路基填土高度

提高路基填土高度是一种简便易行、效果显著且比较经济的常用措施。同时也是保证路基路面强度和稳定性,减薄路面,降低造价的重要途径。

提高路基填土高度,增大了路基边缘至地下水或地面水位间的距离,从而减小了冻结过程中水分向路基上部迁移的数量,使冻胀减弱,使翻浆的程度和可能性变小。

路线通过农田地区,为了少占农田,应与路面设计综合考虑,以确定合理的填土高度。在潮湿的重冻区粉性土地段,不能单靠提高路基填土高度来保证路基路面的稳定性,要和其他措施,如砂垫层、石灰土基层等配合使用。

(3)设置透水性隔离层

隔离层的位置应在地下水位以上,一般在土基 50~80 cm 深度处(在盐土地区的翻浆路段,其深度应同时考虑防止盐胀和次生盐渍化等要求),用粗集料(碎石或粗砂)铺筑,厚度 10~20 cm,分别自路基中心向两侧做成 3% 的横坡。为避免泥土堵塞,隔离层的上下两面各铺 1~2 cm 厚的苔藓、泥炭、草皮或土工布等其他透水性材料防淤层,连接路基边坡部位,应铺大块片石防止碎落。隔离层上部与路基边缘之高差不小于 50 cm,底部高出边沟底 20~30 cm,如图 3-1-74 所示。

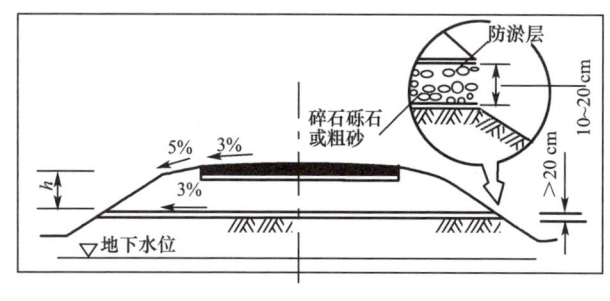

图 3-1-74 透水性隔离层

(4)设置不透水隔离层

在路面不透水的路基中,可设置不透水隔离层,设置深度与透水隔离层相同。当路基宽度较窄,隔离层可横跨全部路基称为贯通式;当路基较宽时,隔离层可铺至延出路面边缘外 50~80 cm,称为不贯通式,如图 3-1-75 所示。

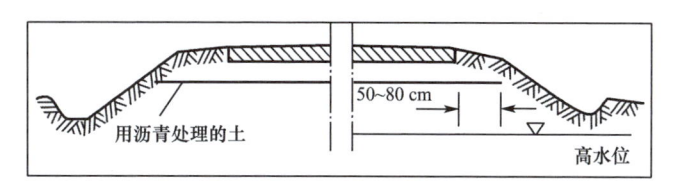

图 3-1-75 不透水隔离层(左:贯通式;右:不贯通式)

①不透水隔离层所用材料和厚度

a.8%~10% 的沥青土或者 6%~8% 的沥青砂,厚度 2.5~3.0 cm。

b.沥青或柏油,直接喷洒,厚度 2~5 cm。

c.油毡纸、不透水土工布(一般为 2~3 层)或不易老化的特制塑料薄膜摊铺(盐渍土地区不可用塑料薄膜)。

②隔离层的适用条件。隔离层对新旧路线翻浆均可采用,特别适用于新线;不透水隔离

层适用于不透水路面的路基中;在透水路面下只能设透水隔离层;在盐渍土地区的翻浆路段,隔离层深度应同时考虑防止盐胀和次生盐渍化等要求。

(5)隔温层

为防止水的冻结和土的膨胀,可在路基中设置隔温层(一般为北方严重冰冻地区),以减少冰冻深度。厚度一般不小于 15 cm,隔温材料可用泥炭、炉渣、碎砖等,直接铺在路面下。宽度每边宽出路面边缘 30～50 cm,如图 3-1-76 所示。

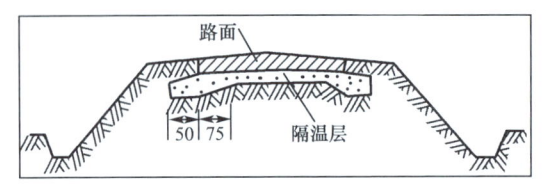

图 3-1-76 隔温层的样式

(6)换土

采用水稳性好、冰冻稳定性好、强度高的粗粒土换填路基上部,可以提高土基的强度和稳定性。换土的厚度一般可根据地区情况、公路等级、行车要求以及换填材料等因素确定。一些地区的经验认为,在路基上部换填 60～80 cm 厚的粗粒土,路基可以基本稳定。换土厚度也可以根据强度要求,按路面结构层厚度的计算方法计算确定。适用条件是:因路基标高限制,不允许提高路基,且附近有粗粒土可用的情况;路基土质不良,需铺设高级路面的情况。

(7)加强路面结构

铺设砂(砾)垫层以隔断毛细水上升、增进融冰期蓄水、排水作用,减小冻结或融化时水的体积变化,减轻路面冻胀和融沉作用。砂(砾)垫层的铺设厚度见表 3-1-15。砂垫层的材料可选用砂砾、粗砂或中砂,要求砂中不含杂质、泥土等。铺设水泥稳定类、石灰稳定类、石灰工业废渣类等路面基层结构层以增强路面的板体性、水稳定性和冻稳定性,提高路面的力学强度。

表 3-1-15 砂(砾)垫层的铺设厚度

土基湿度类型	砂垫层厚度/cm
中湿	15～20
潮湿	20～30

3.防治案例

(1)工程概况及地质条件

四川境内××公路工程多年平均气温 1.1 ℃,最冷月多年平均气温 −10.7 ℃,该地区为季节性冻土区,冻土深度 0.5～2.0 m。现有公路大部分地段老路基均存在不同程度的冻融翻浆现象,其严重程度同路基填料和地形条件密切相关。冰冻期从每年 9 月开始,冬季产生强烈冻胀,使路基出现强烈变形,路面凹凸不平,至次年 5 月中旬才能完全解冻。4 月以后原有路基开始软化和融沉,经汽车碾压成为泥泞的翻浆路,行车条件极差,断道现象经常发生。经实地勘探,沿线表层一般有 1.5～5.0 m 的有机质、淤泥、腐殖土,下部为深厚的粉质黏土、粉土或砂砾石土,全线需处理的季节性冻土路基约 110 km。

(2)处治措施

本路段处于季节性冻土地区,季节性冻土路基的防冻层采用砾石或碎石,隔离层采用透水性土工布和砂砾石,其厚度根据沿线不同的地质条件和路基高度作了调整。主要处理方式如下:

①路基高度(包括路面厚度)$h \geqslant 2.10$ m,路基毛细水上升不到上路床,可不作处理;

②路基高度(包括路面厚度)1.6 m$\leqslant h \leqslant 2.1$ m,且路基两侧排水条件较好路段,直接在路面底基层以下做 30 cm 的砂砾石或碎石防冻层;路基两侧排水条件不好的路段,在底基层以下 60 cm 作 20 cm 厚的砂隔离层,隔离层上下铺单向无纺土工布;

③路基高度 0.6 m$\leqslant h \leqslant 1.6$ m,在路面底基层以下做 45 cm 的砂砾石或碎石防冻层;

④在零填及挖方地段,在路面底基层以下做 60 cm 的砂砾石或碎石防冻层。

(3)冻土处理的材料要求

①砂砾石隔离层选用粗砂和砾石材料,砾石粒径为 5~40 mm,且含泥量小于 5%;

②隔离层上下铺设的土工布为单向有孔无纺土工布,单位质量为 100 g/m^2。纵向抗拉强度$\geqslant 2\ 000$ N/5cm,横向抗拉强度$\geqslant 1500$ N/5cm,纵、横向伸长率 20%;

③碎石隔离层(防冻层),选用碎石材料,其粒径要求为 5~40 mm,且含泥量小于 5%。

八　常见公路地质病害综合治理案例

(一)工程概况

红白土坡位于 G045 线新疆赛里木湖至果子沟口段公路改建工程第七合同段 K591+000~K592+800 段基右侧,是既有公路开挖后形成的高边坡。果子沟内地形地貌复杂,各种地质病害及自然灾害较多,其类型有边坡岩土失稳产生的崩塌、滑塌、碎落和坡面泥石流、雪崩等。在雨季、冰雪融化季节,本路段曾多次发生雪崩和山体滑塌等灾害,经常阻断交通。如不及时治理,将继续发展恶化,极大的影响高速公路的安全。

(二)场地工程地质条件

1.地形地貌特征

在工程地质区划上,本路段属中高山狭长沟谷地貌单元,山高坡陡,地形起伏较大,相对高差数百米。山体中下部土质边坡自然横坡 30°~40°,中上部岩质边坡自然横坡大于 50°。在已发生滑塌路段的后缘,错落陡坎高 1.0~5.0 m(如 K591+550 右侧岩土分界处),局部路段发现纵向裂缝(如 K591+500 附近)。地表雨水冲蚀沟槽较多,局部深度可达 2.0 m。坡面情况较好的路段,坡面植被较发育,以矮小云杉、草垫为主。

本路段滑塌段落长约 1 830 m,横向宽度 60~100 m,多发生于雨季和冰雪融化季节,改建高速公路路线以填方路基在山体坡脚通过。雪崩形成区位于 K591+000~K591+700 右侧山坡上,规模较大,危害性较强。

详细地貌特征如图 3-1-77~图 3-1-83 所示。

图 3-1-77　K591+080~K591+240 段路基右侧边坡地貌

图 3-1-78　K591+470~K591+630 段路基右侧边坡地貌

图 3-1-79　K591+630~K591+700 段路基右侧边坡地貌

图 3-1-80　K591+700~K591+920 段路基右侧边坡地貌

图 3-1-81　K591+920～K592+260 段路基右侧边坡地貌

图 3-1-82　K592+260～K592+400 段路基右侧边坡地貌

图 3-1-83　K592+400 以后路段 段路基右侧边坡地貌

2.场地岩土构成及其特征

根据两阶段工程地质勘察报告、野外调查资料和《既有公路果子沟重点路段路基与上边坡稳定性研究》中专项工程地质勘察资料:本路段岩土类型主要有滑塌体堆积层(Q4c+del)、残坡积层(Q4dl+el)和寒武系上统灰岩(∈3ls)三大类。

(1)滑塌体堆积层(Q4c+del)

成分为角粒状灰岩碎石,局部可见粒径较大的块石,松散堆积,主要分布于 K591+240～K591+630、K591+700～K592+400 段右侧山坡中下段、坡脚挡土墙上方,容易形成二次滑塌,如图 3-1-84 所示。

(2)残坡积层(Q4dl+el)

层厚一般 3.0～8.0 m,部分路段(K591+700～K592+300)厚度为 10.0～17.5 m,部分路段坡脚处厚度可达 30 m(如 K592+320 坡脚处)。岩土呈层状分布,如图 3-1-85 所示,上部为灰白色残积层,为松散碎石土类,碎石成分为角粒状灰岩,天然含水率 9.3%,密度

图 3-1-84　K592+300 处滑塌体堆积层

图 3-1-85　K592+320 坡脚处残坡积层

1.803 g/cm³,粒径大于 2 mm 粗颗粒含量占 74% 左右,粒径小于 0.074 mm 以下的粉、黏粒含量分别为 82.7%、17.3%,水理性较差,在雨水或雪融水的作用容易形成坡面溜塌,并导致边坡中下部滑塌、碎落;下部为褐红色黏性土,碎石含量相对较少,粒径大于 2 mm 粗颗粒含量占 49.3%,粒径小于 0.074 mm 以下的粉、黏粒含量分别为 80.1%、19.9%,呈中密状,天然含水率 8.6%,密度为 2.2 g/cm³,稳定性相对较好。

(3)寒武系上统灰岩(ϵ3ls)

为下伏基岩,灰黑色,微晶结构,中厚层状构造,表层风化裂隙发育,岩石较破碎,基岩层面陡峭,下倾角度为 35°～60°,为上伏残坡积土体滑塌创造了有利条件。

3.场地水文气象及水文地质条件

项目区属温带内陆干旱区山地气候,受大西洋水汽影响较大,太平洋水汽对此地影响很小。总的特征是四季分明,春夏季多雨湿润,冬秋季少雨,日照充足,冬季漫长,日温差较大。年平均降水量为 140～450 毫米,最大降水量 500 mm,夏季降水量占总降水量 50% 以上;最大积雪厚度为 150 cm,最大季节冻土深度为 170 cm。年平均气温 3.0 ℃～4.0 ℃,最冷月平均气温-14 ℃左右,最热月平均气温约 13 ℃,气候干燥,每天平均实际日照 8～12 小时。

场地水文地质条件比较复杂,地下水类型主要有第四系残坡积层孔隙水和基岩裂隙水,水量随季节变化较大。在冰雪融化季节(每年 3～5 月份),气温较低,蒸发量较小,融雪水直接补给地下水,由于坡面汇水面积大,补给时间较长,这段时间的地下水比较丰富,地面径流比较强,引发的山体滑塌、碎落、坡面泥石流及雪崩等地质灾害也比较多;在其他季节,由于降雨量小,蒸发量大,地下水补给不足,地下水储量贫乏,埋藏较深,山坡岩土体相对比较稳定。

4.场地的地震效应

本地区地震动反应谱特征周期为 0.45 s,动峰值加速度值 0.15 g,相当于地震基本烈度 Ⅶ度区,考虑到本工程的重要性及破坏后的严重后果,按地震基本烈度 Ⅷ度设防。

(三) 地质病害的分析与评价

根据两阶段工程地质勘察报告和现场调查资料:本路段地质病害类型主要有雪崩、山体滑塌、碎落及坡面泥石流。

1.雪崩

本路段雪崩类型主要为沟槽型雪崩群,形成区往往位于山坡高处,相对高差数百米之多,发生规模较大,危害性较强。根据调查收集整理的资料和《公路雪崩灾害及防治技术研究》科研报告,结合以往成功经验:采用 SNS 柔性被动网防护系统进行有效拦截,并对雪崩区域(包括形成区和运动区)进行跟踪监测,对公路后期的营运安全提供技术支持,使雪崩病害得到控制,减小其对公路营运安全的影响。

针对本路段雪崩类型、规模、运动形式及其发生雪崩的时间和条件,在雪崩群形成区、运动区设置多道 SNS 柔性被动防护系统 RXⅠ-200 型进行拦截。

2.坡面型泥石流

由于坡面型泥石流与边坡滑塌、碎落等一起发生,故将其处治措施与路基边坡的稳定性一并考虑,采取截排水、工程防护与植物防护相结合的措施进行治理。

3.山坡岩土体存在的破坏形式及其稳定分析

(1)浅层岩土体的滑塌

将浅层岩土体破坏形式界定为滑塌,主要基于以下三个方面的考虑:①山体岩土体破裂面角度为 30°～35°,小于规范中关于滑塌破裂角定义的范围;②堆积体的形态成锥形,其堆积顺序与原来岩土体的层序大致相同;③山坡岩土体破坏的时间较短,没有明显的变形过程。

浅层岩土体造成的多次滑塌,是目前该路段边坡岩土体破坏的主要形式。规模较大的滑塌体主要有 4 处,K591+080～K591+240、K591+400～K591+650、K591+750～K591+900、K592+200～K591+500。在现场调查过程中,我们发现滑塌体的边界呈扇形,宽度 60～100 m,滑塌面比较平整,倾角 30°～35°,中间滑槽深度 3.0～5.0 m,滑塌体后缘有 1.0～5.0 m 错落陡坎,局部路段延伸到了残坡积土与基岩的接触面,如图 3-1-86～图 3-1-89 所示。根据场地岩土构成特征、山体滑塌发生的时间等进行了认真的分析和论证,造成山体滑塌的主要原因有三个:第一,场地岩土构成特征,由于第四系覆盖层(Q4dl+el)厚度较大,且含有较多粉土和黏土,在雨水和雪融水的作用下,降低了山体岩土的抗剪力学指标,改变山坡岩土原有的应力平衡状态;第二,地表水的侵蚀作用降低了山体岩土的抗剪力学指标;第三,既有公路在修建和改建的过程中,未对开挖后的边坡进行必要加固和支护,仅在坡脚设置 2～4 m 高的挡土墙拦截坡面碎落的岩土,缺少完善的地面截排水系统,使边坡状况不断恶化,造成较大规模的山体滑塌、碎落,危害既有公路及改建高速公路今后的营运安全。所以,必须对山体浅层岩土进行支护和加固处理。

图 3-1-86　K591+150 处浅层岩土体滑塌

图 3-1-87　K591+480 处浅层岩土体滑塌

图 3-1-88　K591+800 处浅层岩土体滑塌

图 3-1-89　K592+400 处浅层岩土体滑塌

(2)边坡深层岩土失稳及其稳定性分析与计算

这种破坏形式为山坡岩土体沿岩土交界面(即基岩层面)产生较大规模滑动破坏。在施工图设计阶段,除了考虑边坡浅层岩土的滑塌、碎落之外,我们根据初步设计批复(交公路发[2000]190 号)和审查意见(中交公路规划院)中的建议及指导性意见、专项工程地质和水文地质勘察资料等,对边坡深层岩土的稳定性问题等进行了重点分析与研究。

分析认为:边坡岩土在此之前之所以没有发生较大规模滑塌或滑坡,有一个潜在的因素是"边坡岩土长时间不断的滑塌、碎落在不断调整岩土体内部的应力平衡状态",这是一个容易被人为忽略的因素,而在国内已建高速公路中,由此引起的边坡失稳问题不在少数。对浅层岩土进行加固和支护处理之后,一方面改善了边坡岩土状况,有利于边坡稳定;另一方面却减弱了岩土体内部应力平衡的调整作用,不利于边坡稳定。据此,设计单位提出了"既有公路改建成高速公路后,仅对红白土坡浅层岩土进行加固和支护处理会不会引发边坡深层岩土失稳"的问题,并对边坡岩土的稳定性进行了分析和计算。计算结果显示:在雨季、冰雪融化季节和地震两种不利工况作用下,均会导致边坡岩土失稳。因此,在方案的设计过程中,加强了深层岩土失稳的治理措施。关于这一点主要出于以下四个方面考虑:

第一,通过稳定性分析与计算,边坡岩土体在两种不利工况(雨水、雪融水和地震)的作用下,均会导致边坡岩土体沿基岩层面失稳。

第二,在施工图测量外业调查过程中,发现 K591+500 附近右侧山坡岩土交界面处产生 1 条纵向裂缝,如图 3-1-90 所示,是边坡岩土蠕动变形的征兆,可能与边坡岩土体失稳有关。

图 3-1-90　K591+500 附近右侧山坡岩土交界面处纵向裂缝

第三,本工程的重要性,既有公路是乌鲁木齐至伊犁的唯一全天候通车的公路,在新疆干线公路网中具有不可替代的重要作用,是《国家高速公路网规划》中 18 条东西横线中的一横,地理位置极为重要。在雨季和冰雪融化季节,曾多次发生雪崩和山体滑塌灾害,造成交通中断,若不彻底根治路基病害,该路段必将成为改建高速公路正常运营的控制性路段。

第四,边坡岩土失稳的危害程度,改建公路位于果子沟河流的河滩上,红白土坡坡脚处。小规模的边坡滑塌会造成交通中断。若发生大规模的边坡失稳,除造成交通中断外,还会阻塞果子沟河流河道,引发山洪,造成不可估量的损失。

(四)地质病害的治理措施

1.设计思路

采取防治结合、综合治理、保证安全的设计思路;本着技术可行、经济合理、有利工期、不影响交通、采取截排水与工程支挡相结合的综合整治措施;全面规划、分期实施,通过施工监测与动态设计,适时调整工程治理措施和施工方案,治理后要求边坡稳定,以确保高速公路营运安全。

2.边坡防护与加固工程方案设计

根据各路段地质勘察资料、存在的地质灾害类型以及边坡岩土稳定性分析与计算结果,将其分为三个段落进行治理,具体措施如下:

(1)K591+000～K591+700 段

①在坡积物与基岩接触位置设置 40 cm×40 cm 的截水沟,拦截地表水。

②在坡脚设置路堑挡墙,高度 5 米,使边坡岩土恢复到稳定坡度,达到消除局部坍塌的目的,预防边坡岩土失稳。

③由于崩塌坡面高陡,浆砌工程施工难度大,因此只在挡墙顶面 10 米范围内坡面采用 M10 浆砌片石骨架+支撑渗沟防护,骨架内采用三维土工网喷播植草绿化。施工前坡面须清除危岩及崩塌体,使坡度不陡于 1∶1。10 m 以上部分采用 SNS 柔性主动防护系统——三维土工网垫植草护坡,坡体内部采用 PVC-U 管排水盲沟排水。施工前应清坡,保证坡度不陡于 1∶1。

④根据工程实施和公路营运期间的地表位移和边坡变形监测以及边坡以后的稳定状况,在边坡上预留一排钢筋混凝土抗滑桩。共 140 根,长度 12 m,截面尺寸 1.5 m×2 m,设置在路基中心线右侧 40 m 山坡上,以稳固边坡岩土。

(2)K591+700~K592+300 段

①在坡积物与基岩接触位置设置 40cm×40 cm 的截水沟,拦截地表水。

②在坡脚设置路基堑挡墙,使边坡岩土恢复到稳定坡度,达到消除局部坍塌的目的,预防边坡岩土失稳。

③在挡墙顶面 10 m 范围内坡面采用 M10 浆砌片石骨架+支撑渗沟防护,骨架内采用三维土工网喷播植草绿化。施工前坡面须清除危岩及崩塌体,使坡度不陡于 1:1。10 m 以上部分采用 SNS 柔性主动防护系统+三维土工网垫植草护坡,坡体内部采用 PVC-U 管排水盲沟排水。施工前应清坡,保证坡度不陡于 1:1。

④根据工程实施和公路营运期间的地表位移和边坡变形监测以及边坡以后的稳定状况,在边坡上预留一排钢筋混凝土抗滑桩。共 120 根,长度 20 m,截面尺寸 2 m×3 m,设置在路基中心线右侧 35 m 山坡上,以稳固边坡岩土。

(3)K592+300~K592+800 段

①在坡积物与基岩接触位置设置 40 cm×40 cm 的截水沟,拦截地表水。

②在坡脚设置路基上挡墙,使边坡岩土恢复到稳定坡度,达到消除局部坍塌的目的,预防边坡岩土失稳。

③在挡墙顶面 10 m 范围内坡面采用 M10 浆砌片石骨架+支撑渗沟防护,骨架内采用三维土工网喷播植草绿化。施工前坡面须清除危岩及崩塌体,使坡度不陡于 1:1。10 m 以上部分采用 SNS 柔性主动防护系统+三维土工网垫植草护坡,坡体内部采用 PVC-U 管排水盲沟排水。施工前应清坡,保证坡度不陡于 1:1。

(4)抗滑桩设计

①抗滑桩设置在滑坡体的下缘,两段分别位于路线右侧 40 m 和 35 m 处,垂直于滑坡主滑方向布设一排,共 140 根和 120 根。

②抗滑桩尺寸。分别为 1.5 m×2.0 m 和 2.0 m×3.0 m,桩长:12.0 m 和 20.0 m,锚固深度:5.0 m 和 8.0 m,间距 5.0 m。

③钢筋。背筋选用 $\varnothing 32$ mm 钢筋,面筋选用 $\varnothing 20$ mm 钢筋,侧筋选用 $\varnothing 20$ mm 钢筋,箍筋选用 $\varnothing 16$ mm 钢筋,钢筋布置详见抗滑桩设计图。

④抗滑桩埋设。原则上采用隔桩开挖与施工,组织好挖孔、下钢筋笼、灌注混凝土等工序。吊装钢筋笼后,应测定孔中地下水位,如孔中水深超过 5 m,应抽水后方可灌注混凝土。

⑤所有抗滑桩在开挖过程中必须详细记录地层岩性、含水层、含水率、接触面等情况,如发现与设计地质资料有出入时,应及时通知设计单位。

⑥人工挖孔进入基岩时,施工过程中不得破坏桩孔周围的岩石结构。

⑦所有抗滑桩桩身受力主筋焊接接长时,必须严格按照施工规范办理。

⑧在进行护壁混凝土浇筑时,当上一节护壁混凝土达到设计标号的 80% 时再开挖下一节桩孔及浇筑护壁混凝土。护壁中上一节竖向钢筋必须与下一节竖向钢筋连接牢固,并浇筑成整体。

⑨桩身混凝土必须连续灌筑,不得间断,并振捣密实。

⑩人工挖孔时应注意排水和施工安全,当挖至设计高程后尽快浇筑桩身混凝土,禁止长期浸泡基坑。

(五)边坡变形监测要求及资料整理

为指导动态设计,保证施工和公路营运期间的安全,对边坡治理路段进行变形监测。

1.边坡变形监测

(1)观测桩

采用混凝土桩作为观测桩,埋入地表以下 1.0 m,桩顶露出地面高度为 50 cm,并在桩顶面中心作一"＋"字形记号。埋置方法可采用打入或开挖埋入,桩周围回填密实,桩周上部 50 cm 用混凝土浇筑固定,确保边桩埋置稳固。

(2)测点布置

测点呈网状布置,纵向距离为 50 m,横向距离为 25 m,共计 18 个断面,83 个测点。

(3)观测仪器

采用光电测距仪和高精度水准仪进行测量,测量其精度应满足工程精度的要求。

(4)观测频率

每 15 天定时观测一次,观测数据要求随测随整理随报,发现观测数据异常,应立即疏散滑坡周围人员,同时应立即通知相关单位,增加观测频率。若边坡变形较小,则可适当延长观测时间间隔。下雨天及雨后两天左右应增加观测次数,每天观测一次,并加强现场巡视(重点是裂缝发展情况、地下水出水量和透明情况、坡体的异常情况等)。

(5)观测人员

要由专业测绘技术人员操作仪器、整理资料、误差分析和数据分析,保证测量数据的准确性和可靠性。

2.资料整理

地表位移一般 15 天监测一次,在暴雨期间应加密观测次数。根据工程需要提供以下有关资料:水平位移成果表、垂直位移成果表、位移矢量图、位移-时间、位移速率-时间曲线图。

(六)结论及建议

①岩土工程是一个复杂的系统工程,不可预见的影响因素比较多。本工程在正常工况下,边坡岩土基本稳定,在两种不利工况的作用下,边坡岩土均会失稳。鉴于本工程重要性及其破坏后的危害程度,本着安全、经济的原则,建议预留边坡岩土深层失稳的治理措施,采取动态设计与分期实施的设计思路,彻底解决红白土坡的边坡稳定性问题。

②加强施工过程中的地表位移观测和边坡变形监测,及时反馈信息,通过施工监测与动态设计,适时调整工程治理措施和施工方案,保证施工安全,不影响既有公路的通行要求。

③加强公路营运期间的地表位移观测和边坡变形监测,以指导运营后是否需进行抗滑桩的设置。

④在公路建成通车后,对雪崩区域(包括形成区和运动区)进行跟踪监测,为公路后期的营运安全提供技术支持,使雪崩病害得到控制,减小其对公路营运安全的影响。

模块二 常见公路不良土质的处治

一 软土

(一) 软土及其特征

软土是天然含水率大、压缩性高、承载力和抗剪强度很低的呈软塑—流塑状态的黏性土，如图 3-2-1 所示。软土是一类土的总称，还可以将它细分为软黏性土、淤泥质土、淤泥、泥炭质土和泥炭等。我国软土分布广泛，主要位于沿海平原地带，内陆湖盆、洼地及河流两岸地区。我国软土成因类型主要有：沿海沉积型（滨海相、泻湖相、溺谷相、三角洲相）；内陆湖盆沉积型；河滩沉积型；沼泽沉积型。

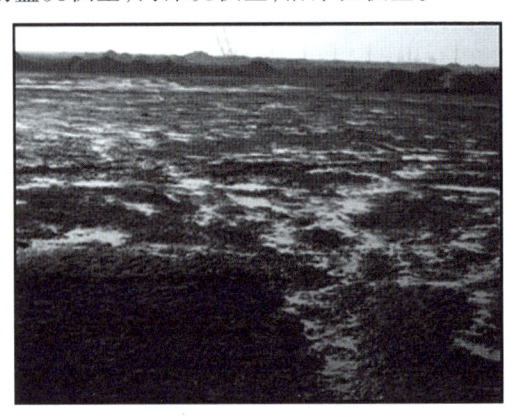

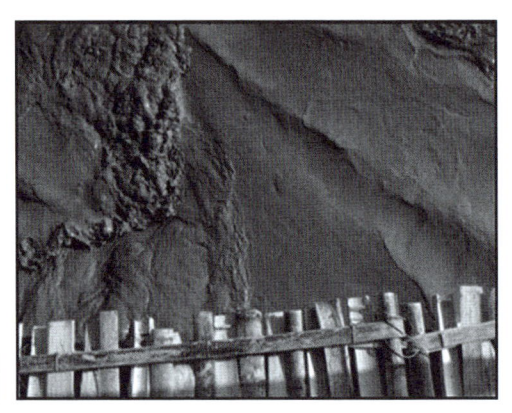

图 3-2-1 软土

软土主要是静水或缓慢流水环境中沉积的以细颗粒为主的第四纪沉积物。通常在软土形成过程中有生物化学作用参与，这是因为在软土沉积环境中生长有喜湿植物，植物死亡后遗体埋在沉积物中，在缺氧条件下分解，参与软土的形成。我国软土有下列特征：

①软土的颜色多为灰绿、灰黑色，手摸有滑腻感，能染指，有机质含量高时有腥臭味。

②软土的颗粒成分主要为黏粒及粉粒，黏粒含量高达 60%～70%。

③软土的矿物成分，除粉粒中的石英、长石、云母外，黏土矿物主要是伊利石，高岭石次之。此外软土中常有一定量的有机质，可高达 8%～9%。

④软土具有典型的海绵状或蜂窝状结构，其孔隙比大，含水率高，透水性小，压缩性大，是软土强度低的重要原因。

⑤软土具层理构造,软土和薄层粉砂、泥炭层等相互交替沉积或呈透镜体相间沉积,形成性质复杂的土体。

(二)软土的工程性质

1.软土的孔隙比和含水率

软土的颗粒分散性高,连接弱,孔隙比大,含水率高,孔隙比一般大于1,可高达5.8,如云南滇池淤泥,含水率大于液限达50%～70%,最大可达300%。沉积年代久,埋深大的软土,孔隙比和含水率降低。

2.软土的透水性和压缩性

软土孔隙比大,孔隙细小。黏粒亲水性强,土中有机质多,分解出的气体封闭在孔隙中,使土的透水性很差,渗透系数 $k<10^{-6}$ cm/s。荷载作用下排水不畅,固结慢,压缩性高,压缩系数一般都在 $0.05×10^{-5}$ Pa^{-1} 以上,压缩模量为1～6 MPa。软土在建筑物荷载作用下容易发生不均匀沉降,而且下沉缓慢,完成下沉的时间很长。

3.软土的强度

软土强度低,无侧限抗压强度为10～40 kPa。不排水直剪试验的 $\varphi=2°\sim5°$, $c=10\sim15$ kPa;排水条件下 $\varphi=10°\sim15°$, $c=20$ kPa。所以在确定软土抗剪强度时,应据建筑物加载情况选择不同的试验方法。

4.软土的触变性

软土受到振动,颗粒连接破坏,土体强度降低,呈流动状态,称为触变,也称振动液化。触变可以使地基土大面积失效,导致建筑物破坏。触变的机理是吸附在土颗粒周围的水分子的定向排列被破坏,土粒悬浮在水中,呈流动状态。当振动停止,土粒与水分子相互作用的定向排列恢复,土强度可慢慢恢复。

5.软土的流变性

在长期荷载作用下,变形可延续很长时间,最终引起破坏,这种性质称为流变性。破坏时土强度低于常规试验测得的标准强度。软土的长期强度只有平时强度的40%～80%。

(三)软土地基的加固与处理措施

软土地基变形破坏的主要原因是承载力低,地基变形大或发生挤出。建筑物变形破坏的主要形式是不均匀沉降,使建筑物产生裂缝,影响正常使用。修建在软土地基上的公路、铁路,路堤高度受软土强度的控制,路堤过高,将导致挤出破坏,产生塌陷,如图3-2-2所示。

图3-2-2 软土塌陷

软土地基的加固与处理措施见表3-2-1。

表3-2-1　　　　　　　　　　软土地基加固与处理措施

方 法	施 工 要 点	适 用 范 围
强夯	强夯法采用10～20 t重锤,从10～40 m高处自由落下,夯实土层,强夯法产生很大的冲击能,使软土迅速排水固结,加固深度可达11～12 m	适用于小于12 m的软土层
换土	将软土挖除,换填强度较高的黏性土、砂、砾石、卵石等渗水土,从根本上改善了地基土的性质	适用于软土深度不超过2 m地区

续表

方　法	施工要点	适用范围
砂垫层	在建筑物(如路堤)底部铺设一层砂垫层,其作用是在软土顶面增加一个排水面。在路堤填筑过程中,由于荷载逐渐增加,软土地基排水固结,渗出的水可以从砂垫层排走,如图 3-2-3 所示	适用于软土深度不超过 2 m,砂料较丰富地区
抛石挤淤	在路基底部从中间向两边抛投一定数量的片石,将淤泥挤出基底范围,以提高地基强度,如图 3-2-4 所示	适用于石料丰富区,软土厚 3~4 m
反压护道	在路堤两侧填筑一定宽度低于路堤的护道,以平衡路堤下的软土的隆起之势,从而保证路堤的稳定性	适用于非耕作区和取土不困难的地区
砂井排水	在软土地基中按一定规律设计排水砂井,井孔直径多在 0.4~2.0 m,井孔中灌入中、粗砂,砂井起排水通道作用,加快软土排水固结过程,使地基土强度提高,如图 3-2-5 所示	适用于软土层厚度大于 5 m,路堤高度大于极限高度的 2 倍的情况,或地处农田、填料来源较困难的地区
深层挤密	在软弱土中成孔,在孔内填以水泥、砂、碎石、素土、石灰或其他材料(煤矸石、粉煤灰等),形成桩土复合地基(水泥砂桩或石灰桩),从而使较大深度范围内的松软地基得以挤密和加固	适用于软土层较厚地区
化学加固	通过气压、液压等将水泥浆、黏土浆或其他化学浆液压入、注入、拌入土中,使其与土粒胶结成一体,形成强度高、化学稳定性良好的"结石体",以增强土体强度。按施工方式分为灌浆法、高压旋喷法、深层搅拌法等	适用于软土层较厚地区
土工织物加固	将具有较大抗拉强度的土工织物、塑料隔栅或筋条等材料铺设在路堤的底部,以增加路堤的强度,扩散基底压力,阻止土体侧向挤出,从而提高地基承载力和减小路基不均匀沉降,如图 3-2-6 所示	适用于高路堤或砂砾材料匮乏区

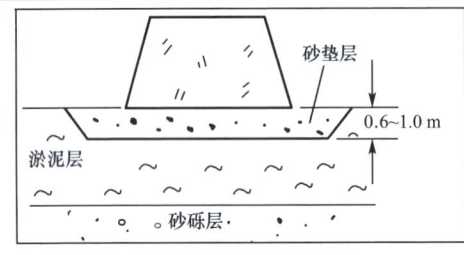

图 3-2-3　砂垫层

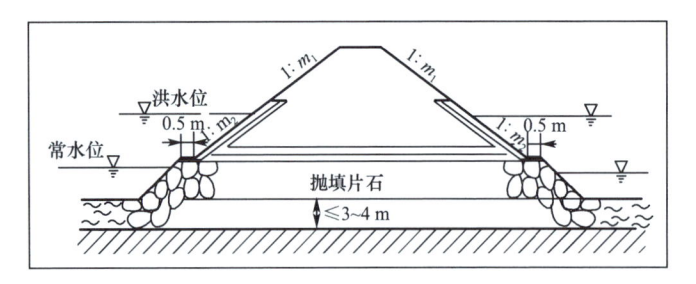

图 3-2-4　抛石挤淤

(四)软土病害处治案例

1.工程概况

大窑湾港二期工程是国家重点工程,泊位采用重力式沉箱结构,其中 15、16 号泊位是两个超重型泊位。2006 年开始建设,能停靠目前最大的集装箱轮船。其中 16 号泊位后方陆域的黄土区,在原来碎石吹填土的基础上又回填了大厚度的黄土。回填时间约 1 年,厚度在 10 m 以上,成分以软塑——可塑状粉质黏土、黏性土为主。

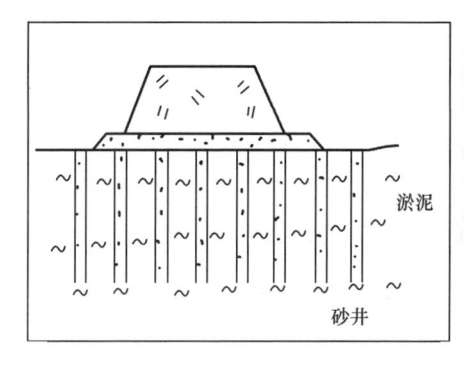

图 3-2-5　砂井排水

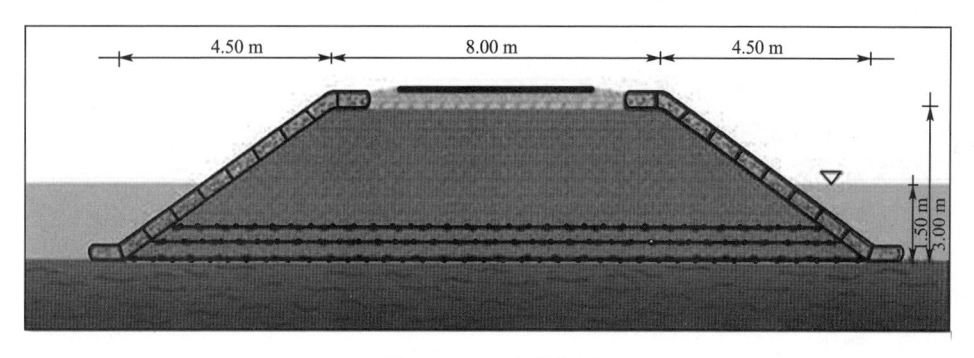

图 3-2-6　土工织物加固

2. 软基处理方案

设计单位和业主权衡了各种地基处理方法的优劣,采用强夯置换法处理深厚软土地基。施工过程关键技术表现为:

(1)夯锤

夯锤的选用是强夯置换的关键。为提高强夯置换的处理深度和成坑速度,该工程夯锤以异形夯锤为基础,改进自制的异形锥台形组合式夯锤,上小中间大下小(普通夯锤为圆柱形)。夯锤重 35 t,锤高 3 m 以上,底面积为 1.1 m² 左右,锤底静接地压力值不小于 300 kPa。为了提高夯击效果,沿锤体边均匀设置三个上下贯通的排气槽,孔径 30~40 cm,具体形状如图 3-2-7 所示。

图 3-2-7　夯锤

(2)夯间地表变形观测

通过地表夯沉量的监测和夯间地表变形观测,掌握地表的沉降、隆起的土方量及夯坑的填料量,确定夯击数和最佳夯击能,为大面积施工提供依据。该工程经试夯确定的夯坑填料量为每平方米 3.4 m³,隆起的土方外运量约为填料量的三分之一,置换效果显著。

(3)间距及布点形式

强夯置换布点形式应根据基础形状和宽度采用等边三角形、等腰三角形或正方形布置。置换墩间距应根据荷载大小和原土的承载力选定。当满堂布置时,夯击点间距可取夯锤直径的 2.5~3.5 倍,本工程采用 3 m 的正三角布置,间距为夯锤直径的 3 倍。对独立基础或条形基础,可取夯锤直径的 1.5~2.5 倍。满夯应采用轻锤或低落距锤进行夯击,锤印搭接1/3。

(4)落距的控制

根据工程所需的夯击能和确定的锤重,相应的锤的落距即可确定。开工前,应检查夯锤的质量和落距。施工过程中,落距应通过钢丝绳锁定控制,并在龙门架上做出落距标志。

施工过程中,对夯锤落距的偏差要求一般控制在 30 cm 以内。

(5)填料质量控制和填料次数控制

夯坑回填料为级配良好的块石、碎石、砾石土、矿渣和建筑垃圾等坚硬粗颗粒材料,最大粒径不超过 300 mm 为宜,且含量不宜超过全重的 30%。当夯坑过深而发生起锤困难时,停夯,测量上坑口直径,计算夯坑体积。然后用装载机将卸于坑口附近的填料填入坑内至与坑顶平,记录填料数量,并用推土机整平后,继续落锤夯击。如此重复直到满足规定的夯击次数及控制标准即完成一个墩体的夯击。当夯点周围软土挤出影响施工时,可随时清理并在夯点周围铺垫垫层,以利于继续施工。垫层材料可与回填料相同,粒径不宜大于100 mm。为了提高施工速度,一般填料视地质条件控制在 2~4 次为宜。如遇不良地质条件可适当增加填料次数,但不宜超过 6 次。

(6)坑深及夯沉量控制

为了提高置换效果,应控制和掌握夯坑的深度。一般在填料时,夯坑深度不小于 2 m,并最终以拔锤困难停夯。但当场地土吸锤严重,夯坑深度达不到 2 m 时,应适当填料,解决吸锤问题后再夯,以确保夯坑深度。

(7)施工顺序

夯点施打顺序应根据场地和地质条件合理安排,一般按由内向外,隔行跳打的原则进行施工。但对于本工程软弱土质或淤泥质土地基进行强夯置换处理时,则是一遍逐点逐行完成。

3.处理效果

由检测报告各区各点的地表静载荷检验结果可以看出,施工中采用的强夯置换施工方法,达到了预期的目的。各夯点、夯间处及地表复合地基承载力特征值均大于 180 kPa,满足设计要求。

二 黄 土

黄土是以粉粒为主,含碳酸盐,具有大孔隙,质地均一,无明显层理而有显著垂直节理的黄色陆相沉积物,在干旱气候条件下形成,一般分布在沙漠下风处。黄土分布广泛,在欧洲、北美、中亚等地均有分布,在全球分布面积达 13×10^6 km²,占地球表面的 2.5% 以上。我国是黄土分布面积最大的国家,黄土分布的面积约有 64 万平方公里。主要分布在秦岭以北的黄河中游地区,称之为黄土高原,如甘肃中部和东部、宁夏南部、陕西北部、山西北部,共41.2 万平方公里,厚 100~200 m。黄土地貌从大的形态来看,多是为倾斜的单调高原或平原。黄土地区沟壑纵横,常发育有黄土塬、黄土梁、黄土峁、黄土陷穴等地貌,如图 3-2-8 所示。

(一)黄土的特征及分布

典型黄土具备以下特征:

①颜色为淡黄、褐黄和灰黄色。

②以粉土颗粒(0.075~0.005 mm)为主,占 60%~70%。

图 3-2-8 黄土地貌

③含各种可溶盐,主要富含碳酸钙,含量达 10%～30%,对黄土颗粒有一定的胶结作用,常以钙质结核的形式存在,又称姜石。

④结构疏松,孔隙多且大,孔隙度达 33%～64%,肉眼可见虫孔、植物根孔等。

⑤无层理,具柱状节理和垂直节理,天然条件下稳定边坡近直立。

⑥具有湿陷性。

只具备其中部分特征的黄土称为黄土状土,二者的特征如表 3-2-2 所示。

表 3-2-2　　　　　　　　　　　黄土和黄土状土的特征

名称特征		黄 土	黄 土 状 土
外部特征	颜色	淡黄色为主,还有灰黄、褐黄色	黄色、浅棕黄色或暗灰褐黄色
	结构构造	无层理,有肉眼可见之大孔隙及由生物根茎遗迹形成之管状孔隙,常被钙质或泥填充,质地均一,松散易碎	有层理构造、粗粒(砂粒或细砾)形成的夹层成透镜体,黏土组成微薄层理,可见大孔隙较少,质地不均一
	产状	垂直节理发育,常呈现大于 70°的边坡	有垂直节理但延伸较小,垂直陡壁不稳定,常成缓坡
物质成分	粒度成分	粉土粒为主(0.0074～0.005 mm),含量一般大于 60%,其中 0.074～0.01 mm 的粗粉粒占 50%以上;大于 0.25 mm 的颗粒极少或几乎没有;颗粒较粗	粉土粒含量一般大于 60%,但其中粗粉粒小于 50%;含少量大于 0.25 mm 或小于 0.005 mm 的颗粒,有时可达 20%以上;颗粒较细
	矿物成分	粗粒矿物以石英、长石、云母为主,含量大于 60%;黏土矿物有蒙脱石、伊利石、高岭石等;矿物成分复杂	粗粒矿物以石英、长石、云母为主,含量小于 50%;黏土矿物含量较高,仍以蒙脱石、伊利石、高岭石为主
	化学成分	以 SiO_2 为主,其次为 Al_2O_3、Fe_2O_3,富含 $CaCO_3$,并有少量 $MgCO_3$ 及少量易溶盐类,如 NaCl 等,常见钙质结核	以 SiO_2 为主,Al_2O_3、Fe_2O_3 次之,含 $CaCO_3$、$MgCO_3$ 及少量易溶盐 NaCl 等,时代老的含碳酸盐多,时代新的含碳酸盐少
物理性质	孔隙度	较高,一般不大于 50%	较低,一般不大于 40%
	干密度	较低,一般为 1.4 g/cm³ 或更低	较高,一般为 1.4 g/cm³ 以上
	渗透系数	一般为 0.6～0.8 m/d,有时可达 1 m/d	透水性小,有时可视为不透水层
	塑性指数	10～12	一般大于 12
	湿陷性	显著	不显著或无湿陷性
	含水率	较小,一般小于 25%	较大,一般大于 25%
成岩作用程度		一般固结较差,时代老的黄土较坚固,称为石质黄土	松散沉积物,或有局部固结
成因		多为风成,少量水成	多为水成

根据黄土形成的地质年代和成因上的不同,可以将黄土分成表 3-2-3 所示的类型。

表 3-2-3　　　　　　　　　　　　　黄土的分类

年代分类	地层时代		成因分类	描　　述
砂黄土	全新世	Q_4	风积黄土	分布在黄土高原平坦的顶部和山坡上,厚度大,质地均匀,无层理
新黄土	晚更新期	Q_3	坡积黄土	多分布在山坡坡脚及斜坡上,厚度不均,基岩出露区常夹有基岩碎屑
老黄土	中更新期	Q_2	残积黄土	多分布在基岩山地上部,由表层黄土及基岩风化而成
			洪积黄土	主要分布在山前沟口地带,一般有不规则的层理,厚度不大
红色黄土	早更新期	Q_1	冲积黄土	主要分布在大河的阶地上,如黄河及其支流的阶地上。阶地越高,黄土厚度越大,有明显层理,常夹有粉砂、黏土、砂卵石等,大河阶地下部分常有厚数米及数十米的砂卵石层

(二)黄土的工程性质

1.黄土的压缩性

土的压缩性用压缩系数 a 表示:

$a<0.1$ MPa^{-1},低压缩性土;

$a=0.1\sim0.5$ MPa^{-1},中压缩性土;

$a>0.5$ MPa^{-1},高压缩性土。

黄土多为中压缩性土;近代黄土为高压缩性土;老黄土压缩性较低。

2.黄土的抗剪强度

一般黄土的内摩擦角 $\varphi=15°\sim25°$,凝聚力 $c=30\sim40$ kPa,抗剪强度中等。

3.黄土的湿陷性和黄土陷穴

天然黄土在一定的压力作用下,浸水后产生突然的下沉现象,称为湿陷。这个一定的压力称为湿陷起始压力。在饱和自重压力作用下的湿陷称为自重湿陷;在自重压力和附加压力共同作用下的湿陷,称为非自重湿陷。

黄土湿陷性评价多采用浸水压缩试验的方法,将原状黄土放入固结仪内,在无侧限膨胀条件下进行天然黄土压缩试验。当变形稳定后,测出试样高,再测当浸水饱和、变形稳定后的试样高度,计算相对湿陷性系数。根据相对湿陷性系数分为:非湿陷性黄土、轻微湿陷性黄土、中等湿陷性黄土、强湿陷性黄土。

此外,黄土地区常常有天然或人工洞穴,由于这些洞穴的存在和不断发展扩大,往往引起上覆建筑物突然塌陷,称为陷穴。黄土陷穴的发展主要是由于黄土湿陷和地下水的潜蚀作用造成的。为了及时整治黄土洞穴,必须查清黄土洞穴的位置、形状及大小,然后针对性地采取有效整治措施。

图 3-2-9 所示为黄土湿陷性引起公路路基、边坡塌陷。

(三)黄土病害的处治措施

由于黄土结构疏松,具有大孔隙、抗水性能差、易崩解、潜蚀、冲刷和湿陷性等特征,使之在黄土地区的工程出现多种病害。如路堑边坡的剥落、冲刷、崩塌、滑坡;路堤和房屋建筑不均匀沉陷、变形开裂等。因此,在工程中必须采取相应的措施,以保证安全。

1.防水措施

水的渗入是黄土地质病害的根本原因,只要能做到严格防水,各种事故是可以避免或减少的。防水措施包括:场地平整,以保证地面排水畅通;做好室内地面防水措施,室外散水,

图 3-2-9　黄土的湿陷性引起公路路基、边坡塌陷

排水沟,特别是施工开挖基坑时要注意防止水的渗入;切实做到上下水道和暖气管道等用水设施不漏水。

2. 边坡防护

(1) 捶面护坡

在西北黄土地区,为防治坡面剥落和冲刷,可用石灰炉渣灰浆、石灰炉渣三合土、四合土等复合材料在黄土路堑边坡上捶面防护,如图 3-2-10 所示。这种方法适用于年降雨量稍大地区和坡率不陡于 1∶0.5 的边坡。防护厚度为 10~15 cm,一般采用等厚截面;只有当边坡较高时,才采用上薄下厚截面,基础设有浆砌片石墙脚。

(2) 砌石防护

因黄土路堑边坡普遍在坡脚 1~3 m 高范围内发生严重冲刷和应力集中现象,可采用砌石防护,分为干砌和浆砌两种。图 3-2-11 所示为浆砌防护,这种防护的效果较好,常被广泛采用,可用于路堑的任何较陡的边坡。因黄土地区缺乏片石,故采用此法又有一定的困难。

此外,在黄土地区公路边坡还可以采用植物防护、喷浆防护等边坡防护方式。

图 3-2-10　捶面护坡　　　　图 3-2-11　砌石防护

3. 地基处理

地基处理是对基础或建筑物下一定范围内的湿陷性黄土层进行加固处理或换填非湿陷性土,达到消除湿陷性、减小压缩性和提高承载力的目的。在湿陷性黄土地区,国内外采用的地基处理方法有重锤表层夯实、强夯、换填土垫层、土桩挤密、化学灌浆加固等方法,如表 3-2-4 所示。

表 3-2-4　　　　　　　　　　　　　黄土地基处理方法

方　法	施工要点	适用范围
重锤表层夯实	一般采用 2.5～3.0 t 的重锤,落距 4.0～4.5 m	适用于 2 m 以内厚度的黄土地基
强夯	一般采用 8～40 t 的重锤(最重达 200 t),落距 10～20 m 的高度自由下落,击实土层,如图 3-2-12 所示	适用于大于 2 m 的黄土地基
换填土垫层	先将处理范围内的黄土挖出,然后用素土或灰土在最佳含水率下回填夯实,如图 3-2-13 所示	适用于地表下 1～3 m 的湿陷性黄土地基
土桩挤密	先在土内成孔,然后在孔中分层填入素土或灰土并夯实。在成孔和填土夯实过程中,桩周的土被挤压密实,从而消除湿陷性	适用于 5～15 m 厚的黄土地基
化学灌浆加固	通过注浆管,将化学浆液注入土层中,使溶液本身起化学反应,或溶液与土体起化学反应,生成凝胶物质或结晶物质,将土胶结成整体,从而消除湿陷性	适用于较厚但范围较小的黄土地基

图 3-2-12　强夯　　　　　　　　　　图 3-2-13　换填土垫层

(四)黄土病害处治案例

1.工程概况

晋侯高速公路一期工程线路总长 66.792 km,其中属湿陷性黄土路段总长 39.101 km,占线路总长 59%,总面积约 127 万 m²,湿陷厚度在 6.5 m～13.0 m。设计规定,填土大于 4 m 的湿陷黄土路堤及Ⅲ级自重湿陷地段,大中桥桥头 50 m、小桥桥头 30 m 范围内的路堤,原地基采用强夯处理;对于零填及填高小于 4 m 的湿陷黄土地基采用重夯处理,夯实宽度为路基坡角外 2 m 范围。汾河桥头段属冲积平原区,地表以下 30～40 m 范围为浅灰黄、黄褐、红黄黄土,硬塑—坚硬,具有Ⅱ级自重湿陷性,湿陷厚度 7.4～13 m,局部地层呈流塑状态,桥头 200 m 范围段采用振冲碎石桩处理。部分结构物基底存在软弱下卧层,重锤夯实后无法满足承载力要求,采用高压旋喷桩或粉喷桩处理。

2.主要处置方法

(1)灰土换填法

靠近民房,或是有地下埋设管线且湿陷厚度较小的段落,重锤夯实过程中对建筑物影响较大。经与设计协商后,改用灰土换填法处治湿陷黄土,换填厚度一般为 2 m 左右,宽度超过路基坡角外 2 m。

(2)重锤夯实法

重锤夯实法又称动力固结法,即用起重设备反复将 50～400 kN 的锤(最重的达 2 000 kN)起吊到 5～25 m 高处(最高的达 40 m),而后自动脱钩释放载荷或带锤自由落下,其动能在土中形成强大的冲击波和高应力,从而提高地基的强度、降低压缩性、消除湿陷性等。本项目湿陷黄土处治主要采用此方法,施工中按夯击能量分重夯与强夯。

(3)高压旋喷桩施工

本项目旋喷桩桩径 0.6 m,桩间距 1.2～1.5 m,单根桩长 5～7 m(含保护桩头 0.5 m),梅花形布置。桩体 28 天立方体设计抗压强度不小于 5 MPa,每延长米水泥用量不小于 200 kg,设计抗压强度大于等于 3 MPa,每延长米水泥用量不小于 120 kg,复合地基承载力要求达到 350 kPa。

(4)振冲碎石桩施工

汾河大桥桥头段黄土覆盖层下存在可液化粉砂层,设计采用振冲碎石桩进行综合处治。要求复合地基承载力特征值达到 250 kPa 以上,桩长分 6 m、9 m、10 m、12 m 四种,桩距 2.5 m、3.0 m、3.5 m,梅花形布置。其中桩长 9 m 分两层:原地面以下 3.6 m 桩径为 0.9 m,碎石填量为 0.8 m³/m;地面以下 3.6～9 m,桩径为 1.1 m,碎石填量为 1.2 m³/m;其余段落桩径均为 1.1 m,碎石填量为 1.2 m³/m。填料粒径 2～15 cm,含泥量不大于 5%。

三 膨胀土

膨胀土是一种富含亲水性黏土矿物,并且随含水率增减,体积发生显著胀缩变形的高塑性黏土,如图 3-2-14 所示。其黏土矿物主要是蒙脱石和伊利石,二者吸水后强烈膨胀,失水后收缩,长期反复多次胀缩,强度衰减,可能导致工程建筑物开裂、下沉、失稳破坏。膨胀土全世界分布广泛,我国是世界上膨胀土分布广、面积大的国家之一。我国亚热带气候区的广西、云南等地的膨胀土,与其他地区相比,胀缩性强烈。形成时代自第三纪的上新世(N_2)开始到上更新世(Q_3),多为上更新统地层。成因有洪积、冲积、湖积、坡积、残积等。

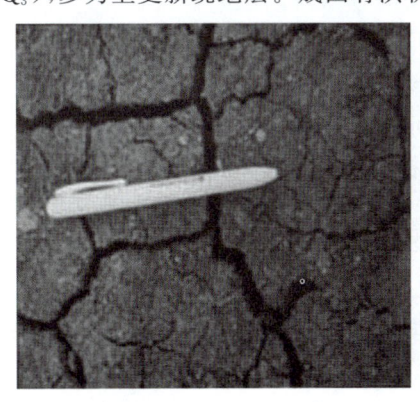

图 3-2-14 膨胀土

(一)膨胀土的工程性质

膨胀土多为灰白、棕黄、棕红、褐色等,颗粒成分以黏粒为主,含量在 35%～50% 以上,粉粒次之,砂粒很少。黏粒的矿构成分多为蒙脱石和伊利石,这些黏土颗粒比表面积大,有较强的表面能,在水溶液中吸引极性水分子和水中离子,呈现强亲水性。

天然状态下,膨胀土结构紧密,孔隙比小,干密度达 1.6~1.8 g/cm³;塑性指数为 18~23,天然含水率接近塑限,一般为 18%~26%,土体处于坚硬或硬塑状态,有时被误认为良好地基。

裂隙发育。膨胀土中裂隙发育,是不同于其他土的典型特征,膨胀土裂隙可分为原生裂隙和次生裂隙两类。原生裂隙多闭合,裂面光滑,常有蜡状光泽;次生裂隙以风化裂隙为主,在水的淋滤作用下,裂面附近蒙脱石含量增高,呈白色,构成膨胀土中的软弱面,膨胀土边坡失稳滑动常沿灰白色软弱面发生,如图 3-2-15 所示。

图 3-2-15　膨胀土的裂隙

天然状态下膨胀土抗剪强度和弹性模量比较高,但遇水后强度显著降低,凝聚力一般小于 0.05 MPa,有的 c 值接近于零,φ 值从几度到十几度。

超固结性。超固结性是指膨胀土在历史上曾受到过比现在的上覆自重压力更大的压力。因孔隙比小、压缩性低,一旦被开挖外露,卸荷回弹,产生裂隙,遇水膨胀,强度降低,造成破坏。

强烈胀缩性。膨胀土对水极其敏感,表现为遇水急剧膨胀,失水明显收缩。在天然状态下,膨胀土吸水膨胀量为 23% 以上;在干燥状态下,吸水膨胀量为 40% 以上。失水收缩率达 50% 以上。

(二)膨胀土对公路工程的危害

1.膨胀土用作路基填料

由于膨胀土具有很高的黏聚性,当含水率较大时,一经施工机械搅动,将粘结成塑性很高的巨大团块,很难晾干。随着水分的逐渐散失,土块的可塑性降低。由于黏聚性继续作用,土块的力学强度逐步增大,从而使土块坚硬,难于击碎、压实。如果含水率高的膨胀土直接被用作路基填料,将会增加施工难度,延长工期,并且质量难以保证。

膨胀土路基遇雨水浸泡后,土体膨胀,轻者表面出现厚 10 cm 左右的蓬松层,重者则在 50~80 cm 深度内形成"橡皮泥"。在干燥季节,随着水分的散失,土体将严重干缩龟裂,其裂缝宽度为 1~2 cm,缝深可达 30~50 cm。雨水可通过裂缝直接灌入土体深处,使土体深度膨胀湿软,从而丧失承载能力。由于膨胀土具有极强的亲水性,土体愈干燥密实,其亲水性愈强,膨胀量愈大。当膨胀受到约束时,土体中会产生膨胀力。当这种膨胀力超过上部荷载或临界荷载时,路基出现严重的崩解,从而造成路基局部坍塌、隆起或裂缝。

2.膨胀土用作各种稳定土材料

膨胀土用作稳定土基层材料时,随着时间的推移,稳定土将会严重干缩、龟裂成 20~25 cm 左右的碎块。经过车辆荷载的重复作用,这些龟裂碎块逐渐松动,并进一步将基层裂缝反射到面层,使面层产生相应的龟裂。若遇阴雨或积雪,路面积水通过这些裂缝灌入土基。土基表面将迅速膨胀、崩解,形成松软层,丧失承载能力。再经过行车碾压,路面就会出现翻浆沉陷,最终导致路面崩溃。

还有一种情况是,由于膨胀土的高黏聚性决定膨胀土在通常情况下以坚硬的块状存在,现有的稳定土搅拌设备几乎无法将其彻底粉碎。在稳定土基层施工过程中,人为掺入的石灰等改性材料,如果不采取有效措施,就无法进入土块内部发生充分反应,达不到改性效果。碾压成型后,这些膨胀土小碎块,遇水后会迅速膨胀崩解,从而使基层表面出现大量的泥浆小坑窝。经过车轮荷载的反复作用,路面将出现车辙、网裂或龟裂,最终导致路面破坏。

(三)膨胀土病害的处治措施

1.膨胀土路基处理

在公路工程设计中,针对膨胀土的物理性质及力学性质,根据地质勘测的翔实报告及有关处理膨胀土的经验,设计中采用了综合处理的思想,并进行了针对性的研究,提出如下措施:

①填高不足 1 m 的路堤,必须换填非膨胀土,并按规定压实。

②使用膨胀土作填料时,为增加其稳定性,采用石灰处治,石灰剂量范围 10%～12%,要求掺灰处理后的膨胀土,其胀缩总率接近零为佳。

③路堤两边边坡部分及路堤顶面要用非膨胀土作封层,必要时须铺一层土工布,从而形成包心填方,如图 3-2-16 所示。

④路堑边坡不要一次挖到设计线,沿边坡预留厚度 30～50 cm 一层,待路堑挖完后,再削去预留部分,并以浆砌花格网护坡封闭。

⑤路堤与路堑分界处,即填挖交界处,两者土内的含水率不一定相同,原有的密实度也不尽相同。压实时应使其压实得均匀、紧密,避免发生不均匀沉陷。因此,填挖交界处 2 m 范围内的挖方地基表面上的土应挖成台阶,翻松,并检查其含水率是否与填土含水率相近。

图 3-2-16 采用土工格栅或土工织物处理路基

同时采用适宜的压实机具,将其压实到规定的压实度。

⑥施工时应避开雨季作业,加强现场排水。路基开挖后各道工序要紧密衔接,连续施工,时间不宜间隔太久。路堤、路堑边坡按设计修整后,应立即浆砌护墙、护坡,防止雨水直接侵蚀。

⑦膨胀土地区路床的强度及压实标准应严格遵守国家有关规定、规范。

2.膨胀土边坡处理

(1)地表水防护

防止水渗入土体,冲蚀坡面,设截排水天沟、平台纵向排水沟、侧沟等排水系统。

(2)植物防护

植被防护,植草皮、小乔木、灌木,形成植物覆盖层,防止地表水冲刷,如图 3-2-17 所示。

(3) 骨架护坡

采用浆砌片石方形及拱形骨架护坡，骨架内植草效果更好，如图 3-2-18 所示。

图 3-2-17　植物防护

图 3-2-18　骨架护坡

(4) 支挡措施

采用抗滑挡墙、抗滑桩、片石垛等。

(四)膨胀土病害处治案例

1.膨胀土基本物理力学性质

对常张高速公路慈利东互通 K85＋374.6 km 左 15.8 m 位置所取膨胀土原状土样，经中国科学院地质与地球物理研究所仲裁试验鉴定，该处膨胀土成因为碳酸盐岩残积膨胀土，其工程地质性质综合测试结果如表 3-2-5 所示。

表 3-2-5　　　　湖南常张高速公路常张路十一合同段膨胀土综合测试结果

分析号	原号	取样深度 h/m	重度 /(kN·m^{-3})	含水率 /%	干重度 /(kN·m^{-3})	密度	孔隙比	饱和度 /%	液限 /%	塑限 /%	塑性指数	液性指数
3 651	5#	3.10～3.30	16.75	54.36	10.85	2.79	1.57	96.60	96.45	40.36	56.18	0.25
3 652	7#	3.80～3.95	17.04	52.59	11.17	2.79	1.50	97.82	92.54	39.82	52.72	0.24
3 653	8#	4.20～4.40	17.08	51.54	11.27	2.78	1.47	97.47	89.88	40.39	49.49	0.23

分析号	原号	线缩 /%	体缩 /kPa	自由膨胀率 /%	膨胀量 /%	膨胀力 /%	颗粒组成 /%				
							＞0.075	0.075～0.010	0.010～0.005	＜0.005	0.002
3 651	5#	10.24	29.78	85	0.65		1.49	18.32	0.76	79.44	78.28
3 652	7#	12.00	35.89	85	1.38	65	0.72	18.80	0.76	79.56	78.00
3 653	8#	14.30	36.89	88	1.18	65	1.33	17.71	0.92	80.48	77.04

分析号	原号	活性指标/A	pH 值	膨胀势判别结果		有效蒙脱石含量
				国标法	国标法	
3 651	5#	0.72	5.85	中等膨胀	High expansion	28.55
3 652	7#	0.68	6.42	中等膨胀	High expansion	27.81
3 653	8#	0.64	6.38	中等膨胀	High expansion	27.08

2.常张路路基处治方案设计

由上表可知：常德至张家界高速公路属中等膨胀土。因此，根据公路路基设计规范要求，对常张路路基膨胀土处理方案设计有：土工膜处治技术；石灰改良处理；加筋处理。并在施工现场分三个试验路段，即膨胀土填筑路堤、石灰改良膨胀土路堤、加筋处治膨胀土路堤进行现场试验研究。

(1)土工膜处治膨胀土

K85＋900～K85＋958 为膨胀土填筑路堤路段，设计长度 58 m，在 90 区采用不作任何改良处理的弱膨胀土填筑。在清除淤泥后的地面位置和 90 区顶面各铺一层土工膜，土工膜要求采用两布一膜复合土工膜,厚度≥3 mm,断裂强度≥18 kN/m,断裂伸长率40%~90%,撕破强力≥0.6 kN,CBR 顶破强力≥3 kN,垂直数达到10~11 cm/s,幅宽采用6 m。其铺设方法如下:先铺 10 cm 的砂垫层,然后在其上铺两布一膜(土工膜),采用全断面铺设,但两侧不能暴露于路基边坡外。铺设时应使其平整无褶,连接时采用布缝膜焊的连接方式,搭接时应使高端压在低端上,搭接宽度不小于 30 cm,并保证土工膜横坡为 3%~4%;然后在土工膜上铺一层 10 cm 厚的砂保护层,如图 3-2-19 所示,经人工整平碾压后即可进行下一步路基填筑工序。

(2)石灰改良处治膨胀土

K85+962~K86+020 为膨胀土改良处理路段,设计长度 58 m。通过室内试验确定,对路基 90 区采用膨胀土外掺 4%石灰改良填筑。土工膜铺设方法及要求与弱膨胀土填筑路段设计方案相同,在清除淤泥后的原地面至 90 区顶面的路基填土中,沿 K85+990 横剖面右半幅等间距共埋设 11 个土压力盒,如图 3-2-20 所示。

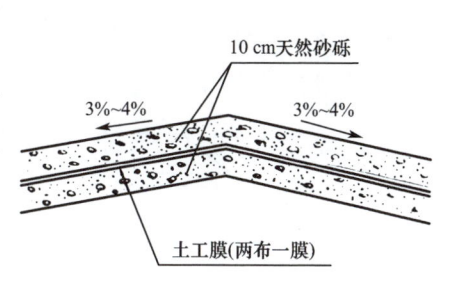

图 3-2-19 土工布铺设图

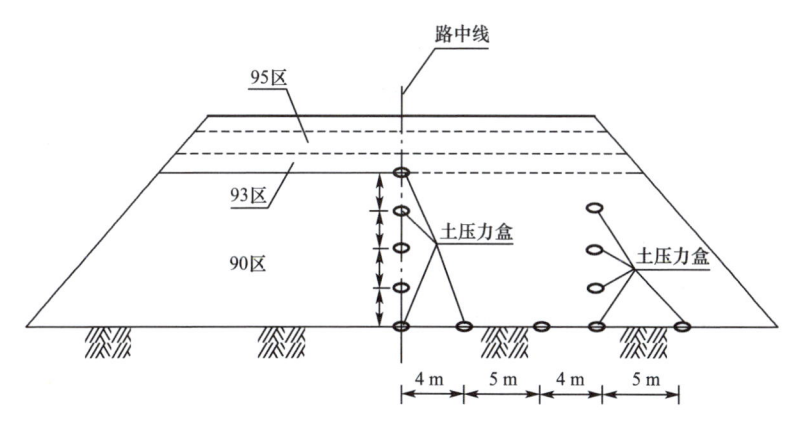

图 3-2-20 土压力盒布置图

(3)加筋处治膨胀土

K86+020~K86+080 为膨胀土加筋处理路段,设计长度 60 m。路基 90 区采用膨胀土作路堤填料,同时采用土工格栅分层加固处理。土工格栅采用 TDGD/SDL-35,主要技术指标有:幅宽 2.5 m,其最小抗拉强度为 35 kN/m,最大延伸率为 8%。铺设方法如图 3-2-21 所示。为防止暴雨天水流对坡面形成冲刷,同时形成对膨胀土有效保护,采用格栅外加 20 cm 耕作土层,植草绿化,既减少了大气对土工格栅和膨胀土的作用,又美化了公路景观,如图 3-2-22 所示;在压实度检验合格的路基上,沿横断面方向自路基边缘往中心线 5 m 范围内,于 90 区每两层填土铺一层土工格栅;铺土工格栅时,用一排带钩的钢筋拉住格栅端部,沿路中线方向人工拉紧至网格产生 1%~2%的伸长,立即用 ∅6 mm 钢筋制成的"U"形钉将格栅固定在路基上,"U"形钉间距为 1 m,呈梅花形布置;为了保证铺网格沿路纵向的整体性,两幅格栅搭接宽度为 10 cm,用"U"形钉固定在路基上。

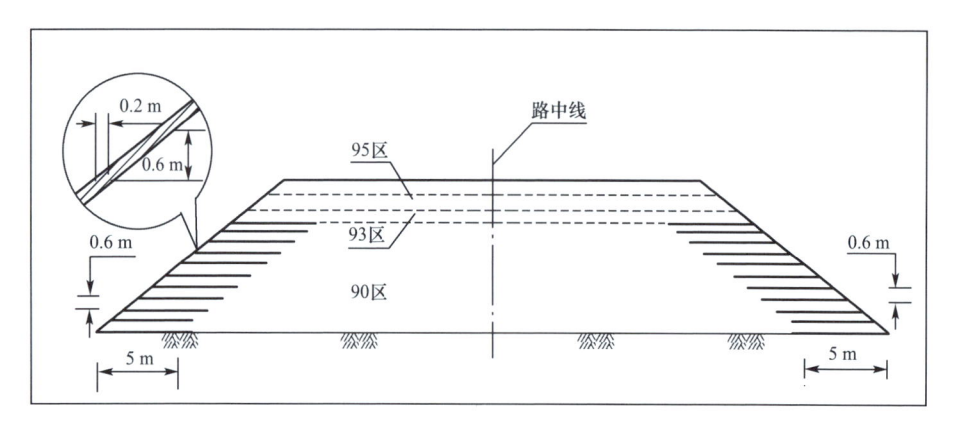

图 3-2-21 土工格栅铺设方法图

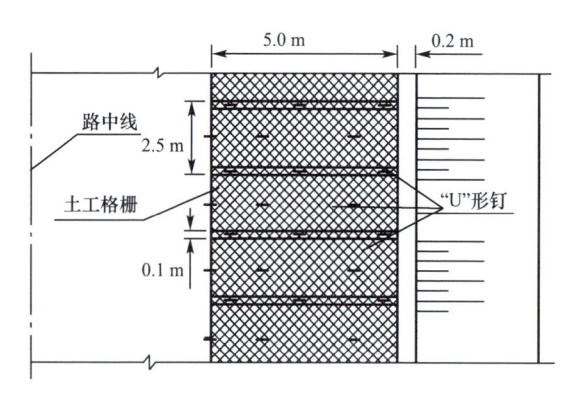

图 3-2-22 土工格栅铺设平面图

3. 处理效果

通过对常张高速公路一年多的现场实际观测(经过雨季和旱季的干湿循环),三个试验路段没有发生滑坡、坍塌、溜塌、冲沟、纵裂等破坏形式。说明试验路段膨胀土的处理措施(铺设土工膜、掺生石灰、加筋)方法得当,效果良好。

四 冻 土

(一)冻土概述

冻土是指温度等于或低于零摄氏度,并含有冰的各类土,如图 3-2-23 所示。冻土可分为多年冻土和季节冻土。多年冻土是冻结状态持续三年以上的土。季节冻土是随季节变化周期性冻结融化的土。

1. 季节性冻土

我国季节冻土主要分布在华北、西北和东北地区。随着纬度和地面高度的增加,冬季气温愈来愈低,季节冻土厚度增加。

2. 多年冻土

我国多年冻土可分为高原冻土和高纬度冻土。高原冻土主要分布在青藏高原及西部高山(天山、阿尔泰山、祁连山等)地区;高纬度冻土主要分布在大、小兴安岭,满洲里—牙克

图 3-2-23 冻土

石—黑河以北地区。多年冻土埋藏在地表面以下一定深度。从地表到多年冻土,中间常有季节冻土分布。高纬度冻土由北向南厚度逐渐变薄。从连续的多年冻土区到岛状多年冻土区,最后尖灭于非多年冻土区,其分布剖面如图 3-2-24 所示。

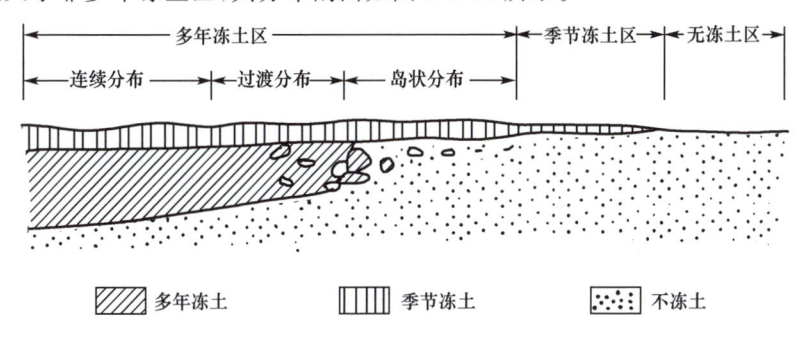

图 3-2-24 多年冻土分布剖面图

(二)冻土地区公路主要病害

1.融沉

它是岛状多年冻土地区路基的主要病害之一,一般多发生在含冰量大的黏性土地段。当路基基底的多年冻土上部或路堑边坡上分布有较厚的地下冰层时,由于地下冰层较浅,在施工及运营过程中各种人为因素的影响下,使多年冻土局部融化,上覆土层在土体自重和外力作用下产生沉陷,造成路基的严重变形。这种变形表现为路基下沉,路堤向阳侧路肩及边坡开裂、下滑,路堑边坡溜坍等,融沉一般有以下特点:

(1)融沉在空间上表现为不连续性

由于岛状多年冻土地区,多年冻土已在部分区域消失,多年冻土的分布具有不连续性,冻土的厚度具有不均匀性,这直接导致了该地区公路融沉的不均匀性。有的路段在以较慢的速度连续下沉一段时间后,有时突发大量的沉陷,并使两侧部分地基土隆起。这是由于路基基底含冰量大的黏性土融化后处于饱和状态,其承载力几乎为零,加之路堤两侧融化深度不一使得基底形成一倾斜的冻结滑动面。在车辆荷载的作用下,过饱和黏性土顺着冻结面挤出,路堤瞬间产生大幅度沉陷,通常称为突陷。有的路段路堤在每年融化季节逐渐下沉,而在零星岛状多年冻土带内,部分路基全部下沉。

(2)融沉病害多发生在低路堤地段

岛状多年冻土地区公路的稳定与多种因素有关,它既取决于纬度地带性的影响,又与路堤高度、坡向、填料类别、保温设施及施工季节和施工后形成的地表特征、水文特征和冻土介质特征等因素的综合影响有关。上述诸多因素可总的归结为土层的散热和吸热。当基底土层的散热超过吸热时,则地温下降,人为上限就上升,路堤保持稳定;若吸热超过散热则地温上升,多年冻土融化,人为上限下降,路堤就会产生融沉病害。路堤越低,意味着在从上界流向地中的传热过程中,热阻减小、路基自身的储热能力变小,因而不利于热稳定。路面的铺筑,特别是黑色路面的铺筑,由于路面的吸热和封水作用,冻土原有的水热交换平衡遭到破坏。其下的人为上限值较大,从而导致公路发生融沉的可能性增大,如图 3-2-25 所示。

2. 冻胀

冻胀的发生需要两个必要条件:一是有充足的水分补给源,二是有水分补给的通道。冻胀本身不仅引起公路破坏,如图 3-2-25 所示,还可引起桥梁、涵洞基础的冻害。这种病害在冻土地区早期修建的桥梁、涵洞工程中尤为突出。主要表现为基础上抬、倾斜造成桥梁拱起,涵洞断裂,甚至失效等破坏。

(a) 路面冻胀开裂　　　(b) 融沉

图 3-2-25　路面冻胀开裂和融沉

3. 翻浆

春融时,多年冻土地区的解冻缓慢,解冻时间长,而且在解冻期内气温冷暖异常,导致在某一解冻深度停滞的时间可达几天,加之积雪量大,融化后大量雪水下渗,这样就可能在解冻层和未解冻层之间形成类似于冻结层的自由水。土基与地表土含水率会迅速增大而接近甚至超过液限含水率,使其失去承载能力,从而导致路基发生严重的翻浆。

4. 冰丘

冰丘的形成是由于冬季土壤冻结时,地下水受到超压及阻碍。随着冻结厚度的增加,当压力超过上面冻土层的强度时,地下水就会突破地表,或以固态冰的状态隆起,或以地下水的状态挤出地面,漫流经冻结后形成的积冰现象,如图 3-2-26 所示。也有可能在开挖路堑时由于人为因素,造成地下水露头,涌水后形成。

5. 路面损坏

在寒冷地区,路面损坏是高级路面常见的公路破坏形式之一。它可以分四类:裂缝类、变形类、松散类、其他损坏类(包括泛油、磨光和各类修补等)。路面的损坏可以直接导致其他公路病害的发生,而其他公路病害的发生加剧了路面的损坏。

6.冰锥

冰锥的形成机理与冰丘基本相同,它们的形成和发展往往具有突发性的隆起和回落,具有危害时间长、范围大、不易处理的特点,如图 3-2-26 所示。

(a)冰丘 　　(b)冰锥

图 3-2-26　冰丘和冰锥

(三)冻土病害的处治措施

1.排水

水是影响冻胀融沉的重要因素,必须严格控制土中的水分。在地面修建一系列挡水埝,如图 3-2-27 所示,用以拦截地表周围流来的水,汇集、排除建筑物地区和建筑物内部的水,防止这些地表水渗入地下。在地下修建盲沟、渗沟等拦截周围流来的地下水,降低地下水位,防止地下水向地基土集聚。

图 3-2-27　设置挡水埝

2.保温

应用各种保温隔热材料,防止地基土温度受人为因素和建筑物的影响,最大限度地防止冻胀融沉,如图 3-2-28～图 3-2-30 所示。如在基坑、路堑的底部和边坡上或在填土路堤底面上铺设一定厚度的草皮、泥炭、苔藓、炉渣或黏土,都有保温隔热作用,使多年冻土上限保持稳定。

图 3-2-28　在地基土中铺设保温层 　　图 3-2-29　采用通风管排热保持土温

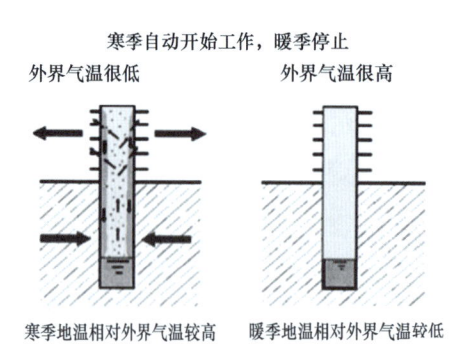

(a)制冷热棒工作机理示意图　　　　(b)制冷热棒实物图

图 3-2-30　利用制冷热棒降低路基温度

3.改善土的性质

（1）换填土

用粗砂、砾石、卵石等不冻胀土代替天然地基的细颗粒冻胀土，是最常采用的防治冻害的措施。一般基底砂垫层厚度为 0.8～1.5 m，基侧面为 0.2～0.5 m。在铁路路基下常采用这种砂垫层，但在砂垫层上要设置 0.2～0.3 m 厚的隔水层，以免地表水渗入基底，如图 3-2-31 所示。

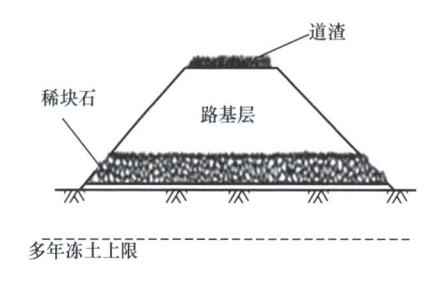

图 3-2-31　基底下铺设砂垫层

（2）物理化学法

在土中加某种化学物质，使土粒、水和化学物质相互作用，降低土中水的冰点，使水分转移受到影响，从而削弱和防止土的冻胀。

图 3-2-32 为综合处理冻土措施。

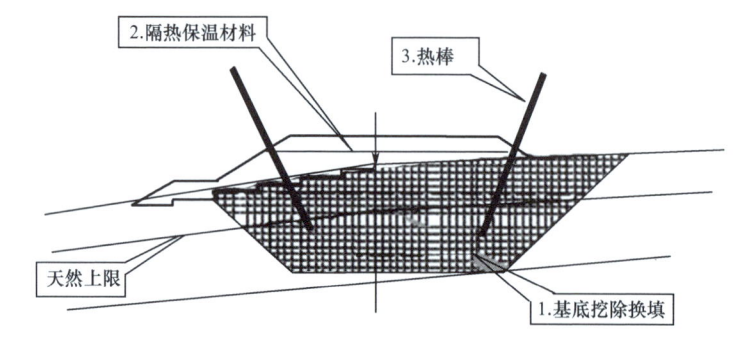

图 3-2-32　综合处理冻土措施

(四)冻土病害处治案例

1.青藏铁路试验工程概况

清水河试验段位于属楚玛尔河高平原上,平均海拔 4 470 m。气温正负温相差悬殊。试验段路堤填土高 3.30 m,路基面宽 7.10 m,两侧加宽 0.60 m,加宽面外设 3 m 护道,坡率 1∶1.5。于两侧路肩交错布设热棒,直插,每根长 12 m,其中热棒蒸发段长 6 m;冷凝段 3 m;绝热段 3 m。热棒冷凝段翅片管长 2.5 m,纵向间距 4.0 m。热棒为准 83 mm×6 mm。并在断面上设测温孔等测试元件,监测地温场。路基左侧为阳坡,右侧为阴坡,差异明显。

安多试验段属高原亚干旱气候区,海拔 4 870~4 880 m。最大月平均温差 16.7 ℃,年平均温差 22.2 ℃。试验路堤标准路基面宽 7.10 m,左侧曲线路基面加宽 0.30 m,在路基面两侧加宽 0.60 m,正线于两侧路肩边缘外 1 m 布设热棒,长度 13 m,埋入 9 m。热棒采用准 89 mm,纵向间距 3.0 m,斜插,底端间距 3.0 m,与铅垂线夹角 23°。在断面上设测温孔等测试元件监测地温场。路基左侧为阳坡,右侧为阴坡,差异明显。

2.试验效果

直插热棒和斜插热棒,都能有效降低地面以下地温,对于保护多年冻土都是可行的。但斜插热棒较直插热棒更能全面地降低地温,尤其是路基中心位置,对于保护多年冻土更有利一些。从路基上限形态上也可看出,斜插热棒更有利于保证路基的稳定。

五 盐渍土

(一)盐渍土概述

盐渍土指的是不同程度的盐碱化土的统称。在公路工程中一般指地表下 1.0 m 深的土层内易溶盐平均含量大于 0.3% 的土。盐渍土是盐土和碱土以及各种盐化、碱化土壤的总称。盐土是指土壤中可溶性盐含量达到对作物生长有显著危害的土类。盐分含量指标因不同盐分组成而异。碱土是指土壤中含有危害植物生长和改变土壤性质的多量交换性钠。

盐渍土分布在内陆干旱、半干旱地,滨海地区也有分布。在我国分布较广,如江苏北部、渤海沿岸、松辽平原、河南、山西、内蒙古、甘肃、青海、新疆等地均有所分布。

根据相关大量资料和研究实践证明,盐渍土的形成是由于地层母质含有过量可溶盐,在较高气温和较高地下水位的作用下,利用毛细水将地层母质的盐分带到了土壤表面,形成土壤表层盐渍化。由于土壤中的盐分随水和温度的变化,不断发生着结晶—溶解—转移—吸湿的变化过程,自然物理特性极不稳定,常常给地面建筑造成许多工程病害,给工程建设带来巨大经济损失。在新疆塔里木盆地盐渍土严重区域,公路两侧植物不能成活,公路生态环境长期得不到改善。对此每年都需投入大量的人力、物力、资金,用于盐渍土病害处理,对公路的正常建设、管理和养护造成很大影响。

(二)盐渍土的工程力学性质

1.硫酸盐渍土的松胀性和膨胀性

硫酸盐的溶解度随温度而变化,温度降低时,盐溶液达到过饱和状态,盐分即从溶液中结晶析出,体积增大;温度升高时结晶又溶解于溶液中,体积缩小。在含水率较小的土体中所含的固体硫酸盐在低温时吸水结晶,体积增大;温度升高时又脱水变成粉末状固体,体积缩小。从而出现土体结构破坏、变松的现象,即硫酸盐渍土的松胀性。

2.盐渍度对土的塑性影响

常规土体的三相组成是由气相(空气)、液相(水)、固相(土颗粒)所构成。盐渍土的三相组成由气相(空气)、液相(溶液)、固相(土与盐结晶的混合体)所构成。盐渍土中所含盐的种类与含量影响着土体的塑性指标,因此,盐渍土具有相对变化的、不稳定的液限、塑限、塑性指数及液性指数。同一类土,当含盐量增加时其液塑限相应减小,塑性指数也有所降低,这种性质对路基的稳定性十分不利。因为遇水后,当含水率相同时,盐渍土比非盐渍土较早地达到塑限或流塑状态,即较早地达到不太稳定的状态。

3.盐渍土的夯实性和压缩性

盐渍土中氯盐的存在使土的细粒分散部分起脱水作用,使土的最佳含水率降低。同时氯盐有强烈的吸湿性和保湿性,可使土体长期保持在最佳含水率附近的状态,经过汽车反复行驶,可以进一步得到压实,对在干旱缺水地区施工有利,填土中不得有盐结晶。

4.盐渍土的强度与水稳性

含有不同盐类的盐渍土具有不同的工程特性,在干旱缺水的情况下,可以用超氯盐渍土修路基。但路基土体中硫酸盐和碳酸盐的含量不能过大,否则由于松胀作用和膨胀作用,将破坏土的结构,降低其密度和强度。

5.盐分的溶蚀和退盐作用

盐渍土路基受雨水冲刷,表层盐分将被溶解冲走,溶去易溶盐后路基变松,其他细颗粒也容易被冲走,在路基边坡和路肩上会出现许多细小冲沟。一部分表层盐分随着雨水下渗而下移,造成退盐作用,结果使土体由盐土变为碱土,增加土的膨胀性和不透水性,降低路基的稳定性。氯盐渍土易溶于水,含盐量多时,会产生湿陷、塌陷等路基病害。

(三)盐渍土对公路工程的危害

根据无机盐的特性,盐渍土的盐分溶解度随着温度的升高而提高,甚至可以使固相盐变为液相盐。土中少量含水和土分子结合水对路基的危害,是干旱盐渍土的特殊性。土中含水溶解盐,蒸腾作用提升水分由地表挥发,盐分存留下来,随时间推移越聚越多。当温度下降,空气相对湿度增加,盐吸收水分子,尤其是 Na_2SO_4 吸收水分子而膨胀,从而导致路面结构破坏。

由于盐渍土特殊的工程性质,导致盐渍土地区公路地质灾害屡屡发生。主要病害有盐胀、溶蚀、翻浆、沉陷和降水后发生溶淋而泥泞,造成路面坎坷不平等。

1.公路盐胀

盐渍土在降温时都会吸水结晶,体积增大,使路基土体膨胀,导致路面凸起。气温升高时盐类脱水,体积变小,导致路基疏松、下凹。路面变形较大部分在车辆重力作用下,出现地面开裂、松散,如不及时处理很快形成坑槽。

2.公路沉陷

地表水或地下水对盐渍土中可溶盐的溶解,在水位的变化过程中,盐类随着水流而转移他处,引起路基疏松下沉、路面塌陷。

3.路面翻浆

黏性盐渍土路段经冬天冻胀后,在春天由上而下逐步融消,在融消过程中产生路面翻浆。其原因主要是黏性盐渍土颗粒小、渗透性差,含水过量后,路基内形成包浆,在车辆的碾压下,泥浆被挤出路面,形成翻浆。

4.公路边坡易受冲刷

由于盐碱的表聚性,公路边坡表面受盐分侵蚀形成膨胀、松散、干状的粉性土质,很容易被风吹走,形成边坡土流失和空气污染。遇有小雨,边坡冲刷强烈,造成边坡土大量流失,中、大雨经常造成冲毁路基的严重事件。每年要进行大量的边坡补土,给公路养护造成很大困难。

5.桥涵侵蚀

混凝土表面受盐分侵蚀形成松散、剥落,一层一层向内侵蚀,大大缩短了工程使用寿命,并产生较大的安全隐患。

(四)盐渍土病害的处治措施

1.基底处理

盐渍土地区路堤基底和护坡道的表层土大于填料的容许含盐量时,宜予铲除。但年平均降水量小于 60 mm,干燥度大于 50,相对湿度小于 40%的地区,表层土不受氯盐含量限制,可不铲除。当地表有溶蚀、溶沟、溶塘时,应用填料填补,并洒饱和盐水,分层夯实。采用垫层、重锤击实及强夯法处理浅部地层,可消除地基土的湿陷量,提高其密实度及承载力,降低透水性,阻挡水流下渗;同时破坏土的原有毛细结构,阻隔土中盐分上升。对于溶陷性高,土层厚及荷载很大或重要建筑物上部地层软弱的盐沼地,可采用桩基或复合地基,如根据具体情况采用桩基础、灰土墩、混凝土墩或砂石墩基,深入到盐渍土临界深度以下。

2.加强地表排水和降低地下水位

在盐渍土地区修路,首先,必须切断下层土中的盐源。加强地表排水和降低地下水位,可以防止雨水浸泡路基,避免地下水上升引起路基土次生盐渍化和冻害。当盐湖地表下有饱和盐水时,应采用设有取土坑及护坡道的路基横断面。可以结合取土,在路基上游扩大取土坑平面面积,使之起到蒸发池的作用,蒸发路基附近的地表水。亦可在路基上游做长大排水沟,以拦截地表水,降低地下水位,迅速疏干土中的水。做砂砾隔断层,最大限度提高路基,加厚砂砾垫层,排挡地表水侵入路基等等,视情况采用单独或综合处理措施来减小公路病害。

3.填土高度

如要路堤不受冻害和次生盐渍化的影响,应使路堤高度大于最小填土高度,最小填土高度应由地下水最高位、毛细水上升高度、临界冻结深度决定。干涸盐湖地段的高速公路、一级公路应分期修建;其他等级公路,可采用低路堤的路基横断面形式,可利用岩盐作为填料,路堤高度不宜小于 0.3 m,路堤边坡坡度可采用 1∶1.5。

4.控制填料含盐量和夯实密度

换填含盐类型单一和低盐量的土层作为地基持力层,以非盐类的粗颗粒土层(碎石类土或砂土垫层)可以有效地隔断毛细水的上升。当土的含盐量满足规范中规定的填料要求时,可以避免发生膨胀和松胀等现象,并应尽量提高填土的夯实密度,一般应达到最佳密度90%以上。

5. 设置毛细小隔断层

为了阻止毛细水上升携盐积聚,设置封闭型隔断层。当采用提高路基高度或降低地下水等措施有困难或不经济时,用渗水土填筑路堤适当部位,构成毛细水隔断层。其位置以设在路堤底部较好,厚度视所选用渗水土的颗粒大小而定,即相当于毛细水在该渗水土中的上升高度加安全高度。在路基顶面下,80 mm以下铺设不透气不渗漏的封闭型隔断层,不仅阻断毛细水携盐上升,也切断气态水携盐上升。

(五)盐渍土病害处治案例

1. 工程概况

乌鲁木齐西山连接线全长4.2 km,地处天山北坡乌鲁木齐桥西南,是乌鲁木齐桥与西口的主要连接通道。然而因雨水相对较多,引起老路严重翻浆冻胀,导致无法正常使用。在改建过程中,我们从全面收集现场资料入手,共计挖探坑68个,深1.8 m,每个探坑分上中下取样3个,经检测此路段均属中盐渍土和强盐渍土,且表土部分更为严重。同时,附近均为盐渍土区域,无合格填料且此段路基属城市公路,处理方式受较大限制,无法大规模换填和令断面隔断。

2. 处治方案

在高水位地区的路基基础设计中,可以考虑采用断级配骨料路基作为隔断层及路面结构,从而防止路基受盐渍的侵蚀。故在路面结构层以下40 cm开始换填卵石,换填厚度为80 cm,卵石粒径为3.5~5.0 cm。另外,在路基两侧以及换填层底部两侧铺设土工布,极大地减小换填区域以外盐渍成分对换填部分的路基及路面结构层的影响。经多年使用,路面状况良好,处理方案如图3-2-33所示。

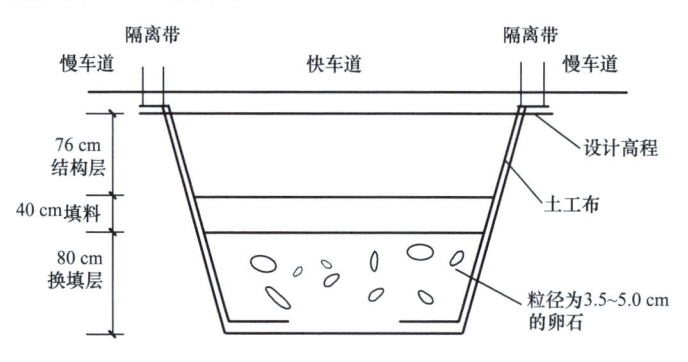

图3-2-33 卵石隔断层路基处理方法路基断面图

"工程地质"课程已经全部学习完毕,您对本课程内容掌握如何?快来扫描二维码检验一下吧。

参 考 文 献

[1] 施斌.工程地质学[M].北京:科学出版社,2017
[2] 杨景春.地貌学原理(第4版)[M].北京:北京大学出版杜,2017
[3] 庄卫林.汶川地震公路震害分析-地质灾害与路基[M].北京:人民交通出版杜,2013
[4] 曾佐勋.构造地质学(3版)[M].武汉:中国地质大学出版社,2018
[5] 齐丽云.工程地质(4版)[M].北京:人民交通出版杜,2017
[6] 熊文林.工程岩土[M].北京:人民交通出版杜,2021
[7] 罗筠.工程岩土(第三版)[M].北京:高等教育出版杜,2019
[8] 《工程地质手册》编委会.工程地质手册(第五版)[M].北京:中国建筑工业出版社,2018
[9] 中交第一公路勘察设计研究院有限公司,公路工程地质勘察报告编制规程(T/CECS G:H24—2018)[M].北京:人民交通出版杜,2019
[10] 中华人民共和国交通部.公路土工试验规程(JTG 3430-2020)[S].北京:人民交通出版社,2020
[11] 中华人民共和国交通部.公路工程地质勘察规范(JTGC20-2011)[S].北京:人民交通出版社,2011
[12] 王庆珍等.《山区沿河公路路基水毁防治对策探讨》[J].重庆交通大学学报(自然科学版),2008
[13] 王彦志.《山嘴桥水毁治理及加固》[J].内蒙古公路与认输,2006
[14] 袁华荣等.《锚塑法在镇江象山危岩崩塌治理中的技术应用》[J].[J].地质学报,2009
[15] 姚海平等.《内宜高速公路滑坡治理浅析》[J].地质学报,2009年
[16] 冯俊录《重庆市北碚醪糟坪泥石流防治工程探讨》[J].中国地质灾害与防治学报,2003
[17] 彭刚.《大型岩溶隧道处理技术》[J].山西建筑,2009
[18] 中咨武汉桥隧设计研究院有限公司.G045线赛里木湖至果子沟口段公路改建工程第七合同段(红白土坡)地质病害综合治理工程,2008
[19] 李锋瑞.《高能级强夯置换处理新填大厚度软土地基》[J].建筑施工,2009
[20] 张国云.《湿陷性黄土处治施工技术总结》[J].科学之友,2008
[21] 罗文柯等.《膨胀土处治技术在高速公路路基中的工程应用》[J].湘潭大学自然科学学报,2006
[22] 杨西锋.直插和斜插热棒用于保护多年冻土的效果分析[J].路基工程,2009
[23] 汪少平.盐渍土路基危害及防治控制[J].中国水运,2009

"工程地质"课程思政

学习项目	知识目标	能力目标	素质目标	教学模块	思政元素提炼
公路勘测阶段地质	1.理解工程地质条件、工程地质问题等基本概念和内涵；2.理解地球发展的内、外力地质作用；3.掌握常见矿物、三大岩类和土的形成过程及基本性质；4.区分地质事件或岩层的先后地质年代，熟悉常见地质构造类型；5.了解水的地质作用和常见地貌的形成规律及地质条件；6.熟悉工程地质图和地质勘察规范，编写勘察计划并能完成勘察外业工作；7.掌握土的三大性质指标及测定方法；8.熟悉土的物理性质、水理性质和力学性质；9.掌握常见公路地质灾害和特殊土的形成条件、危害及处治方法；10.认识并理解对立统一的、世界是永恒发展的等辩证唯物主义认识论；	1.能识别常见的矿物、岩石和土；2.能在野外辨认常见地质构造和地貌；3.能识读公路工程地质图和编写地质工程勘察报告；4.能进行工程地质条件的调查及评价；5.能对岩土体主要物理力学性质作出评价；6.能对公路地质灾害和特殊土提出防护与处治措施；7.培养防灾救灾的良好意识和面对灾害的预警应变能力；8.养成善于沟通和合作的品质；9.形成良好的职业道德和敬业精神；10.提高获取信息、提炼信息的能力和自主学习的能力；11.养成独立解决问题的能力	1.有理想信念、有责任担当；2.有内涵修养、有目标追求、德才兼备、品行高尚；3.有社会责任感、遵纪守法、人格健全；4.尊重科学、开拓创新、恪尽职守、追求卓越	课程导入	1.民族自豪感、爱国精神等；2.对立统一的辩证唯物主义认识论；3.追求卓越的大国工匠精神
				地质作用	世界是永恒发展的辩证唯物主义认识论
				矿物与岩石	世界是永恒发展的辩证唯物主义认识论
				地质构造	量变到质变的辩证唯物主义认识论
				水的地质作用	1.持之以恒的品格修养；2.保护环境、可持续发展等理念
				地貌	1.对大自然的热爱；2.专业自豪感、民族自豪感；3.生态文明建设、可持续发展理念
				公路工程地质勘察	1.精益求精的职业素养；2.无私奉献的品格修养
				土的物理性质	1.精益求精的职业素养；2.一丝不苟工匠精神
				土的水理性质	1.爱国与拥军；2.敬畏和珍惜生命；3."一方有难、八方支援"的制度自信；4.服务国家战略
				土的压实性	1.追求卓越的科学精神；2.热爱中华优秀传统文化、文化自信；3."工程安全第一、质量百年大计"等职业素养
				识读工程地质图	1.维护国家领土完整的责任感；2.保密观等职业素养
公路施工和运营阶段地质	11.建立热爱大自然、保护环境、可持续发展等认知，树立专业自豪感和民族自豪感；12.建立美丽中国、维护国家领土完整的责任感			地质灾害及土质病害	1.量变到质变的辩证唯物主义认识论；2.环境保护、人和自然和谐共生等理念；3."人民生命财产安全第一"的制度优越性；4."工程安全第一、质量百年大计"等职业素养
地质野外实习				岩土构造地貌地灾野外实习	1.环境保护、人和自然和谐共生等理念；2.民族自豪感、爱国精神、美丽中国等；3.吃苦耐劳、艰苦奋斗的品格

教学设计探析

思政元素融入
1.播放大型工程建设纪录片"超级工程",激发学生民族自豪感、爱国精神和学习兴趣,树立正确的专业理想; 2.讲解地质环境与工程建筑之间的辩证关系,树立辩证唯物主义世界观; 3.宣扬大国工匠精神,激发学生的使命担当和对职业的敬畏
引入"沧海桑田""三十年河东、三十年河西"等典故,说明内外力地质作用之间的辩证关系,阐述事物发展变化的规律 播放岩浆岩、沉积岩和变质岩三大岩类之间相互转化的教学视频,说明地球物质循环规律,阐述事物发展变化的规律 讲解背斜谷和向斜山的形成,引导学生用全面的、发展的眼光看问题,树立辩证唯物观
1.讲解"天山大峡谷""长江三峡"等深切河谷的形成原因,引入"水滴石穿"等典故,阐述流水的力量,培养学生持之以恒的精神; 2.讲解地下水位升降对地面沉降的影响,启发学生树立保护自然、可持续发展的理念
1.播放"航拍中国"系列记录片,帮助学生认识各种地貌类型,激发学生对祖国美好山河的热爱,增加学生的专业自豪感和民族自豪感; 2.讲述这些基础设施建设带来的生态破坏等负面效应,融入"坚决抓好生态建设和环境保护工作"的意识,强调生态文明建设和可持续发展的重要性
1.讲解意大利瓦斯昂水库滑坡案例,说明工程地质勘察对路桥、水库等构造物选址的重要性,增强学生的职业责任感; 2.讲述老一辈地质学家野外地质调查的工作事迹,弘扬他们专心事业无私奉献的崇高品格和家国情怀
1.在土工试验中理解实验数据的来之不易和重要性,增加对职业的敬畏; 2.演绎公式,强调一丝不苟、精益求精的工匠精神
1.讲解1998年九江大堤管涌险情案例,通过解放军抗洪防灾的感人画面,唤起学生的爱国与拥军热情,激发学生学好专业课报效祖国的理想; 2.讲解三峡工程的漫长建设历程,强调践行绿色发展理念、推动科技发展、加强自主创新等服务国家战略的精神
1.介绍中国古代建筑基础形式,展示古人的智慧,感悟古建筑的宏伟与精妙,激发学生对中华优秀传统文化的热爱和对专业的兴趣,树立文化自信; 2.讲解高速公路路基压实不过导致的工程案例,树立质量安全意识
1.讲解中国地质图,强调地图的完整性,增强学生维护国家领土完整的责任感; 2.强调地质图属于国家机密,不同地质图保密级别不一样,不能随意公开,培养学生保密观
1.讲述新滩滑坡、舟曲泥石流等重大地质灾害案例,引导学生认识地质灾害发展从量变到质变的演变规律; 2.讲述地球环境变化带来的负面影响(极端气候等),引导学生认识环境、保护环境,感受人和自然和谐共生的重要性,树立"绿水青山就是金山银山"的理念; 3.通过2018年汶川地震抗震救灾案例,展示国家"一切以人民的生命财产安全为重"的制度优越性; 4.播放"广东深圳罗湖一公寓楼发生沉降倾斜"工程事故影片,讲解黄土、软土等地貌上的公路病害案例,引导学生反思作为土木工程师的责任
1.结合地质野外实习实际情况,就生态环境、文明旅游、区域发展等主题开展相关调研实践,鼓励学生学以致用,培养对祖国山河的热爱,对环境的爱护,对区域发展的关注等家国情怀; 2.野外实习,可培养学生吃苦耐劳、艰苦奋斗的品格,培养学生团队合作精神,树立正确的职业理想